Christoph Buchal
Christian-Dietrich Schönwiese

KLIMA

Die Erde und ihre Atmosphäre im Wandel der Zeiten

3. AKTUALISIERTE AUFLAGE 2016

Herausgeber
Wilhelm und Else Heraeus-Stiftung,
Helmholtz-Gemeinschaft
Deutscher Forschungszentren

Konzept, Texte und Redaktion

Prof. Dr. Christoph Buchal
Peter-Grünberg-Institut PGI-9
Forschungszentrum Jülich GmbH
52425 Jülich
E-Mail: c.buchal@fz-juelich.de

Prof. Dr. Christian-D. Schönwiese
Institut für Atmosphäre und Umwelt
Goethe-Universität Frankfurt/M.
Postfach 111932, 60054 Frankfurt/M.
E-Mail: schoenwiese@meteor.uni-frankfurt.de

Prof. Dr. Peter Lemke
E-Mail: peter.lemke@awi.de
Dr. Klaus Grosfeld
E-Mail: klaus.grosfeld@awi.de
Dr. Renate Treffeisen
E-Mail: renate.treffeisen@awi.de
Helmholtz-Verbund Regionale Klimaänderungen
REKLIM
Alfred-Wegener-Institut Helmholtz-Zentrum für
Polar- und Meeresforschung
27570 Bremerhaven

Design, digitale Realisation, Illustration und Produktion

MIC GmbH, 50672 Köln
Tel. 0221 925950-0

Bestellungen

MIC GmbH, 50672 Köln
www.mic-net.de, www.mint-shop24.de
info@mic-net.de

Druck und Verarbeitung

MOHN Media
Mohndruck GmbH, Gütersloh

1. Auflage: 2010, 2. Auflage: 2012,
3. Auflage 2016, ISBN 978-3-942658-07-02

Mit Unterstützung durch den
Arbeitgeberverband Gesamtmetall – THINK ING.
(www.gesamtmetall.de, www.think-ing.de)

Herstellung und Druck dieses Werkes wurden durch die Wilhelm und Else Heraeus-Stiftung finanziert. Die Wilhelm und Else Heraeus-Stiftung ist eine Stiftung des bürgerlichen Rechts zur Förderung von Forschung und Ausbildung auf dem Gebiet der Naturwissenschaften, insbesondere der Physik. Sie unterstützt die naturwissenschaftliche Bildung im Bereich der Schulen, wozu wesentlich auch das Wissen um den bewussten und verantwortungsvollen Umgang mit Rohstoffen und Energie gehört. Die Stiftung hat ihren Sitz in Hanau, ihre Internetadresse lautet www.we-heraeus-stiftung.de.

Bilder

AGCO GmbH, S. 175
Alexander Blum, S. 172
Alfred-Wegener-Institut für Polar- und Meeresforschung (AWI), S. 91, 110, 116
arsdigital/Fotolia.com S. 148/149
Austrian Airlines, S. 45, 47
BirdLife International/Marco Lambertini, S. 175
Bremische Deichverband am rechten Weserufer, S. 136
Cleveland Museum of Natural History, S. 95
Dave Hickey, S. 12/13
Deutsches Zentrum für Luft- und Raumfahrt (DLR), S. 84/85
Devmarya/Fotolia.com S. 20/21
Dinosaur National Monument, Utah, S. 97
Forschungsverbund Sonnenergie e.V., S. 175
Forschungszentrum Jülich, S. 139
G. Bohrmann, S. 155
GFZ Deutsches GeoForschungsZentrum, S. 83
hramovnick/Fotolia.com S. 120/121
Ian Giammanco, S. 60
Intergovernmental Panel on Climate Change (IPCC), S. 110, 130, 142, 146/147
Joachim Clüsserath, Köln, www.mosellandschaft.de, S. 22/23
Koenigsegg, S. 174
Lufthansa AG, S. 45
National Aeronautics and Space Administration (NASA), S. 38/39, 47, 56, 58
National Oceanic and Atmospheric Administration (NOAA), S. 14
National Optical Astronomy Observatory (NOAO), S. 87
Natural Earth II, S. 10/11, 29, 32, 33, 36 70/71, 75, 86, 107
nithid18/Fotolia.com S. 192/193
PAUAT Architekten – Heinz Plöder, S. 172
Phil Munday, S. 160/161
R. Albiez/Fotolia.com S. 80/81
Sdecoret/Fotolia.com S. 30/31
SeeBa Energiesysteme GmbH, S. 174
Shell AG, S. 174
Siemens AG, S. 173
Singapore Airlines, S. 45
Statkraft, S. 173
Wikipedia, Antoine Sonrel, S. 106
Wikipedia, Arpingstone, S. 106
Wikipedia, Gerhard Pietsch, S. 14
Wikipedia, Heinz-Josef Lücking, S. 174
Wikipedia, Jan Rehschuh, S. 175
Wikipedia, Rolf Cosar, S. 13
Wikipedia, S. 88, 95, 135, 137, 169
Wikipedia, Leaflet, S. 182
www.alaskanshores.com, S. 106
www.stockxper.com, S. 66/67
US Navy, S. 24
W. Oschmann et al.: Evolution des System Erde. Kleine Senckenberg-Reihe Nr. 35, Frankfurt a.M. (2000), 57 S. (dort auf S. 18), S. 100
Alle anderen Grafiken wurden von MIC GmbH vollständig neu erstellt, z.T. unter Anlehnung an Vorlagen aus den dort angegebenen Primärquellen.

JOACHIM TREUSCH

Physiker
Präsident der Jacobs-University, Bremen

Liebe Leserinnen, liebe Leser,

angesichts des weit verbreiteten Wunsches nach verlässlichen Informationen über das Klima der Erde hat die Wilhelm und Else Heraeus-Stiftung beschlossen, zusammen mit der Helmholtzgemeinschaft deutscher Forschungszentren ein allgemein verständliches Sachbuch zu diesem Thema herauszugeben. Für alle interessierten Leser und für den Gebrauch an Schulen bietet dieses Buch eine breite Wissensbasis zusammen mit den neuesten Resultaten der Klimaforschung. Um diese Erkenntnisse einordnen zu können, wird ein größerer Rahmen abgesteckt: Wie ist die Atmosphäre entstanden, was geht in ihr vor und wie ist sie heute beschaffen? Warum gibt es Stürme, Hurrikane und Tornados? Warum ist der Kohlenstoff so überragend bedeutsam? Welche Rolle spielen die Ozeane, Gletscher und Vulkane für das Klima der Vergangenheit, Gegenwart und Zukunft? Wie verhielt sich der Meeresspiegel in Warmzeiten und während der Eiszeitalter?

Natürlich werden auch die möglichen zukünftigen Entwicklungen des Klimas betrachtet und die Handlungsoptionen im Detail erläutert. Den Autoren ist es gelungen, ein spannendes und leicht lesbares Buch über ein faszinierendes Thema zu schreiben und fast nebenbei auch all die wichtigen Naturgesetze, Zusammenhänge, Zahlen und Statistiken einzuflechten. Sie, liebe Leser, haben nun die Möglichkeit, den klar formulierten Gedanken zügig zu folgen, ohne sich dabei im Detail mit der Datenlage, etwa der Kohlenstoffstatistik, der Erdbevölkerung oder den Emissionsszenarien, auseinander zu setzen – oder aber Sie können dieses Buch als wahre Fundgrube benutzen, um sich mit Daten und Fakten zu wappnen, so dass Sie einen kompetenten und realistischen Standpunkt in der gegenwärtigen Diskussion vertreten können. Ich persönlich vermute, dass Sie manche Kapitel sogar mehrfach lesen und dabei immer wieder neue Zusammenhänge entdecken werden. Lassen Sie sich nun von einem „Megathema der Gegenwart“ einfangen und in den Bann ziehen.

Joachim Treusch

Prof. Dr. Joachim Treusch
Mitglied des Vorstands der Wilhelm und Else Heraeus-Stiftung

CHRISTOPH BUCHAL

Physiker und Sachbuch-Autor.
RW-Pohl-Preisträger der Deutschen
Physikalischen Gesellschaft

Liebe Leserinnen, liebe Leser,

die Klimaentwicklung auf unserer Erde ist eine recht verwickelte Angelegenheit. Aus der Sicht eines Lehrers könnte man sagen: Das Klima ist ein fachübergreifendes Thema. Wenn Sie das Buch nun zur Hand nehmen, finden Sie zahlreiche Bezüge zu Physik, Chemie, Biologie, Geographie, Astronomie, Politik und Technik. Ganz bewusst haben wir unseren Text immer wieder mit Basiswissen aus diesen Fächern verknüpft und verankert, denn die Querverbindungen zu Bekanntem – und möglicherweise schon wieder Vergessenem – können das Verständnis sehr erleichtern und vertiefen.

Genau wie in dem erfolgreichen und in gleicher Ausstattung erschienenen Werkbuch „Energie" (3. Auflage 2011) steht dabei die wissenschaftliche Sichtweise und Genauigkeit im Vordergrund – stets verbunden mit unserem Bemühen um Klarheit und Verständlichkeit. Unsere Texte sind geschrieben für interessierte Schülerinnen und Schüler und in gleichem Maße auch für Erwachsene. Wir haben für Sie einen weiten Bogen gespannt von der erstaunlichen Vergangenheit über die unmittelbare Gegenwart bis in die Zukunft, von der Wissenschaft über den Alltag bis zur konfliktgeladenen Klimapolitik.

CHRISTIAN-DIETRICH SCHÖNWIESE

Klimaforscher und Meteorologe.
Erfahrener Fachmann und Koautor
Autor des Lehrbuches „Klimatologie“

Weil Sie, liebe Leserinnen und Leser, natürlich Ihre persönlichen Vorlieben haben, schauen Sie doch bitte zuerst in die „Kleine Einleitung“ ab S. 10 und wählen Sie dann Ihren persönlichen Pfad durch die Kapitel. Wir versprechen Ihnen erstaunliche Fakten und viele Einblicke, die sich zu einem umfassenden Bild vom Klima der Erde zusammen fügen werden.

Am allerbesten wäre es natürlich, wenn Sie sich nun auf Ihr Lieblingsplätzchen zurückziehen könnten, um das Buch ganz einfach von vorne bis hinten zu studieren, zu genießen und die Dinge in Ruhe zu überdenken.

Wir bedanken uns besonders bei Herrn Dr. Ernst Dreisigacker, Hanau, für seine vielfältige kompetente Unterstützung und bei der Wilhelm und Else Heraeus-Stiftung für die Bereitstellung der finanziellen Basis für dieses wundervolle Projekt.

Wir wünschen Ihnen interessante Stunden mit diesem Buch und viele neue Erkenntnisse.

Prof. Dr. Christoph Buchal
Universität zu Köln und
Forschungszentrum Jülich

Prof. Dr. Christian-D. Schönwiese
Goethe-Universität, Frankfurt/M.

INHALT

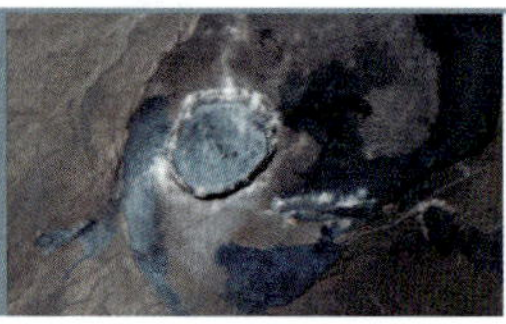

EINE KLEINE EINLEITUNG

UNSER DYNAMISCHER PLANET

Die Erde ist nicht statisch.

Sie ist in stetigem Wandel begriffen. Das ist uns kaum bewusst, weil die meisten Veränderungen schleichend und nahezu unmerklich verlaufen – bisweilen aber brechen sie sich Bahn mit der Urgewalt großer Naturkatastrophen. In vielen Regionen der Erde bauen sich langsam Spannungen im Gestein auf, bis sie die Stabilitätsgrenzen überschreiten. Dann entlädt sich die gespeicherte Energie urplötzlich in Erdbeben, Tsunamis und Vulkanausbrüchen. Steht die Atmosphäre und das Klima auch vor katastrophalen Umbrüchen oder nur in einem langsamen, aber weniger gefährlichen Wandel? Diese Frage bewegt gegenwärtig alle verantwortungsbewussten Menschen.

Eine Entwarnung kann derzeit nicht gegeben werden. Wir alle wissen, dass die Atmosphäre gewaltige Energien speichern und in Unwettern und Starkregen frei setzen kann. Das Zerstörungspotential von Stürmen kann durch das Zusammenspiel mit den Ozeanen enorm verstärkt werden: Sturmfluten und Überschwemmungen haben schon oft in kurzer Zeit katastrophale Veränderungen bewirkt. Durch eine Erwärmung der Luft und vor allem der Meere nimmt diese Gefahr mit Sicherheit zu. Langfristig bereiten deshalb auch die schleichenden Änderungen große Sorgen: Wie warm wird die Luft, wie warm werden die Meere, wie weit wird der Meeresspiegel noch ansteigen?

Dass sich die Erde ständig wandelt, ist keine neue Erkenntnis. Tatsächlich war sie niemals ein stabiler Garten Eden. Seit Anbeginn mussten die Menschen in allen Klimazonen die oft grausamen Launen des Wetters ertragen. Dürrekatastrophen, Hochwasser, Stürme, Schnee und Eis: Unwetter waren Sache des Schicksals oder gar Strafe der Götter. Der Mensch war machtlos und konnte nur versuchen, Haus, Hof und Wirtschaft dem Wandel des Wetters und der Jahreszeiten anzupassen. Man musste sich rechtzeitig Vorräte anlegen und so gut wie möglich Vorsorge treffen. Nur mit größten gemeinsamen Anstrengungen konnte man versuchen, möglichen Katastrophen vorzubeugen. Das eindrucksvollste Beispiel dafür sind die Deichbaumaßnahmen unserer Vorfahren.

Der Kampf ums Überleben war immer auch ein Kampf gegen die Natur. Das ist uns heute kaum noch bewusst, denn unsere gegen-

Seit Anbeginn lebt die Menschheit auf einem Feuerball mit einer dünnen festen Kruste.

wärtigen persönlichen Katastrophenerlebnisse fallen meistens recht milde aus: einige Tage ohne Zentralheizung im kalten Winter, ein wegen eines Unwetters verspäteter Zug oder, schon schlimmer, ein Unfall auf Glatteis. Tatsächlich haben sich viele Menschen den mächtigen Kräften der Natur inzwischen entfremdet und können ihr wechselhaftes Wirken gar nicht mehr einordnen. Eine wegen Schneefalls gesperrte Autobahn oder gar ein ausgefallener Flug löst bei den Betroffenen häufig empörte Reaktionen aus, obwohl eine vermiedene Gefahr doch zu nachdenklicher Dankbarkeit motivieren könnte. Tatsächlich haben sich die meisten Menschen auch den wechselhaften Einflüssen der Jahreszeiten bereits weitgehend entzogen. Ihre Zentralheizungen und „Klimaanlagen" sorgen problemlos für ein günstiges Raumklima, und wer es sich leisten kann, fliegt bisweilen sogar vor der Kälte auf und davon in wärmere Urlaubsregionen. Gleichzeitig aber tragen sie durch den damit verbundenen Bedarf an Brennstoffen, Strom und Kerosin dazu bei, die Zusammensetzung der Luft ein wenig zu verändern.

In krassem Gegensatz zu unserem geordneten und gut organisierten Alltag stehen die detaillierten Bilder von schweren Naturkatastrophen in aller Welt, die uns das Fernsehen regelmäßig ins Wohnzimmer liefert: eine Fülle von Unwettern, dazu Erdbeben und Vulkanausbrüche. Dennoch sind wir vermutlich alle zutiefst von der Stabilität unserer eigenen Heimat, der Städte, Landschaften und Küsten überzeugt. Hier wird hoffentlich alles so bleiben, wie wir es gewohnt sind. Das ist verständlich, doch was zeigt bereits der Blick in die jüngere Vergangenheit?

Die letzten gewaltigen Vulkanausbrüche in der Eifel liegen nur 10 000 Jahre zurück. Davon waren unsere Vorfahren heftig betroffen, wir aber können heute die Reste dieser Vulkane seelenruhig zu Baustoffen verarbeiten. Deutschland hat derzeit einfach viel Glück, denn der Rheingraben ist inzwischen relativ friedlich geworden, besonders im Vergleich zu den aktiven Erdbebengebieten rund um den Pazifik, im Mittelmeerraum oder im Bereich der Kollisionszone des indischen Subkontinents mit der eurasischen Platte.

In Südasien starben beim Tsunami Weihnachten 2004 etwa 230 000 Menschen. Der Tsunami vom 11.03.2011 hat über 20 000 Japanern das Leben gekostet und das Kernkraftwerk Fukushima schwer beschädigt. Der letzte große Tsunami in der Nordsee führte ebenfalls

Elbe-Hochwasser im Februar 1962 in Hamburg und Zerstörungen durch den Hurrikan Katrina im August 2005.

zu einer 12 m hohen Flutwelle. Seine Spuren hat man in Norwegen eindeutig nachgewiesen, obwohl er bereits 9000 Jahre zurück liegt.

Sind wir uns der zahlreichen großen Flutkatastrophen in der Geschichte unseres Landes bewusst? Der große Jadebusen bei Wilhelmshaven entstand erst 1219 bei einer Sturmflut. Im Januar 1362 drang das Meer dann weit nach Nordfriesland ein, die Stadt Rungholt versank, und aus dem fruchtbaren Ackerland wurde das heutige Wattenmeer und die Inseln. Dabei ertranken über 100 000 Menschen. 1421 und 1530 war dann vor allem Holland von vergleichbaren Katastrophen betroffen – wieder ertranken Hunderttausende in der wilden Nordsee. Höhere Deiche können heute besseren Schutz vor Überschwemmungen bieten, aber noch im Februar 1962 hat das Elbe-Hochwasser bei 5,70 m über Normal in Hamburg 340 Menschen getötet.

Wir werden uns auch in Zukunft mit höheren Deichen gut schützen können. Die dazu notwendigen großen Deichbauten und Sperrwerke stellen allerdings erhebliche Eingriffe in die Natur dar, denn die natürlichen Überschwemmungsprozesse werden dadurch behindert. Andererseits wollen wir auch unsere Naturlandschaften erhalten. Naturschutz und menschliches Wohlergehen, der „Menschenschutz", müssen nun gegeneinander abgewogen werden. Dieser Konflikt wird sich auch in aller Schärfe beim „Klimaschutz" zeigen.

Die Geschichte der Küstenländer wirft eine sehr strittige Frage auf: Was ist naturgegeben und schützenswert? Wäre eine mögliche zukünftige Überflutung weiter Teile Norddeutschlands und der Niederlande naturbedingt und deshalb zu akzeptieren? Wohl kaum. Liegt aber eine gewaltige Naturkatastrophe ausreichend weit zurück, so scheint sich unsere Sichtweise anzupassen. Letztendlich wird der Wandel akzeptiert und das Resultat schrecklicher Sturmfluten sogar zum wertvollen Naturschutzgebiet erklärt. Zumindest in Deutschland will wohl niemand das Wattenmeer wieder eindeichen, um das von der See geraubte Land zurück zu gewinnen und den Küstenschutz wieder zu den Inseln vorzuverlegen. Was würden unsere Vorfahren dazu sagen? Zeigt das gegenwärtige Bild der Erde wirklich einen stabilen und naturgegebenen Endzustand?

Bildberichte über Naturkatastrophen hinterlassen beim Zuschauer im allgemeinen tiefe Eindrücke und erzeugen starke emotionale Reaktionen. Derzeit werden Unwetterkatastrophen bereits als Vorboten eines gefürchteten (Klima-)Wandels bewertet. Nach wie vor zählen die Zerstörungen durch Überschwemmungen bei Fluss- und Meereshochwasser, bei Starkregen und Sturmfluten zu den schlimmsten Naturkatastrophen in Deutschland. Wir erinnern uns alle noch lebhaft an das Hochwasser der Oder 1997 oder der Elbe 2002, wo die Region Dresden unter Wasser stand. An zweiter Stelle der deutschen Statistik stehen die Schäden durch schwere Stürme. Der Wintersturm Kyrill hat im Januar 2007 Schäden von etwa 10 Milliarden Euro angerichtet. Dabei kamen (nur) 49 Personen ums Leben. Die Zerstörungskraft des Hurrikans Katrina im August 2005 war weitaus größer als die der Orkane in unserer Region. Wind und Überschwemmungen haben die Großstadt New Orleans verwüstet, wobei 1322 Tote zu beklagen waren. Der geschätzte Schaden betrug über 125 Milliarden US$.

Sind diese Unwetter wirklich Anzeichen oder gar Beweise eines weltweiten Klimawandels? Wir werden sehen, dass es dazu klare statistische Aussagen und Erkenntnisse gibt.

Gegen so übermächtige Naturgewalten wie Hurrikane werden die Menschen wohl immer relativ schutzlos bleiben. Ein zukünftiger Klimawandel mit der Konsequenz von gehäuften und zunehmend heftigen Unwettern und Überflutungen wäre mit Sicherheit extrem bedrohlich. Zum Konzept eines umfassenden Schutzes der Erde, dem Naturschiutz, gehört deshalb inzwischen auch der so genannte Klimaschutz.

Abb. 1: Das Resultat vieler Überschwemmungskatastrophen: die Küstenlinie der Deutschen Bucht und das Wattenmeer. Die hellbraunen Flächen werden zweimal täglich von der Flut überschwemmt und fallen bei Ebbe wieder trocken.

Der Ausdruck Klimaschutz ist weit verbreitet, aber nicht sehr passend. Wir werden im ersten Kapitel erklären, wie das Klima in der Meteorologie und Klimatologie als eine mathematisch berechenbare statistische Größe definiert ist. Wie aber kann eine statistische Größe geschützt werden? Statt dessen sind die Menschen selbst zu beschützen vor einem befürchteten Klimawandel. Dessen mögliche Folgen müssen begrenzt und abgemildert werden, und die Menschen sollten sich zumindest einem veränderten Klima ausreichend anpassen können. Derzeit haben sich dafür zwei englische Worte durchgesetzt: „Mitigation" beschreibt eine Milderung des zu erwartenden Klimawandels, wobei vor allem die vielfältigen Alternativen zur Reduzierung der ständigen Treibhausgas-Emissionen diskutiert werden, „Adaptation" fasst die zahlreichen Maßnahmen zur Anpassung an das möglicherweise Unvermeidbare zusammen. Angesichts der enormen Kosten der Vermeidungsmaßnahmen sollten auch die möglichen Anpassungsstrategien sorgfältig geprüft und erwogen werden.

Der Schutz der Atmosphäre vor zunehmenden Emissionen muss dennoch das primäre Ziel aller Bemühungen sein. Es handelt sich dabei um eine Art von globalem Katastrophenschutz, der vergleichbar wäre mit den langfristigen, mühevollen und aufwendigen Deichbauanstrengungen unserer Vorfahren. Sehr erschwerend kommt bei der Bewertung und Durchführung der Maßnahmen zum Schutz der Atmosphäre hinzu, dass sich viele der derzeitigen Emissionen erst nach Jahrzehnten oder, wie beim Meeresspiegel, nach vielen Jahrhunderten voll auswirken werden. Wir dürfen deshalb das Wohl der zukünftigen Generationen nicht außer Acht lassen.

Im ersten Kapitel betrachten wir den Begriff des Klimas: Wie ist das Klima definiert und wie grenzt es sich vom Wettergeschehen ab? Ist das Klima ebenso launisch und unvorhersehbar wie das Wetter? Wie erhält man aus der Statistik der Wetterereignisse die für das Klima charakteristischen Häufigkeitsverteilungen?

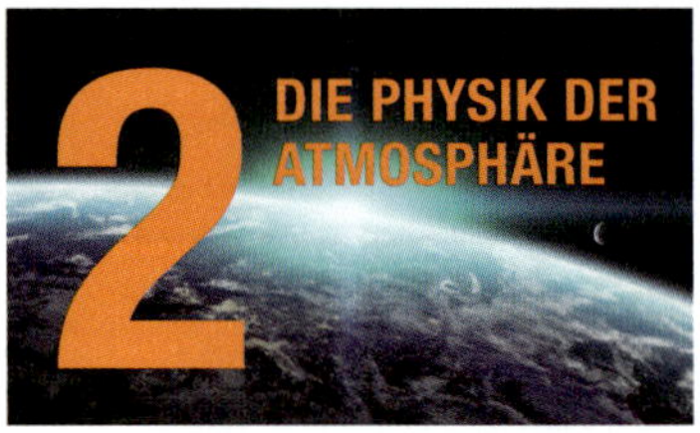

Die Atmosphäre der Erde steht im Zentrum dieses Buches. Ihre Eigenschaften und ihre vielfältigen Energieströme und Kräfte bestimmen das Wettergeschehen und sind verantwortlich für das Klima und die extremen Ereignisse, wie beispielsweise die Unwetter. Im zweiten Kapitel beschäftigen wir uns deshalb sorgfältig mit der Physik der Atmosphäre. Hier liegt der Schlüssel zum Verständnis der „Wetterküche" und zu den unterschiedlichen Klimazonen von den Tropen bis zu den Polen. Einige Betrachtungen zu den Ozeanen sind dabei unerlässlich, denn über 70 % der Erdoberfläche sind von Wasser bedeckt.

Die Energiebilanz der Atmosphäre wird im dritten Kapitel besprochen. Weil die zusätzlichen Treibhausgasanteile deutliche Veränderungen in dieser Bilanz bewirken, stellen sie einen entscheidenden Faktor für einen Klimawandel dar. Ein vereinfachtes und verständliches Modell für den Treibhauseffekt wird vorgestellt und ausgewertet. Es bietet bereits viele wichtige Einsichten zum Energietransport in der Atmosphäre.

Nach den „Kochrezepten der Wetterküche" und den Erläuterungen zum „Treibhaus Erde" erweitern wir im vierten Kapitel unsere Kenntnisse ganz wesentlich mit Hilfe einer Zeitreise durch die Geschichte unseres Planeten. Wenn man mit Geologen über das vergangene Klimageschehen diskutiert und die wechselvolle Erdgeschichte betrachtet, muss man zugestehen, dass die Erde selbst derzeit keineswegs gefährdet ist. Sie hat schon ganz andere Klimaperioden überstanden, und das biologische Leben auf der Erde ist immer wieder unglaublich vielfältige Wege gegangen, um sich anzupassen und durchzusetzen. Die eindrucksvolle Rückschau auf lange geologische Zeiträume zeigt die natürlichen Entwicklungen aus einer übergeordneten Warte: Wo eine Art ausstarb, konnte sich eine andere ansiedeln. Doch möchte niemand nach dem Aussterben der Saurier demnächst von einem möglichen Massensterben der Spezies Homo Sapiens berichten müssen, weil sich diese Art innerhalb weniger Generationen explosionsartig vermehrt und mit ihren wachsenden Ansprüchen die eigene Lebensgrundlage überfordert hat.

DIE ENERGIEBILANZ IN DER ATMOSPHÄRE IST EIN SCHLÜSSEL FÜR ALLE WESENTLICHEN KLIMAÄNDERUNGEN

Die Details der Energieaufnahme von der Sonne und der Energieabstrahlung ins All liefern wichtige Hinweise, um die Klimaänderungen zu verstehen. Dazu zählen:

1. *Die Veränderung der Strahlungsleistung unserer Sonne in ihrem Lebenszyklus. Zeitskala: Jahrmilliarden*
2. *Veränderungen der Lage der Landmassen der Erde (pol- oder äquatornahe Lage) infolge der Kontinentaldrift. Zeitskala: Hunderte von Jahrmillionen*
3. *Veränderungen der Erdumlaufbahn um die Sonne, die so genannten Orbitalparameter.*
   Zeitskala: ca. 20 000 bis 100 000 Jahre
4. *Zyklische Veränderungen der Sonnenausstrahlung, die so genannte Sonnenaktivität.*
   Zeitskala: Jahrzehnte bis Jahrtausende
5. *Veränderungen der Zusammensetzung der Atmosphäre (Treibhausgase, Aerosole, Stäube).*
   Zeitskala: wenige Jahre (bei einzelnen Vulkanausbrüchen) bis Jahrmilliarden (Entwicklungsgeschichte der Atmosphäre)

Wir werden sehen, welche Auswirkungen auf das Klima zu beobachten waren. Es wird sich zeigen, dass unter den vielfältigen klima-bestimmenden Faktoren der Einfluss der Treibhausgase besonders deutlich ist.

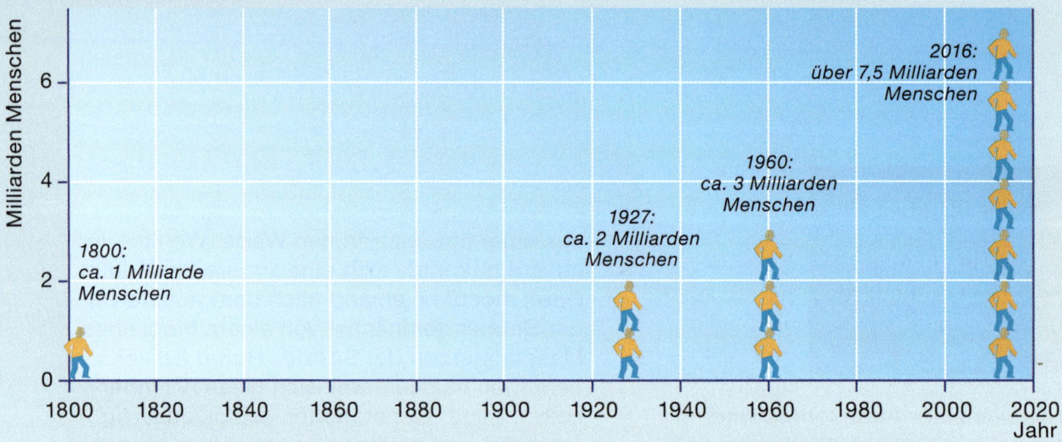

Abb. 2: Große Fortschritte von Medizin, Landwirtschaft und Technik haben zu einem unglaublichen Bevölkerungswachstum von derzeit ca. 80 Millionen zusätzlichen Menschen pro Jahr geführt. Während für viele Jahrhunderte vor allem die tägliche Sorge um ausreichende Nahrungsmittel im Vordergrund stand, wird seit etwa 50 Jahren auch die Deckung des Energiebedarfs einer rapide anwachsenden Menschheit (mit ihren obendrein steigenden Ansprüchen) zunehmend schwieriger und komplizierter. Die dadurch bedingte Belastung der Atmosphäre wird Konsequenzen für das globale Klima haben.

Deshalb kann die ferne Vergangenheit nicht als Verharmlosung in die gegenwärtige Diskussion eingebracht werden. Dennoch, die Geschichte der Erde und ihrer Atmosphäre ist so unglaublich, dass die Reise in die Vergangenheit spannend wie ein Krimi wird. In vieler Hinsicht eröffnet das vierte Kapitel besonders eindrucksvolle Perspektiven und Erkenntnisse über die vielen drastischen Klimawandel der Vergangenheit. Die dargestellten Zusammenhänge sind auch für das Verständnis der gegenwärtigen Situation unerlässlich. So merkwürdig es klingen mag, aus geologischer Sicht stecken wir derzeit in einer der kurzen(?) Warmzeiten innerhalb eines sehr langen Eiszeitalters, das schon seit 3 Millionen Jahren andauert. Ob diese Sicht der Dinge auch zukünftig noch Bestand haben wird, sollte sich jeder Leser nach der Lektüre des fünften und sechsten Kapitels noch einmal fragen.

Doch zurück zu den von den Menschen verursachten, den „anthropogenen“ Emissionen. Seit Beginn der Industrialisierung vor über 150 Jahren und der dabei anwachsenden Kohleverbrennung stehen uns auch ausreichend genaue Klimadaten zur Verfügung, um die Wirkungszusammenhänge der Klimaentwicklung in der jüngsten Vergangenheit analysieren zu können. Im fünften Kapitel verfolgen wir deshalb diese Entwicklung im Detail. An Hand der modernen Daten lernen wir einige der Beobachtungen und Erkenntnisse kennen, die sich aus dem derzeitigen Wissensstand der Klimaforschung ergeben. Darauf aufbauend wagen wir zum Schluss mit Hilfe der Klimamodellrechnungen einen

Blick in die Zukunft. Vorsichtige und korrekte Wissenschaftler vermeiden dabei das Wort Klimavorhersage und sprechen statt dessen von Projektionen, die unter bestimmten Annahmen gemacht werden können. Es wird uns nicht überraschen, dass diese Projektionen ganz entscheidend von der Entwicklung der menschlichen Aktivitäten, insbesondere den CO_2-Emissionen abhängen. Dieser Schlüsselfrage ist deshalb das sechste Kapitel gewidmet.

Die moderne Klimaforschung kann die Konsequenzen der Emissionen erkennen und vor zukünftigen Gefahren warnen. Doch die Begrenzung der Emissionen und der globale Schutz der Atmosphäre ist inzwischen eine beispiellose und unvergleichlich gewaltige Aufgabe geworden, die trotz der Anstrengungen von Wissenschaft und Technik die Weltgemeinschaft zu überfordern droht. Die Bewahrung einer unbelasteten Atmosphäre steht gegenwärtig leider im Konflikt zum Energiebedarf einer aufstrebenden und wachsenden Weltbevölkerung. Die fossilen Energieträger werden überall eingesetzt und sind preiswert verfügbar. Sie bleiben deshalb weltweit begehrt und sind keineswegs generell und problemlos durch ausreichend leistungsfähige emissionsarme Alternativen zu ersetzen, obwohl das außerordentlich wünschenswert wäre. Deshalb ziehen wir im sechsten Kapitel eine klare und nüchterne Bilanz:

- Wo genau stehen wir heute, wie viel fossile Rohstoffe haben wir bereits verbrannt, wie viel verbrennen wir Jahr für Jahr? Wo verbleiben die Emissionen?
- Warum ist der Kohlenstoff so vielseitig und wichtig?
- Welche Hilfe kommt von den Ozeanen und von der Biosphäre?
- Was ist mit den verfügbaren Technologien zu erreichen?
- Wo liegen die größten Chancen, um die Entwicklungen in eine günstige Richtung zu lenken?

Im siebten Kapitel werden einige der wichtigsten Forschungsthemen, verschiedene Klimaschutzinitiativen, und aktuelle Berufsfelder in diesen Bereichen vorgestellt.

Das vorliegende Buch bietet zahlreiche sorgsam recherchierte Daten und ausführlich erläuterte Fakten. Sie bilden eine unverzichtbare Basis für das Verständnis kommender Entwicklungen. Wir haben keinen Grund, uns in Sicherheit zu wiegen, denn die Erde und ihre Atmosphäre verändern sich deutlich.

Die Erde selbst ist nicht statisch. Obendrein beeinflussen die Menschen die Treibhausgaskonzentration bereits sehr deutlich. Entwarnung kann deshalb derzeit nicht gegeben werden.

VOM WETTER ZUM KLIMA

1

EIN ANGENEHMES KLIMA

Wir verstehen sofort, was gemeint ist, wenn das gesunde Reizklima an der See oder das freundliche Klima bei einer Unterredung gelobt wird. Bei schwierigen Verhandlungen hilft ein angenehmes Raumklima, für das möglicherweise eine Klimaanlage sorgt. Das Wort Klima löst vielfältige Assoziationen aus dem Bereich der Umwelteinflüsse und Gefühle aus. Wie aber wird das Klima im wissenschaftlichen Sinn definiert und wie grenzt es sich vom Wettergeschehen ab?

Ein sonniger Tag bietet schönes Wetter, ein warmer Sommermonat ist ein „Witterungsabschnitt", und erst die regelmäßige Beobachtung des Wetters über mehrere Jahrzehnte erlaubt uns eine Aussage über das Klima. Das Klima kann man kaum auf der Basis von persönlichen Erinnerungen bewerten. Verlassen sollte man sich nur auf Aufzeichnungen und Messdaten. Viele Charakterzüge des Klimas, etwa warm oder kalt, nass oder trocken, erkennt man aber auch an den langfristigen Wirkungen auf Fauna und Flora, an Verwitterung und den Schichten von Ablagerungen von Gestein, Pflanzenresten, Pollen und Lebewesen auf dem Grund der Gewässer und Meere. In übereinander geschichteten „Sedimentabfolgen" kann man mit Hilfe von Mikroskopie, Physik, Chemie und Biologie zeitliche Abfolgen wie in einem Protokoll ablesen und untersuchen. Ebenso wichtig sind die Beweise von Vereisungen, Wüstenbildungen, Meeresspiegeländerungen und Überflutungen. Mit Hilfe von geologischen Indizien und physikalischen Methoden kann man inzwischen aus diesen indirekten Beweisen das Klima vor Jahrmillionen recht zuverlässig rekonstruieren – nicht aber das Wetter der Vergangenheit.

Wenn wir über das gegenwärtige Klima urteilen wollen, sollten wir Wetteraufzeichnungen über mindestens dreißig Jahre betrachten. Diese Zeitspanne hat sich in der Klimatologie bewährt, wobei die Jahre 1961 – 1990 den Referenzzeitraum für die Diskussion des modernen Klimas bilden. Das Klima bezeichnet damit zunächst das „mittlere Wetter" im Laufe einer Zeitspanne an einem bestimmten Ort. Die bekanntesten Messgrößen sind dabei die Temperatur und die Niederschlagsmenge. Obwohl sie für alle Diskussionen sehr wichtig sind, bleibt die Aussagekraft von Mittelwerten begrenzt. Das ist leicht zu verstehen, denn es gibt bei uns wolkenverhangene trübe Tage, an denen sich die Mittagstemperatur und die

DER „GEFÜHLTE“ KLIMAWANDEL

Nur sehr wenige, naturverbundene Menschen, wie Landwirte oder Förster, können persönlich kompetent auf dreißig Jahre Vegetation und Klima zurück blicken – abgesehen von den berufsmäßig damit befassten Meteorologen und Klimatologen.

Alle Anderen nehmen nur das Wetter wahr, insbesondere Urlaubserlebnisse, ungewöhnliche Wetterperioden (warme Winter, kühle Sommer) und die Extremereignisse (Unwetter). Die Bewertung des Klimas und der „gefühlten Klimaentwicklung“ bildet sich vor allem als individuelle oder sogar gesellschaftliche Sekundärreaktion auf die Berichterstattung in den Medien. Diese Berichte haben eine hohe emotionale Wirkung, der man sich kaum entziehen kann. Häufige Unwetter- und Katastrophenberichte mit eindrucksvollen Bildern aus aller Welt drängen den Eindruck eines heftigen Klimawandels auf, auch wenn die Datenlage eine solche Interpretation derzeit noch nicht stützt. Statt dessen sind es oft der Region unangepasste oder völlig unzulässige Bauten in gefährdeten Gebieten (steile Abhänge, tiefe Niederungen, trockene Flussläufe), die bei einem Unwetter zur Katastrophe führen (New Orleans August 2005, Istanbul September 2009, Pakistan 2016).

Nachttemperaturen kaum unterscheiden – und dann, besonders im Herbst oder Frühjahr, sehr sonnige und warme Tage mit frostkalten Nächten. An den Mittelwerten würde man das nicht mehr erkennen können. Entsprechendes gilt auch für die Beschreibung der extremen Tag-Nacht-Unterschiede in den Wüstenregionen. Offensichtlich benötigen wir auch Informationen über die Schwankungsbreite und die Extremwerte. Noch viel wichtiger wird das bei Niederschlägen oder beim Wind, weil einmalige Überschwemmungen oder Orkane oft tiefgreifende, bleibende Schäden hinterlassen. Eine ausschließliche Diskussion von Trends und Mittelwerten kann der Bedeutung von extremen Einzelereignissen niemals gerecht werden.

Langzeit-Messdaten an einem Ort ergeben das lokale Klima. Erst in weiteren Schritten

Abb. 3: Das lokale Klima eng benachbarter Orte kann bereits sehr unterschiedlich sein. An den geschützten Abhängen des Moseltals, besonders an den sonnigen Südlagen, herrscht ein wesentlich milderes Klima als auf den direkt angrenzenden Ebenen von Eifel und Hunsrück. Ebenso zeigt eine kleine Wanderung aus einer in der Sommerhitze schmorenden Stadt in ein Waldgebiet mit einem beschatteten Flusslauf die Unterschiede zwischen dem Klima einer Stadtlandschaft und dem einer Wald- und Flusslandschaft. Bei derartigen Gebieten spricht man vom „Mesoklima“. Ein kleiner Geländeabschnitt (Mulde, Hang) kann durch ein spezielles „Mikroklima“ gekennzeichnet sein.

Abb. 4: Zur Ermittlung der Höhenwetterdaten lässt man weltwelt an mehr als tausend Orten mindestens zweimal täglich, um 12:00 und 24:00 Uhr, Wetterballons mit Radiosonden aufsteigen.

kommt man durch eine räumliche Mittelung zum Klima einer Region, eines Landes, einer Klimazone und letztlich der ganzen Erde.

Für Deutschland kann niemand das Wetter für mehr als zehn Tage vorhersagen. Darüber hinaus helfen auch die größten Computer nicht weiter. Man kann zwar eine erwartete Luftströmung aus den momentanen Anfangswerten sehr zuverlässig berechnen und daraus eine kurzfristige Vorhersage erstellen. Aber je weiter die Vorhersagen in die Zukunft zielen, desto wichtiger werden bereits kleinste Unsicherheiten bei den Startbedingungen. Die Auswirkungen der Fehler in den Startwerten addieren sich, und schon ab einer Vorhersage für sieben Tage werden die Resultate unzuverlässig. Das gilt besonders für uns in Europa, wo sich polare und subtropische Strömungen treffen und chaotisch verwirbeln. Unser Wetter wird überwiegend von westlichen Winden bestimmt. Die Westwinddrift führt große Hoch- und Tiefdruckgebiete mit sich, so dass sich das Wetter in Europa häufig als launisch und wechselhaft erweist. Es zeigt sich, dass die klimarelevanten langfristigen Mittelwerte und Schwankungsbreiten viel stabileren Gesetzmäßigkeiten unterliegen als das Wettergeschehen.

Letztendlich kann man bei der Analyse des Klimas das Problem der Startwerte für die Wetterentwicklung sogar völlig vergessen.

Statt dessen betrachtet man das statistische Wetter und seine langfristigen Trends als Folge von großräumigen Rahmenbedingungen. Dazu zählen als wesentliche Klimafaktoren vor allem die Einstrahlung der Sonne, die Einflüsse von Ozeanen, Eisgebieten, Landmassen, Gebirgen und Vulkanen – und natürlich die komplizierte Rolle unserer Atmosphäre. Ganz bedeutsam sind außerdem die Biosphäre mit Pflanzen und Tieren und inzwischen auch die menschlichen Aktivitäten.

Weil viele dieser Faktoren einander „nichtlinear", also in komplizierter Weise beeinflussen, verändert sich auch das Klima oft überraschend heftig. Bevor wir uns tiefer in dieses spannende Thema stürzen, machen wir uns sattelfest und betrachten den modernen Klimabegriff von zwei ganz verschiedenen Seiten.

DAS KLIMA ALS DIE STATISTIK DES WETTERS

An vielen Orten werden stündlich Messwerte für Temperaturen, Niederschlag, Windgeschwindigkeit, Windrichtung, Sonnenstunden, Wolken und andere Beobachtungen erfasst. Aus diesen Wetterdaten erwächst ein umfassendes Bild vom Wetterablauf bis hin zur jahreszeitlichen Witterung.

Doch erst die statistische Erfassung des Wetters über viele Jahrzehnte erlaubt es, das Klima glaubwürdig und zuverlässig zu beschreiben und die Langzeit-Veränderungen („Trends") zu erkennen.

Statistiken sind uns nicht unvertraut. Fast jeden Sonntag gewinnen einige (wenige) Spieler im Lotto einen Hauptgewinn, obwohl Millionen Tipps abgegeben werden. Weil die „Lottomaschinen" so einfach aufgebaut sind, ist die Statistik der Ergebnisse ebenfalls einfach. Die Statistik der Autounfälle ist schon viel schwieriger zu durchleuchten. Im Jahr 2015 gab es in Deutschland bei rund 2,5 Millionen Verkehrsunfällen 3475 Todesopfer. Das alles ist statistisch bewiesen und einprägsam, bleibt aber gefühlsmäßig unerklärlich, wenn man die zahlreichen voneinander unabhängigen Einzelereignisse betrachtet: Ist es nicht erstaunlich, dass die Zahl der Todesopfer von Jahr zu Jahr nur relativ gering schwankt, obwohl es doch mehrere Millionen Unfälle gibt?

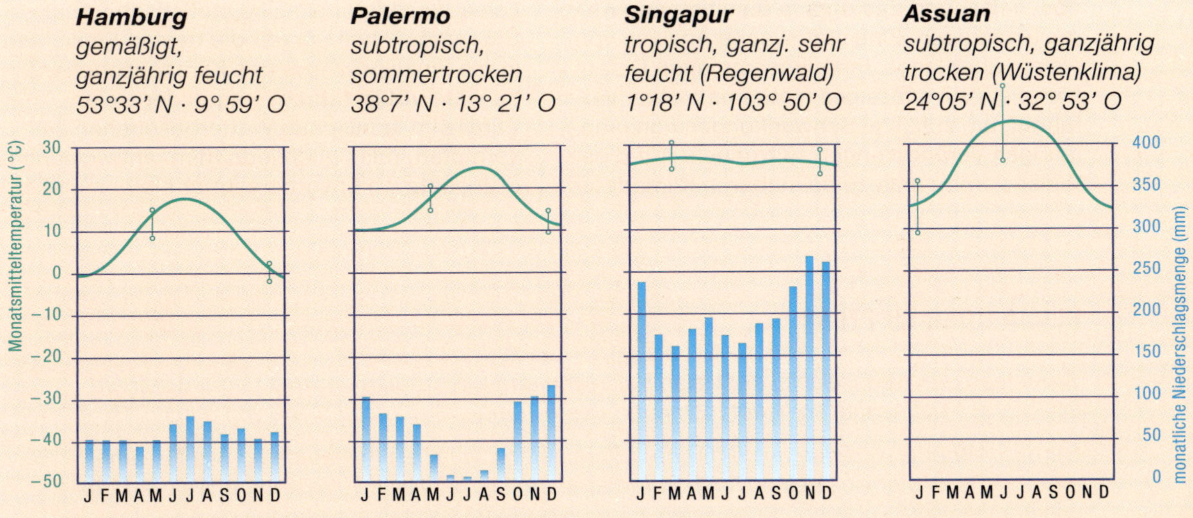

Abb. 5: Typische Klimadiagramme, wobei jeweils die oberen Kurven den Jahresgang der monatlichen Mitteltemperatur und die Säulen den Jahresgang der monatlichen Niederschlagssummen charakterisieren; weiterhin weisen die vertikalen Balken auf die maximale bzw. minimale Temperatur-Tagesamplitude hin (Ref. 1).

Um die zukünftigen Schäden mildern zu können, muss eine statistische Analyse erarbeitet werden. Dazu erforscht man das Zusammenwirken der unterschiedlichen Unfallursachen („Triebkräfte"). Beispielsweise wird die Zahl der Verkehrstoten weiter sinken, wenn die Sicherheit der Fahrzeuge und der Straßen und die Ausbildung der Fahrer verbessert wird. Hinzu kommen die Einflüsse von Wetter und Geschwindigkeit, vielleicht auch Übermüdung, Übermut oder Alkohol. Immer aber werden Ort und Zeit des nächsten Unfalls unvorhersehbar bleiben. Erst eine ausreichend langfristige Statistik kann zeigen, ob neue Maßnahmen auch erfolgreich waren. Ähnliche Vorgehensweisen sind uns auch von der Überprüfung der Wirksamkeit neuer Medikamente oder der Risikoanalyse vertraut: Rauchen verursacht mit gewisser Wahrscheinlichkeit Lungenkrebs. Immer gilt es, in einem komplizierten Wechselspiel den Einfluss einzelner Faktoren nachzuweisen.

Wir können diese Vorgehensweise direkt auf das Wetter und das daraus resultierende Klima übertragen. Eine statistische Analyse von vielen, über lange Jahre gesammelten Daten bietet ein zuverlässiges mathematisches Verfahren, um zufällige Schwankungen von langjährigen Veränderungen zu trennen. Auf diese Weise kommt man zu belastbaren Klimadaten.

Vor allem möchte man auch beim Klima die unterschiedlichen Triebkräfte („Antriebe") erkennen: Wie groß ist der Einfluss von Sonne, Vulkanen, Treibhausgasen, Staub und Aerosolen auf die Temperatur der Atmosphäre? Wenn man Datensätze für die Temperatur und zuverlässige Messdaten für alle in Frage kommenden Antriebe zur Verfügung hat, kann man die jeweiligen Einflüsse statistisch analysieren. So kommt man zu den statistischen Modellen, die bereits natürliche und anthropogene Klima-Antriebe zu trennen vermögen (Abb. 49, S. 131).

Inzwischen geht die klimatologische Forschung noch einen großen Schritt weiter. Mit Hilfe der umfassenden physikalischen Klimamodelle werden nur noch die Prozesse betrachtet, die zur Entwicklung und Veränderung des Klimas unter dem Einfluss der Antriebe führen (S. 138). Weil diese Modelle die Physik und die Struktur von Erdoberfläche, Ozeanen und Atmosphäre im Detail mathematisch nachbilden (simulieren), sind sie unvergleichlich aufwendiger als eine statistische Analyse. Sie ermöglichen derzeit die besten Einsichten in die Einzelprozesse des Klimageschehens. Es wäre **völlig falsch**, wegen der vielen Zufälle im launischen Wettergeschehen zu vermuten, dass auch jede Klimaentwicklung grundsätzlich unvorhersehbar bleiben muss.

KLIMA ODER WETTER?

Wenn man das Wechselspiel der vielen Kaltzeiten und Warmzeiten unseres gegenwärtigen Eiszeitalters betrachtet, so findet man nur mittlere Temperaturunterschiede von 4 bis 5 °C.

Für das Wetter erscheinen uns 5 °C eher unbedeutend, aber als Klimaunterschied für Jahrtausende bedeutet ein „kleiner Temperatursturz" um nur 5 °C eine völlig andere Welt: An Stelle unserer vertrauten Umgebung müssten wir erwarten, dass sich Nordeuropa und Nordamerika allmählich wieder mit kilometerdicken Eispanzern bedecken und dass die derzeit schwindsüchtigen Alpengletscher wieder mit Macht bis „vor die Tore Münchens" anwachsen.

6a) Zunahme des Mittelwerts

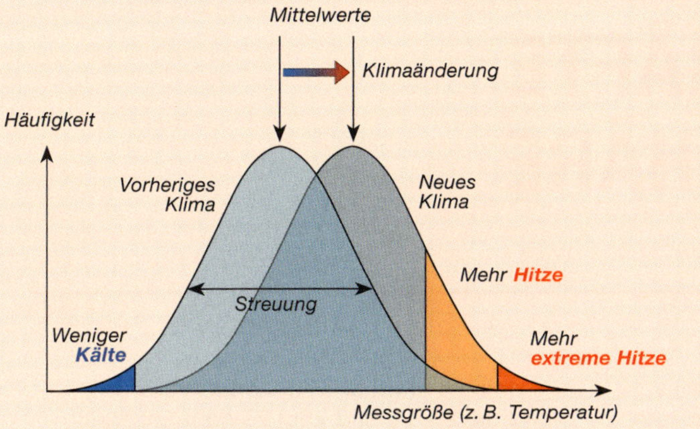

6b) Zunahme der Streuung

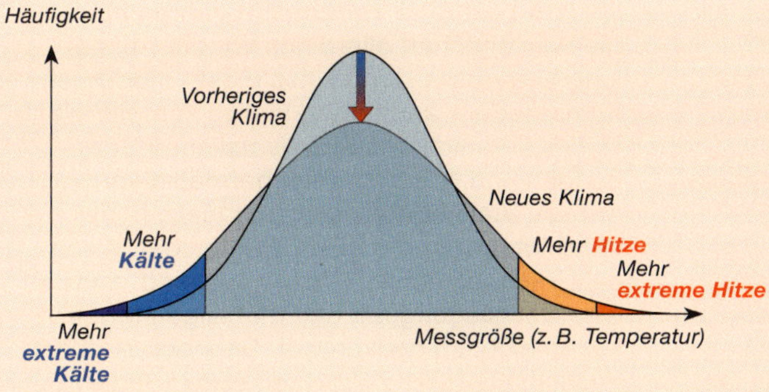

6c) Zunahme von Mittelwert und Streuung

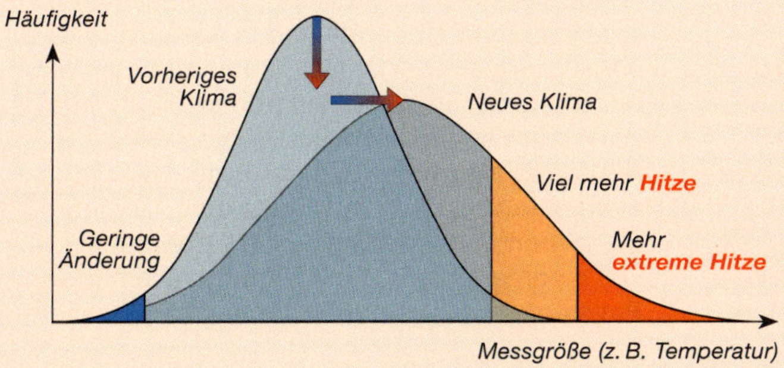

(Nach P. Hupfer und M. Börgen, 2004)

Abb. 6: Typische Darstellungen zeigen die Häufigkeit von Tagesmitteltemperaturen oder Niederschlagswerten an einer festen Station, beispielsweise während der Sommermonate Juni, Juli, August (JJA). Wenn die gesammelten Wetterdaten einen ausreichend langen Zeitraum umfassen, kann man die einhüllende Kurve als eine anschauliche graphische Darstellung des Klimas auffassen. Dabei können sich die Ausläufer der Kurve als besonders wichtig heraus stellen, denn sie beschreiben die extremen Wetterlagen, beispielsweise besonders heiße oder ungewöhnlich kalte Tage.

Eine wichtige Messgröße ist die bodennahe Lufttemperatur. Eine langfristige Erwärmung würde sich dann in einer Verschiebung der Verteilungskurve zu erkennen geben, wie im Beispiel 6a gezeigt. Einen Klimawandel ohne Erwärmungstrend, aber mit einer deutlichen Tendenz zu größeren Schwankungen, erkennt man im Beispiel 6b. Hier sind mehr extreme Wetterlagen zu beobachten, die Streuung der gemessenen Wetterdaten hat zugenommen. In diesem Fall gibt es mehr sehr kalte, aber auch mehr sehr heiße Tage.

Für Europa vermutet man eine zukünftige Entwicklung, wie sie in Abb. 6c gezeigt ist. Dem Erwärmungstrend überlagert, wird eine Zunahme der Streuung erwartet, eine größere klimatische Variabilität. Dabei wird im Bereich der kalten Tage nur wenig Änderung zu verzeichnen sein, aber bei den warmen und heißen Tagen wird es vermutlich eine deutliche Zunahme geben.

Man kann die monatlichen Daten einer Station für Temperatur, Niederschlag oder Wind zu jahreszeitlichen Daten (Winter, Sommer) oder zum sehr wichtigen Jahresmittelwert zusammen fassen. Im nächsten Schritt kann man aus den Daten mehrerer Stationen regionale Mittelwerte bilden. Letztendlich führen die weltweit erfassten Daten sehr vieler Stationen zu den viel diskutierten und wichtigen globalen Mittelwerten, insbesondere der mittleren globalen Jahrestemperatur.

Wie wir auch auf Seite 128 sehen werden, können sich die Trends des lokalen oder regionalen Klimas drastisch vom globalen Trend unterscheiden.

DAS KLIMA ALS RESULTAT DER TRIEBKRÄFTE DER ATMOSPHÄRE

Wir wissen inzwischen, dass man das Wettergeschehen langfristig statistisch erfassen muss, um das Klima zuverlässig zu beschreiben. Dann aber, in einem wesentlich schwierigeren Schritt, möchte man das Klima erforschen und verstehen:

- Welche Ursachen und Wirkungen hat das Geschehen, das das Klima bestimmt?
- Wie groß ist der Einfluss der dabei wirksamen unterschiedlichen Triebkräfte?

Dabei geht es um die Physik der Atmosphäre und die sich im Tages- und Jahresgang ändernde Einstrahlung von der Sonne sowie die Abstrahlung von der Erde ins All. Dazu kommen die wechselseitigen Beeinflussungen von Luft, Wolken und Niederschlägen, Landmassen und Ozeanen mit ihren Pflanzen und Tieren und schließlich der weiten Eisgebiete. Es gibt auch unvorhersehbare Ereignisse mit großem Einfluss, wie Vulkanexplosionen, und obendrein die ständigen menschlichen Aktivitäten wie Waldrodungen, Landwirtschaft, Städtebau, Wasserbau und vieles mehr.

Schon 1863 berichtete John Tyndall über seine Experimente, die eine herausragende Bedeutung von CO_2 und Wasserdampf für den Treibhauseffekt der Atmosphäre zeigten. Svante Arrhenius hat 1896 abgeschätzt, dass der natürliche Treibhauseffekt der Erde etwa 30 °C ausmacht und so für eine mittlere Temperatur von +15 °C sorgt. Er betrachtete die damals stark anwachsende Verbrennung der Kohle und kam zu dem Ergebnis, dass eine Verdopplung des CO_2-Gehalts der Atmosphäre die mittlere Temperatur um 4 °C ansteigen lassen wird. Sein Resultat wird durch die modernen Klimamodelle erstaunlich gut bestätigt. Vor hundert Jahren hätte die Wissenschaft allerdings vor der Aufstellung und Auswertung eines dieser modernen Klimamodelle kapituliert: Viel zu kompliziert! Dabei sind nicht die grundsätzlichen Beziehungen und Gleichungen übermäßig kompliziert. Vielmehr erfordert die Vielzahl der benötigten Daten und der zahlreichen Wechselwirkungen so viel Rechenaufwand, dass an eine Bewältigung mit den damaligen Möglichkeiten nicht zu denken war. Dennoch sind den Wissenschaftlern schon seit etwa hundert Jahren viele Einzelheiten der Vorgänge bei der Sonneneinstrahlung auf die Erdoberfläche sehr gut bekannt.

Unvorhersehbar war damals allerdings die rasante weitere Entwicklung der Menschheit, ihrer Mobilität zu Lande und in der Luft und ihres Energiebedarfs: Um 1800 hatte die Weltbevölkerung die erste Milliarde erreicht. Hundert Jahre später, um 1900, lebten etwa 1,9 Milliarden Menschen auf der Erde. Das war in etwa eine Verdopplung. Heute sind es mehr als sieben Milliarden – mehr als dreimal so viel innerhalb eines Jahrhunderts. Die hohen Emissionen aus der Verbrennung der fossilen

Energieträger haben die Strahlungsbilanz der Atmosphäre seitdem bereits deutlich messbar verändert – und zwar noch viel mehr als damals erwartet, denn zur unerwartet heftig ansteigenden Kohleverbrennung addieren sich inzwischen auch noch sehr große Beiträge vom Erdöl und geringere vom Erdgas.

Heute kommen die Fortschritte in der Computertechnik und in den Klimawissenschaften gerade zur rechten Zeit, um das drängende Problem dieser Emissionen und ihren Einfluss auf das Weltklima mit Hilfe statistischer Analysen und der globalen physikalischen Klimamodelle (S. 141) anzugehen.

Die Physik der Atmosphäre bildet die Basis für die großen Klimamodelle, mit deren Hilfe die Entwicklung des Erdklimas in Vergangenheit, Gegenwart und Zukunft studiert werden kann.

In ihren Grundzügen ist die Atmosphärenphysik nicht schwer zu verstehen. Weil sie uns unmittelbar im Wettergeschehen oder bei der Wetterkarte im Fernsehen begegnet, bietet sie nebenbei auch zahlreiche für den Alltag nützliche Erkenntnisse. Deshalb widmen wir die nächsten beiden Kapitel diesem wichtigen und stets aktuellen Thema.

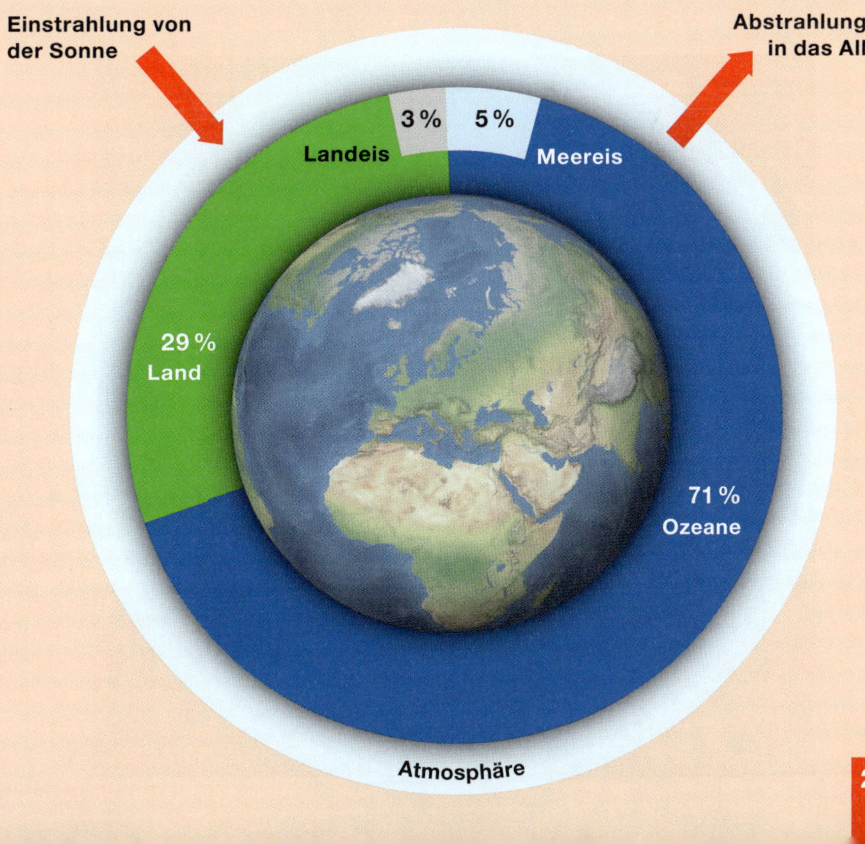

Abb. 7: Das Klima wird durch zahlreiche Faktoren bestimmt. Es wird vor allem beeinflusst durch die externe Einstrahlung von der Sonne und die Abstrahlung ins All, zusammen mit den physikalischen Vorgängen innerhalb der Atmosphäre, die unsere Erde vollständig umschließt. Dazu kommen zahlreiche interne Wechselwirkungen zwischen allen Partnern des Klimasystems in den vielfältigen Klimazonen: der Atmosphäre, den Ozeanen, dem Land mit der Biosphäre und den Eisgebieten.

DIE PHYSIK DER ATMOSPHÄRE

2

WÄRME SETZT ALLES IN BEWEGUNG

Um unser Verständnis des Klimas als Ergebnis des langfristigen Wettergeschehens auf eine breite Basis zu stellen, betrachten wir zuerst die wichtigsten Antriebskräfte des „Wettermotors“ und seine erstaunliche Funktionsweise. Eines sollte uns vorab „sonnenklar“ sein: Die treibende Kraft des Wetters ist die Sonne, die mit ihrer Einstrahlung das Land, die Ozeane und die Atmosphäre erwärmt. Aber wie entsteht aus der ziemlich konstanten Abstrahlung der Sonne das komplexe Muster von Wind, Wolken und Regen, von Wetter und Klima? Wie verwandelt sich zum Beispiel die Wärmeenergie der Sonnenstrahlung in mechanische Windenergie?

Wenn der Wettergott freundlich gesonnen ist und keine dichte Wolkendecke stört, kann der überwiegende Anteil der Strahlung von der Sonne direkt die Oberfläche von Land und Meeren erreichen. Dabei trifft die Sonne in den polaren Gebieten nur unter einem flachem Winkel auf die Erdoberfläche, und die Einstrahlung pro Quadratmeter ist dort viel

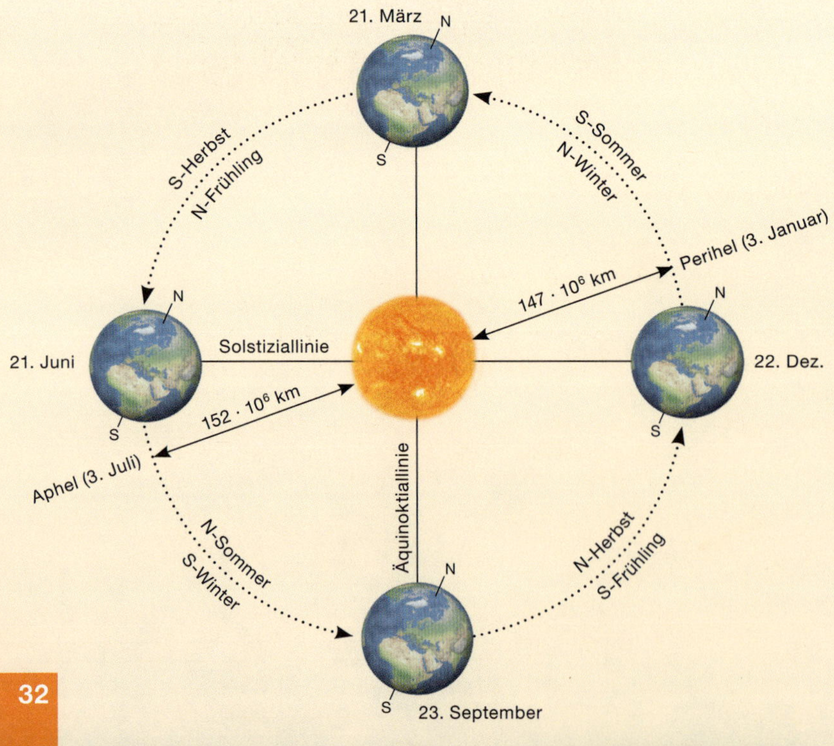

Abb. 8: Der Umlauf der Erde um die Sonne auf ihrer elliptischen, nahezu kreisförmigen Bahn. Der Erdabstand ändert sich im Laufe eines Jahres um maximal 3,3%. Das ist der Entfernungsunterschied zwischen Perihel- und Aphel-Position. Entsprechend variiert die Leistung der Sonneneinstrahlung auf die Erdkugel im Jahreslauf nur um 6,7 % (nach Ref. 1).

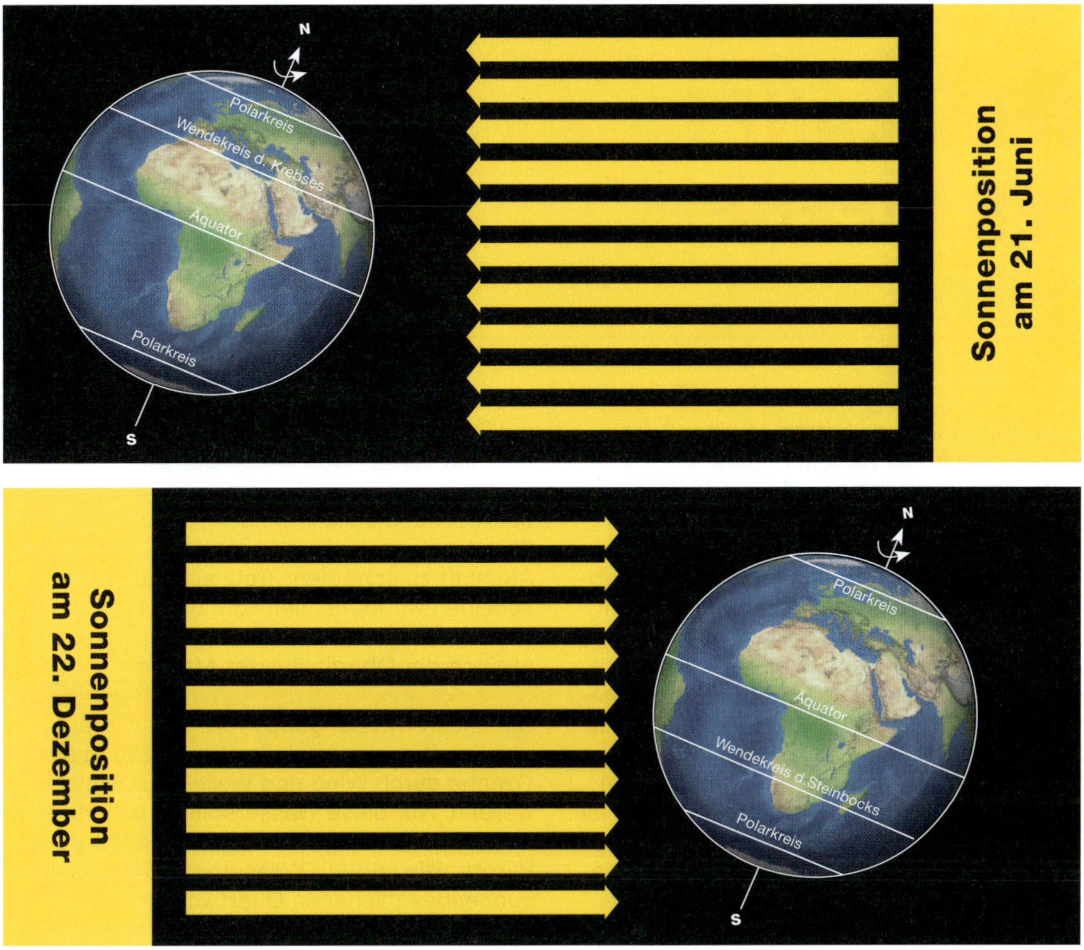

Abb. 9: Die Neigung der Erdachse ist für den Klimawechsel zwischen Sommer und Winter verantwortlich. Größere Kippwinkel ergeben ausgeprägtere Jahreszeiten, also kältere Winter und wärmere Sommer. Der Kippwinkel beträgt derzeit 23,44°. Im Lauf von 41000 Jahren schwankt er zwischen 22°und 24,3° (Bezugsachse ist die Senkrechte auf der Umlaufebene um die Sonne).

geringer als im Äquatorgebiet, wo die Sonne nahezu senkrecht am Himmel steht. Das führt zu den großen Temperaturunterschieden zwischen den kalten Polarregionen und dem heißen Äquatorialgebiet. Diese Temperaturunterschiede treiben die globalen Luft- und Meeresströmungen an. Die großräumigen Strömungen („Zirkulationen") der Ozeane und der Atmosphäre transportieren auf diese Weise viel Wärmeenergie von den warmen Tropen in kältere Zonen, bis hin zu den beiden „Kühlkörpern" Südpol und Nordpol.

Weil die Meeresströmungen schon über Jahrhunderte relativ stabil sind und das Wasser mit seiner hohen Wärmekapazität gegenüber allen Temperaturschwankungen sehr ausgleichend wirkt, ist das Verhalten der Meere durch eine viel größere Stetigkeit gekennzeichnet als die oft sehr turbulente und wechselhafte Atmosphäre. Deshalb betrachten wir zuerst die ruhigeren Ozeane.

DER PLANET DER MEERE

Wenn wir die Chance hätten, in einer Super-Tauchkapsel in die Tiefe der Meere abzutauchen, so würden wir nach einigen Metern bereits die einsetzende Dunkelheit, dazu einen ständigen Druckanstieg und eine sinkende Temperatur bemerken. Während es abwärts geht, steigt der Wasserdruck alle 10 m ziemlich genau um 1 bar an. Wasser lässt sich praktisch nicht zusammendrücken, ist inkompressibel. Deshalb wiegt ein Liter Wasser konstant ungefähr 1 kg. Der Druckanstieg wird sich deshalb stetig bis in die Tiefsee fortsetzen. Die tiefstmögliche Stelle wäre im Marianengraben mit 10900 m erreicht. Das ist tiefer als die höchsten Gebirge aufragen. Dort verbiegt sich der Ozeanboden des Pazifik besonders weit nach unten, weil er von gewaltigen Kräften aus dem Erdinneren allmählich unter die riesige Eurasische Festlandsplatte geschoben wird (Abb. 11). Dieser Prozess wird von häufigen Erd- und Seebeben begleitet und ist tatsächlich sogar für das Klima der Erde von großer Bedeutung (S. 92).

Auf der Erde gibt es so viel Wasser, dass die Meere 71 % der Oberfläche bedecken und im Durchschnitt mit 3800 m auch deutlich tiefer sind als die mittlere Höhe des Festlandes (Mittelwert: 685 m über dem Meeresspiegel). Der Ozeanboden ist im allgemeinen nur für unbemannte Roboter erreichbar, denn die maximale Tauchtiefe von großen U-Booten beträgt nur etwa 400 m. Wenn wir die Technik mit der Natur vergleichen, dann scheint es unglaublich, dass in diesen kalten und dunklen Tiefen Luft atmende Säugetiere bei der Jagd auf Riesenkraken unterwegs sind. Pottwale tauchen bis zu 3000 m tief. Der Druck dort unten ist 300 mal höher als an der Meeresoberfläche, die sie erst nach Ablauf einer Stunde wieder aufsuchen müssen, um frische Atemluft zu schöpfen. Trotz aller Technik scheinen wir Menschen vom Boden der Ozeane immer noch fast so weit getrennt zu sein wie von der Oberfläche des Mondes.

Bei unseren Tauchgängen würden wir feststellen, dass maximal die oberen 200 m der Ozeane durch Wind und Wellen durchmischt werden. Nur diese Wasserschicht ist mit der Atmosphäre in regem Luft- und Wärmeaustausch. Die mittlere Wassertemperatur an der sonnenbeschienenen Oberfläche in Äquatornähe beträgt 30 °C. Unterhalb der schmalen Durchmischungszone werden auch die tropischen Meere rapide kälter. Das tiefe Wasser der Ozeane ist sogar sehr kalt, mehr als 80 % der Wassermassen sind kälter als 5 °C. Mit zunehmender Tauchtiefe kann die Temperatur sogar noch weiter fallen. Dies Verhalten ist anders als das von Süßwasser, das bei 4 °C ein Dichtemaximum hat. Statt dessen nimmt die Dichte des Meerwassers weiter zu, wenn die Temperatur unter 4 °C fällt. Das Dichtemaximum wird erst am Gefrierpunkt erreicht, der bei Meerwasser wegen des Salzgehaltes etwa bei −2 °C liegt.

Die Wärmeausdehnung des Wassers ist gering und macht nur wenige Prozent aus, führt aber zu einer relativ stabilen Schichtung, wenn wärmeres Wasser über dichterem und

EIN GRÖSSENVERGLEICH

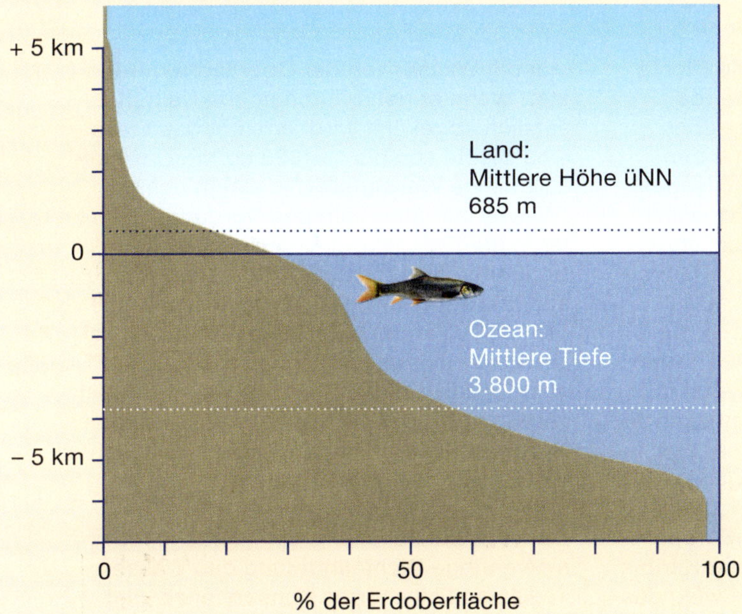

Abbildung 10 zeigt einen quantitativen schematischen Querschnitt durch Land und Meere der Gegenwart. Etwa 71 % der Erdoberfläche sind mit Ozeanen bedeckt, deren Tiefe im Durchschnitt 3800 m beträgt. Die Landflächen liegen im Mittel 685 m über dem Meeresspiegel, wobei die höchsten Berge wesentlich weniger in die Höhe ragen als die Meere an ihren tiefsten Stellen erreichen. Die Verteilung von Land und Wasser hat sich im Laufe der Erdgeschichte immer wieder deutlich verändert. Beispielsweise war die Kreidezeit durch viele zusätzliche warme Flachmeere gekennzeichnet (vgl. S. 98, nach Ref. 10).

kälterem Wasser liegt. Deshalb bleibt die thermische Schichtung eines Ozeans in weiten Bereichen stabil, während die Temperatur mit zunehmender Tiefe immer weiter sinkt. Rein theoretisch könnte ein flaches Meer sogar von oben bis zum Grund durchfrieren. Davon kann wegen der Sonneneinstrahlung, der Wärmekapazität des Wassers und der Meeresströmungen selbst im Nordpolarmeer keine Rede sein. Die winterliche Eisdecke im Nordpolarmeer wird nur einige Meter dick, während das Wasser darunter bis zu 4000 m tief ist.

Wenn Meerwasser überfriert, bilden sich Eisschollen, die übrigens wegen des Salzes wesentlich brüchiger sind als entsprechendes Süßwassereis. Weil das Eis die Oberfläche des Meeres thermisch isoliert, verlangsamt eine Eisdecke die weitere Abkühlung. Bei der Eisbildung wird das gelöste Meersalz nicht vollständig, sondern nur zu 30 % in Salzlaugentaschen zwischen den Eiskristallen eingebaut. Die überwiegende Salzmenge verbleibt in der flüssigen Phase. Deshalb ist Meereis relativ salzarm, und das unterliegende Wasser wird mit Salz angereichert. Interessanterweise befindet sich das Oberflächenwasser unter dem Meereis nahe dem Gefrierpunkt von etwa –2 °C, während die Temperatur mit der Tiefe leicht zunimmt. In diesen Regionen stabilisiert der nach unten zunehmende Salzgehalt die Dichteschichtung. Die Eisbildung im Nordpolarmeer spielt eine gewisse Rolle bei der Salzanreicherung im Nordatlantik. Viel bedeutender jedoch ist der Beitrag der Verdunstung über warmem Wasser. Weil nur das Wasser verdunstet, nicht aber das Salz, steigt die Konzentration des gelösten Salzes.

Der Einfluss des Salzgehaltes auf die Dichte von Meerwasser ist oft größer als der der Wassertemperatur. Wenn sich salzreiches Wasser nicht ausreichend schnell mit den umgebenden Wassermassen durchmischen kann, sinken die salzreichen Wassermassen unter die salzärmeren ab. Ein erstaunliches Beispiele findet sich in der Straße von Gibraltar. Durch die hohe Verdunstung im Mittelmeerraum strömen etwa 1 Million m³ pro Sekunde sehr salzhaltiges Wasser als Tiefenstrom durch die Meerenge von Gibraltar in den Atlantik, während darüber in umgekehrter Richtung kühleres Oberflächenwasser aus dem Atlantik ins Mittelmeer eindringt.

Besonders wichtig für das Klima in Europa ist der Nordatlantikstrom. Der aus der Karibik kommende warme nordatlantische Zweig des Golfstroms, der Nordatlantikstrom, wird auf seiner Reise zunehmend salzhaltiger, weil ständig Wasser von der Oberfläche verdunstet. Wenn er dann durch polare Kaltluft zusätzlich abgekühlt wird, erreicht das Wasser eine Dichte von bis zu 1028 kg/m³. Das kalte, salzhaltige Wasser sinkt in einem riesigen „Wasserfall" innerhalb des Nordatlantik hinunter in die Tiefsee. Die Tiefenwasserbildung trägt entscheidend zum Antrieb des Nordatlantikstroms bei. Man vermutet, dass sie vor ca. 13 000 Jahren unterbrochen wurde, weil gewaltige Schmelzwassermengen plötzlich aus Kanada einströmten und den Salzgehalt verringerten. Das könnte zum Aussetzen des Nordatlantikstroms und zu einem Kälteschock für Nordeuropa geführt haben.

Zur Veranschaulichung der Tatsache, dass eine geringe Dichteänderung des Wassers in diesem Fall enorme Konsequenzen hat, schätzen wir in einer einfachen Modellvorstellung die gewaltigen Kräfte ab, die zum

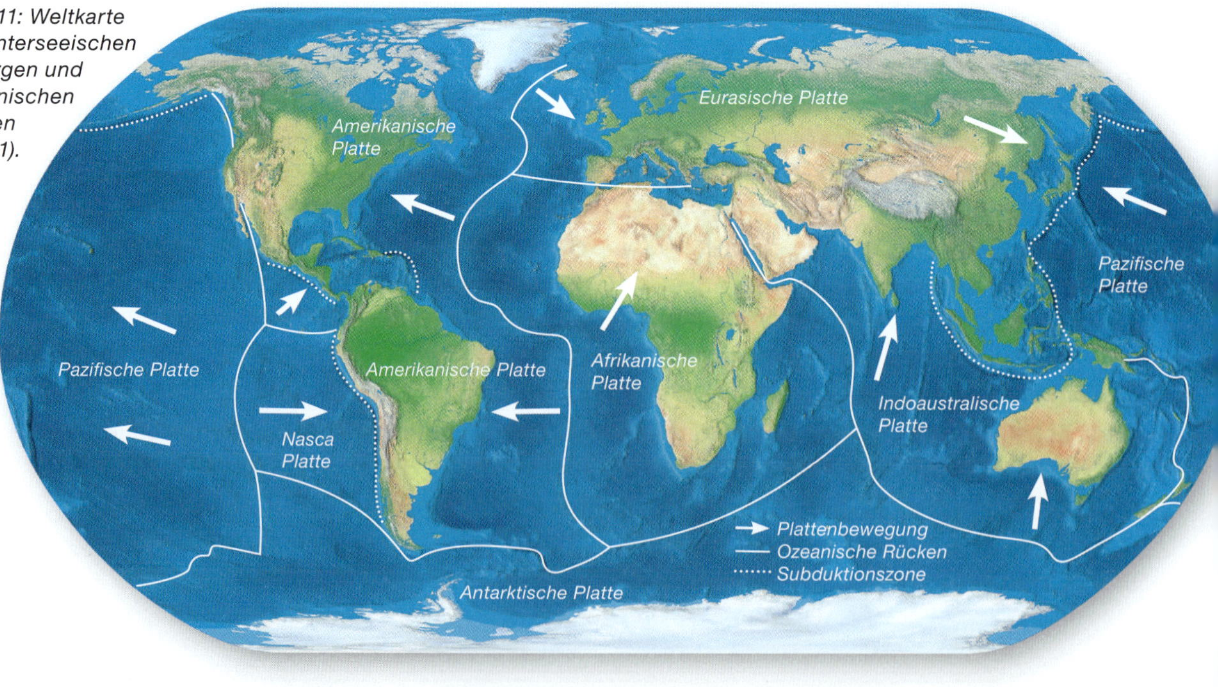

Abb. 11: Weltkarte mit unterseeischen Gebirgen und tektonischen Platten (Ref. 1).

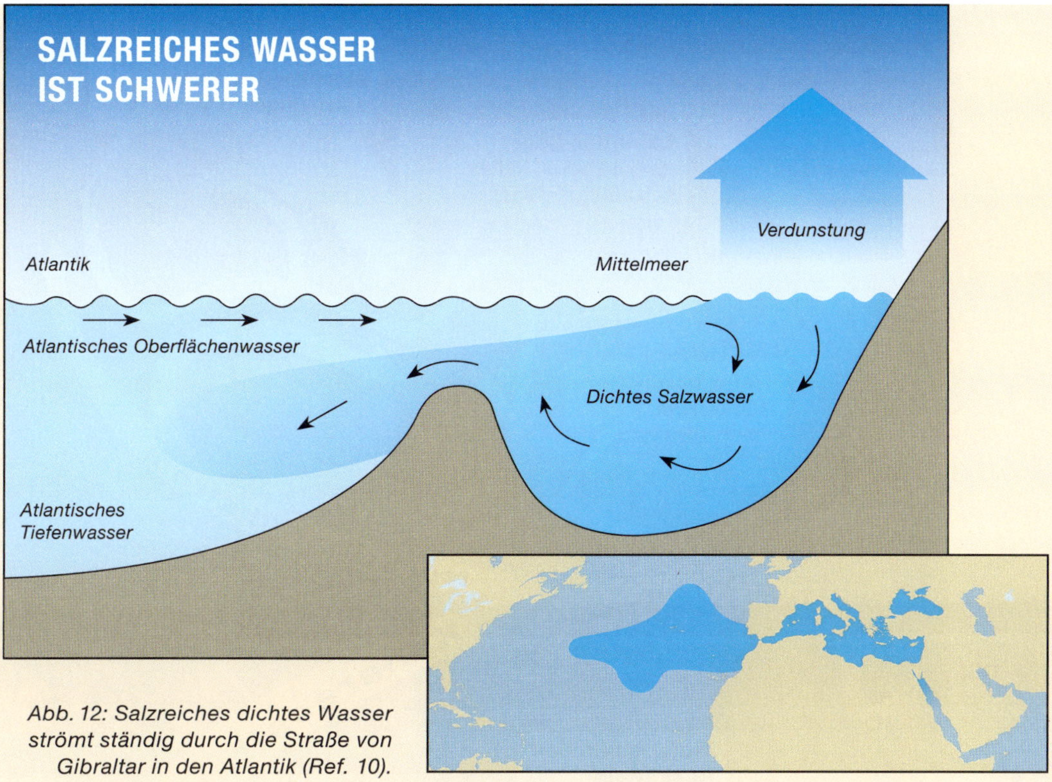

Abb. 12: Salzreiches dichtes Wasser strömt ständig durch die Straße von Gibraltar in den Atlantik (Ref. 10).

Absinken des dichteren Wassers führen. Die durchschnittliche Dichte von Seewasser an der Oberfläche beträgt 1025 kg/m³ bei einem Salzgehalt von 35 ‰ („35 Promille", d.h. 35 Gramm Salz sind in 1kg Wasser gelöst). Der Dichteunterschied zu 1028 kg/m³ beträgt damit nur 3 kg/m³. Das dichtere Wasser sinkt bis in eine Tiefe von mindestens 2000 m, wo es sich in einer tiefen Strömung wieder nach Süden bewegt. Im Absinkbereich befindet sich also eine ausgedehnte „Wassersäule" mit einem Querschnitt von Hunderten von Quadratkilometern, deren Wasser pro Kubikmeter um bis zu 3 kg schwerer ist als die umgebende Wassermasse und das deshalb nach unten strömt. Dieser Effekt bildet ein physikalisches Spiegelbild zur Auftriebskraft heißer Luft, die bei Ballons ausgenutzt wird.

Nach unserem „Tauchgang in die Tiefsee" fassen wir zusammen:

Sinkende Temperatur erhöht die Dichte des Salzwassers. Das gilt bis zum Gefrierpunkt bei -2 °C. Die Verdunstung erhöht den Salzgehalt, was die Dichte oft entscheidend erhöht. Dagegen senkt die Einleitung von Süßwasser aus Flüssen und Gletschern die Dichte. Diese so genannten thermohalinen Triebkräfte, Wärme, Salz und resultierende Wasserdichte, sind wesentlich für den Antrieb der Meeresströmungen in den überwiegend stabil geschichteten Ozeanen. Nur an den Rändern der großräumigen Strömungsfelder bilden sich weitreichende Verwirbelungen, die auch für das allmähliche Anwärmen tieferer Wasserschichten verantwortlich sein können.

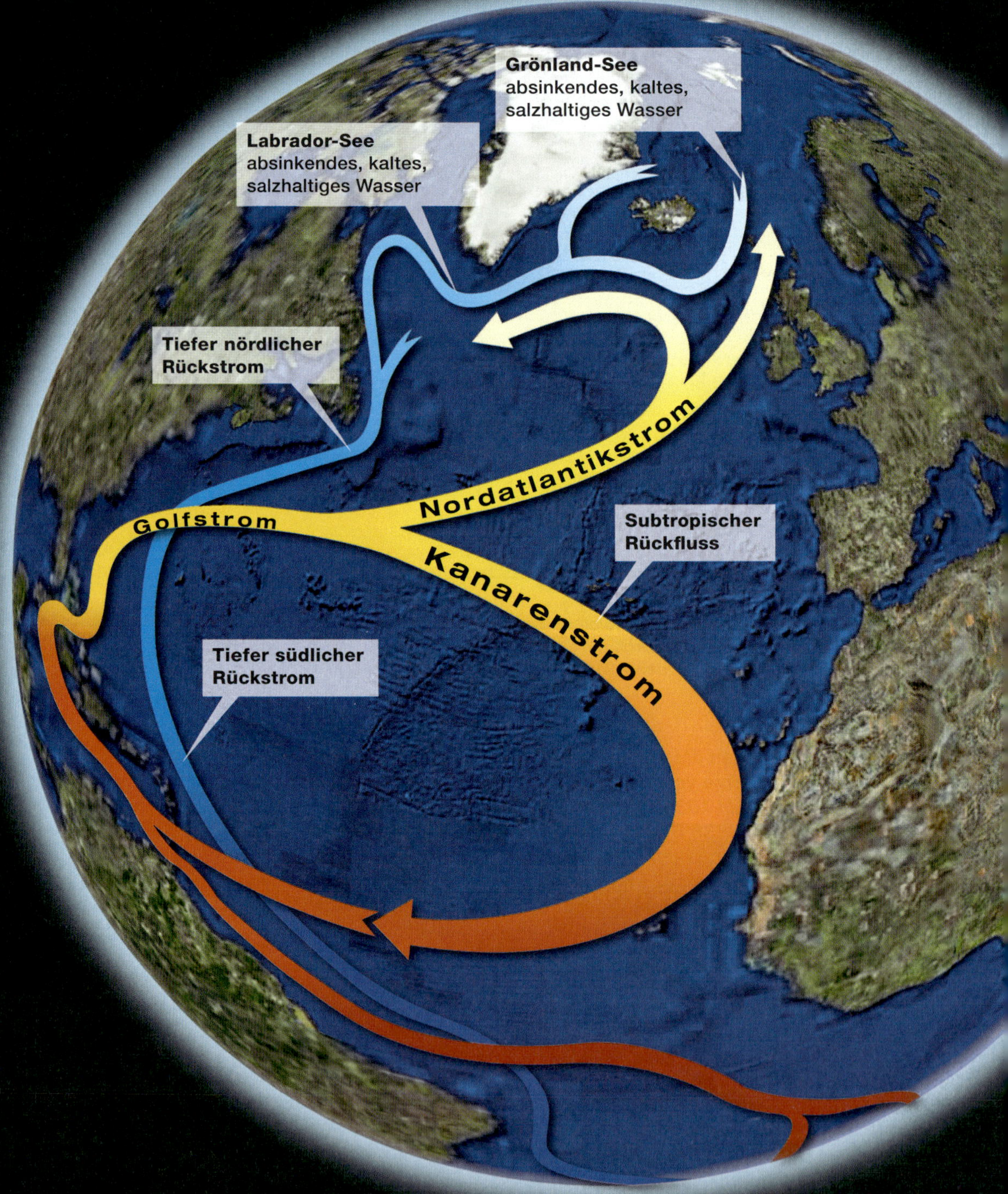
Grönland-See
absinkendes, kaltes, salzhaltiges Wasser
Labrador-See
absinkendes, kaltes, salzhaltiges Wasser
Tiefer nördlicher Rückstrom
Nordatlantikstrom
Golfstrom
Subtropischer Rückfluss
Kanarenstrom
Tiefer südlicher Rückstrom

Abb. 13: Der nördliche Zweig des Golfstroms bringt warmes Wasser aus der Karibik nach Europa und ist für unser mildes Klima verantwortlich. Das Wasser wird auf dem Weg nach Norden durch Verdunstung stetig salzhaltiger und kühler, so dass seine Dichte zunimmt. In nördlichen Breiten sinkt es deshalb ab und strömt in der Tiefe zurück zur Südhalbkugel.

Zusätzlich wirken die Winde auf die oberflächennahen Strömungen ein. Ein interessantes Beispiel wird auf Seite 132 erläutert. Wie gewaltig die Windeffekte sein können, zeigen die Sturmfluten, die an den Küsten ein Ansteigen des Meeresspiegels um viele Meter bewirken.

Bravo – das war nicht einfach, aber nun haben wir eine der riesigen Wärmekraftmaschinen unseres Klimas verstanden: Wärme treibt das Wasser an, denn sie erzeugt über Temperatur und Salzgehalt geringe Dichteunterschiede, die über resultierende Druckunterschiede dann zu sehr großräumigen und kraftvollen Meeresströmungen führen.

Die Meeresströmungen transportieren Wärme zwar nur im Fußgängertempo, aber dennoch genauso wirksam wie die viel schnelleren Luftströmungen, denn Wasser hat eine sehr hohe Wärmekapazität. Der Wärmetransport des Golfstroms entspricht einer Heizleistung von über 10^{15} W (Ref. 2). Wenn man die Wärmekapazitäten von Wasser und trockener Luft vergleicht, so weist eine Wasserschicht von 2,4 m Dicke genau dieselbe Wärmekapazität auf wie die gesamte Atmosphäre darüber.

Der „Klimamotor" des Ozeans läuft recht gleichmäßig und stetig durch alle Jahreszeiten. Der überwiegende Teil der gewaltigen Masse des Meerwassers wird nicht beeinflusst vom Wetter, ja nicht einmal von den Jahreszeiten. Nur an der Oberfläche sind uns die Meere vertraut, dort aber viel unruhiger, denn sie werden von Stürmen aufgewühlt. Die Wellen können dabei höher als 10 m werden. Und dafür ist allein unsere Atmosphäre mit ihrem oft höchst erstaunlichen Verhalten verantwortlich.

UNSERE HÖCHST ERSTAUNLICHE ATMOSPHÄRE

Nahezu alles, was wir nun beobachten, ist dramatisch anders als das Verhalten der Meere. Käme eine intelligente Krake aus der Tiefsee herauf, so würde sie erschrecken, denn der „Luftozean“, an dessen Boden wir leben, ist ungleich komplizierter und aufregender als ihr Reich. Die Krake würde spüren, wie schnell die Atmosphäre auf die Änderungen der Einstrahlung im Tag-Nacht-Rhythmus reagiert und sich vermutlich schleunigst in ihr gleichmäßig temperiertes Tiefenwasser zurückziehen.

Die Naturgesetze, die das Verhalten der Luft beschreiben, sind eigentlich recht einfach. Ihr Zusammenspiel auf der rotierenden Erde wird aber etwas verzwickter, so dass wir das Geschehen zuerst in 12 einfache Beobachtungen zerlegen. Danach können wir die Einzelteile des Puzzles zur „Wetter- und Klimamaschine“ zusammensetzen. Zur Belohnung für unseren Fleiß gibt es dabei erstaunliche Einsichten in die Triebkräfte des Wettergeschehens. Letztendlich können wir erkennen, wie sich unser Wetter aus einem Chaos von verschiedenen Strömungen und Wirbeln entwickelt.

Wer sich mit den Grundzügen der Physik der Atmosphäre schon gut auskennt, kann nun sein Wissen im Schnelldurchgang überprüfen. Diese 12 Puzzlesteine werden uns beschäftigen:

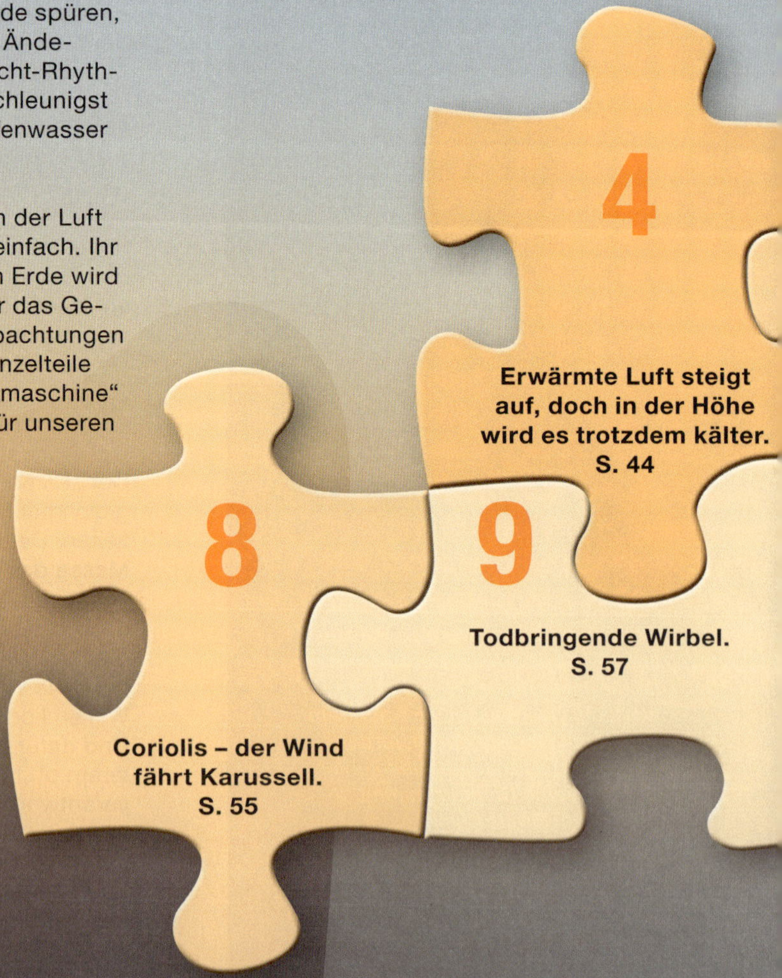

1
WARMER ERDBODEN, KALTE LUFT, LABILITÄT

Ein großer Anteil der Sonnenstrahlung durchquert die gesamte Atmosphäre bis hinunter zum Erdboden. Dabei wird der Boden viel effektiver erwärmt als die Luft.

Eine typische Situation ist ein wolkenloser, klarer Wintertag, bei dem sich Skifahrer zum Bräunen ohne Pullover in die Sonne legen können. Die Sonnenstrahlen erwärmen schneefreie dunkle Flächen, die Kleidung oder die Haut besonders kräftig. In einem geparkten Auto kann es sogar unangenehm heiß werden, wenn die Sonne durch die geschlossenen Scheiben strahlt. Im Schatten dagegen fühlt man, dass die Außenluft noch recht kalt ist. Wie eine klare Glasscheibe ist die Erdatmosphäre für das Strahlungsspektrum der Sonne in weitem Bereich transparent (durchlässig). Dagegen wird die Sonnenstrahlung von den meisten Stoffen, wie etwa Erdboden, Holz oder auch Wasser, stark absorbiert.

Generell gilt deshalb, dass die Sonne nicht die Luft, sondern vor allem die Erdoberfläche effektiv erwärmt, die ihrerseits dann die Wärme an die Luft abgibt. Die dabei entstehende Temperaturverteilung ähnelt der von Wasser im Topf auf einer Herdplatte, wo auch die höchste Temperatur am Boden vorhanden ist. Sie führt nicht nur im Kochtopf, sondern auch in der Luft zu Labilität und damit zu aufsteigenden warmen Strömungen und Turbulenzen. Die erwärmte Luft am Boden ist nämlich leichter als die kalte Luft darüber und will aufsteigen, wie die Blasen im Wasser Bei einer stabilen Schichtung dagegen ruht die wärmere und leichtere Luft auf der kalten, schwereren Luft, wie beispielsweise in einer Kühltruhe. Dann findet kaum eine Durchmischung statt.

Die Situation der Ozeane ist in weiten Bereichen durch Stabilität gekennzeichnet. Weil die Einstrahlung der Sonne bereits in den obersten Wasserschichten absorbiert wird, bleibt ein Ozean mit kaltem Tiefenwasser auch bei voller Sonneneinstrahlung stabil geschichtet.

2
MIT ZUNEHMENDER HÖHE SINKT DER LUFTDRUCK

Das ist natürlich nicht anders zu erwarten, denn der Luftdruck ergibt sich aus dem Gewicht der Luft über uns. Über jedem Quadratzentimeter Fläche auf Meeresniveau ist eine Säule von 1 kg Luftmasse geschichtet und erzeugt einen Druck von 1 bar. Je höher wir steigen, desto weniger Luft lastet über uns, und der Druck nimmt ab.

Wir machen jetzt ein pfiffiges Gedankenexperiment und betrachten eine Atmosphäre, die sich ausnahmsweise wie ein Ozean benehmen soll. In dieser „Gedankenatmosphäre“ behält die Luft immer dieselbe konstante Dichte wie auf Meeresniveau bei 0 °C. Weil diese Dichte ca. 1,3 kg/m^3 beträgt, muss eine Luftsäule (konstanter Dichte!) etwa 8 km hoch sein, um den Druck erzeugen zu können. Unser theoretischer „Luftozean konstanter Luftdichte“ würde bis zu einer Höhe von 8 km reichen und darüber würde sofort der leere Weltraum beginnen. Man nennt dieses sehr nützliche Konstrukt „Homogene Atmosphäre“

EINIGE FAKTEN ZU DRUCK UND DICHTE VON LUFT UND WASSER

Unter Druck p versteht man die Stärke einer Kraft F pro Fläche A:

$$p = \frac{F}{A}$$

Eine vertraute Einheit ist 1 bar, der Luftdruck auf Meeresniveau.
Man kann sich veranschaulichen, dass bei diesem Druck auf jedem Quadratzentimeter die Masse von einem Kilogramm lastet.

Der Druck von 1 bar wird durch eine Wassersäule von nur 10 m Höhe erzeugt – oder aber durch eine Luftsäule, die allerdings die gewaltige Höhe der gesamten Atmosphäre benötigt. So unterschiedlich wirkt sich die druckabhängige und geringe Dichte von Gasen im Vergleich zu dichter Materie aus.

Als „Standardatmosphärendruck" gilt 1,013 bar = 1013 hPa. (Umrechnung: 1 bar = 1000 mbar = 10^5 N/m² = 10^5 Pascal = 1000 hPa (Hektopascal), 760 Torr bedeuten 760 mm Quecksilbersäule und entsprechen 1013 hPa)

Die Dichte ρ („rho") bezeichnet die Masse m pro Volumen V:

$$\rho = \frac{m}{V}$$

Wasser hat eine ziemlich konstante Dichte von ca. 1 g/cm³ = 1 kg/Liter = 1 t/m³. Wasser ist nahezu inkompressibel.
Die Dichteänderungen durch Druck, Temperatur und Salzgehalt sind nur gering, aber dennoch für die Schichtung im Ozean wichtig, weil Wasser höherer Dichte absinkt.

Gase dagegen sind kompressibel. Ihre Dichte ändert sich kräftig mit Druck und Temperatur.
Luft von 0 °C und 1013 hPa (Meeresniveau) hat eine Dichte von ca. 1,3 kg/m³.
Für die Gasdynamik muss man mit der absoluten Temperatur in Kelvin rechnen, 0 °C = 273 K. Bei 300 K (= +27 °C) ist die Temperatur um 10 % höher als 273 K.
Die Luftdichte sinkt bei 10 % Temperaturerhöhung um 10 % ab und beträgt dann nur noch 1,17 kg/m³. Erhöht man die Temperatur weiter auf 355 K (= +82 °C), was 30 % wärmer ist als 273 K, so sinkt die Luftdichte entsprechend um 30 % auf 0,9 kg/m³.
Eine heißere und damit leichtere Luftmasse will in der Atmosphäre aufsteigen.
Es entsteht eine Auftriebskraft, die proportional zum Dichteunterschied zur umgebenden Luft ist.

Wenn eine warme Luftmasse aufsteigt, wird sie sich ausdehnen, weil der Umgebungsdruck der Atmosphäre mit zunehmender Höhe sinkt. Dabei kühlt sie sich ab, kann aber nach wie vor deutlich wärmer bleiben als die umgebende Atmosphäre und deshalb immer weiter aufsteigen.

Nur wenn sich Luftmassen durchmischen, gleichen sich ihre Temperaturen an. Das kann bei großen Luftmassen sehr lange dauern. Wenn Millionen von Kubikkilometern kalter Luft aus dem Norden zu uns einströmen, können sie die Kälte bis weit in den Mittelmeerraum transportieren.

Die thermodynamischen Eigenschaften von trockener Luft folgen bereits aus dem allgemeinen Gasgesetz, wie es in allen Physikbüchern erläutert wird: pV = nRT (Vielleicht ist jetzt ein Blick ins Buch oder ins Internet hilfreich: wikipedia, „Thermische Zustandsgleichung idealer Gase"). Das Gasgesetz gilt auch dann noch, wenn Wasserdampf in der Luft vorhanden ist – aber nur, solange sich aus dem unsichtbaren Dampf keine Tröpfchen oder Wolken bilden. Dann bewirkt das Wasser wegen der Verdunstungs- und Kondensationswärme kompliziertere Effekte.

und kann damit viele Berechnungen schnell und einfach durchführen.

Beispielsweise ergibt sich die Masse M der gesamten Atmosphäre blitzschnell, denn Erdoberfläche mal Höhe ergeben das Luftvolumen V. Man erhält $V = 4{,}08 \cdot 10^{18}\ m^3$. Weil die Dichte konstant $1{,}3\ kg/m^3$ beträgt, folgt als Gesamtmasse $M = 5{,}3 \cdot 10^{18}\ kg$. Im Jahr 2016 erreichte der CO_2-Anteil in der Luft bereits einen Wert von >400 ppm (ppm: parts per million, 1 ppm ist ein Volumenverhältnis von 1:1 Million). Damit ergeben sich $1{,}63 \cdot 10^{15}\ m^3\ CO_2$ unter Normaldruck.

> Weil 22,4 Liter CO_2 einem Mol entsprechen und 44 Gramm wiegen, erhält man für die Erdatmosphäre mit 400 ppm CO_2:
> 3206 Gt CO_2, entsprechend 874 Gt C.

Die „Homogene Atmosphäre“ entspricht dem Verhalten der Meere, deren Dichte praktisch konstant ist. Der Luftozean aber besteht aus kompressiblen Gasen. Das führt zu den nächsten Beobachtungen.

3 GASE LASSEN SICH LEICHT KOMPRIMIEREN

Weil sich Gase leicht zusammen drücken lassen, ist in einem Kubikmeter Luft in Bodennähe viel mehr Masse zusammen gepfercht als in einem Kubikmeter Luft in großer Höhe. Die Dichte der Luft nimmt mit zunehmender Höhe ständig ab. Beispielsweise herrscht während eines Fluges in 11 km Höhe ein Außendruck von etwa 1/4 des Bodendrucks, also etwa 250 mbar. Wenn wir mit dem Flugzeug dann in den Sinkflug übergehen, steigt der Außendruck. Dieser Druckanstieg ist nicht gleichmäßig „linear“ mit der Höhenabnahme, sondern wird zum Boden hin immer schneller. In 5500 m Höhe hat er sich bereits auf ca. 500 mbar verdoppelt. Dort herrscht also der halbe Bodendruck. Er wird sich noch einmal verdoppeln, wenn wir wiederum 5500 m bis zur Landung auf Meeresniveau gesunken sind. Die Ursache ist leicht verständlich: Jedesmal, wenn wir beispielsweise um 1000 m gesunken sind, steht eine um 1000 m höhere Gassäule über uns. Allerdings wird die zusätzliche Luftmenge, die nach 1000 m Sinkflug hinzugekommen ist, von oben jeweils zunehmend stärker zusammen gedrückt. Diese Luft ist entsprechend dichter, und der Druckanstieg wird bei konstanter Sinkrate immer schneller. Dieses charakteristische Verhalten wird durch eine Exponentialfunktion, kurz „e-Funktion“, beschrieben. Eine grafische Darstellung findet sich in Abb. 14. Eine e-Funktion beschreibt alle Vorgänge, bei denen die Änderung eines Wertes proportional zum Wert ist. Dafür gibt es in Natur und Technik zahllose Beispiele.

4 IN DER HÖHE WIRD DIE LUFT IM ALLGEMEINEN KÄLTER

Warme Luft steigt auf, die kühlere Luft sinkt ab. Deshalb ist es in einem hohen Raum oben unter der Decke oft viel wärmer als am Fußboden. Auch im Freien steigt warme Luft nach oben. Wenn man auf ein hohen Berg klettert,

DIE EXPONENTIALFUNKTION („e-FUNKTION“)

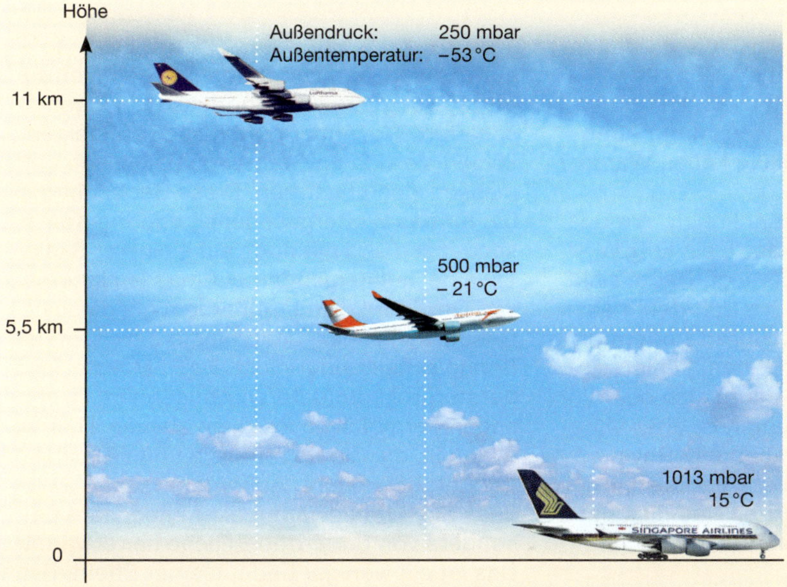

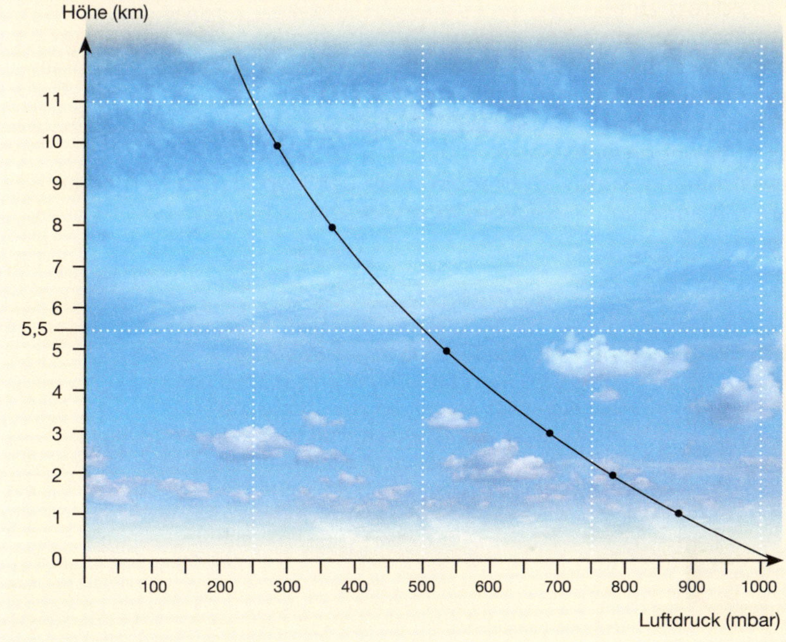

Abb. 14: Wenn bei einer Funktion die Zunahme („Steigung“) proportional zum Wert ist, liegt eine Exponentialfunktion vor. Bekannte Beispiele aus der Biologie sind die Vermehrung von Bakterien oder der Erdbevölkerung, falls sich eine Anzahl immer wieder um einen gleichmäßigen Faktor vergrößert. (Bakterien können ihre Anzahl unter günstigen Bedingungen in 30 min verdoppeln; die Menschheit hat dafür zuletzt etwa 40 Jahre gebraucht). In Naturwissenschaft und Technik ist die e-Funktion allgegenwärtig.

Die barometrische Höhenformel für den Luftdruck p als Funktion der Höhe h (in km) lautet in guter Näherung:

$$p_{(h)} = p_{(h=0)} \cdot e^{-\frac{h}{8\,km}}$$

Alle 5500 m sinkt der Druck auf den halben Wert, alle 8000 m sinkt er auf 1/e = 0,368.

Weil die Formel die Abnahme des Luftdrucks mit zunehmender Höhe beschreibt, ergibt sich das Minuszeichen im Exponenten.

kommt man selbst vielleicht ins Schwitzen, doch beobachtet man nicht, dass die Luft immer wärmer wird – statt dessen ist die Atmosphäre in der Höhe regelmäßig kälter. Warum?

Die Erklärung ist ein wenig trickreich. Wir betrachten eine große „Luftblase", ein Luftpaket, das in höhere Regionen aufsteigt. Dabei sinkt der Umgebungsdruck und die Luft dehnt sich aus. Dabei ändert sich auch ihre Temperatur, denn wenn sich Gase ausdehnen, kühlen sie sich ab (Genauer: Die Luft dehnt sich beim Aufstieg unter Arbeitsleistung aus, aber ohne Wärmeübergang an die Umgebung. Physikalisch formuliert: reversible, adiabatische Expansion). In einem beheizten Raum macht sich dieser Ausdehnungseffekt noch nicht bemerkbar.

Das Gedankengebilde eines großen Luftvolumens ohne Hülle führt uns direkt zum wichtigen Begriff der „Luftmasse". Darunter müssen wir uns große Luftmengen ähnlicher Herkunft und Eigenschaften vorstellen, wie etwa „polare Kaltluft" oder „subtropische Warmluft". Solche Luftmassen bewegen sich gleichartig – wie eine Meeresströmung – und werden nur an ihren Rändern mit anderen Luftmassen vermischt. Deshalb behalten sie oft tagelang ihre charakteristischen Eigenschaften. Wo immer Luftmassen aufsteigen, kühlen sie sich ab, während absinkende Luftmassen sich erwärmen. Diese Beobachtung hat für das Wettergeschehen enorme Konsequenzen und gilt auch auf kleinerer Skala, etwa bei aufsteigenden Luftmassen innerhalb von Gewitterwolken. Außerdem gilt dieses Gesetz auch völlig unabhängig davon, ob die Sonne scheint oder nicht. Das vertikale Temperaturprofil der unteren Atmosphäre (Troposphäre) ergibt sich vor allem aus der Thermodynamik, die die Kompression und Expansion der Luft beschreibt. Außerdem wissen wir, dass die Sonnenwärme die Atmosphäre besonders von der Erdoberfläche her erwärmt. Das ist ein weniger bedeutsamer Effekt, denn entscheidend ist das Gasgesetz:

> Wenn Luftmassen in der unteren Atmosphäre (Troposphäre) aufsteigen, kühlen sie sich immer ab.

Erst oberhalb der Tropopause werden andere Vorgänge wirksam.

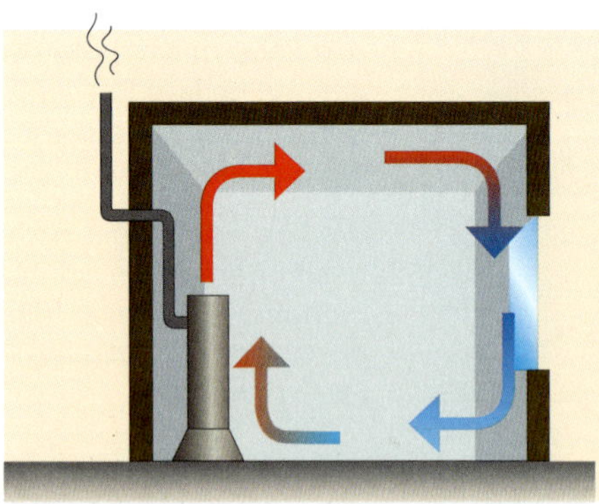

Abb. 15: Zirkulation in einem Raum mit warmem Ofen und kaltem Fenster. Dies ist ein einfaches Modell für eine atmosphärische Zirkulationszelle: aufsteigende Warmluft am Äquator, absinkende Luft in den kühleren Subtropen (Abb. 26, Seite 65).

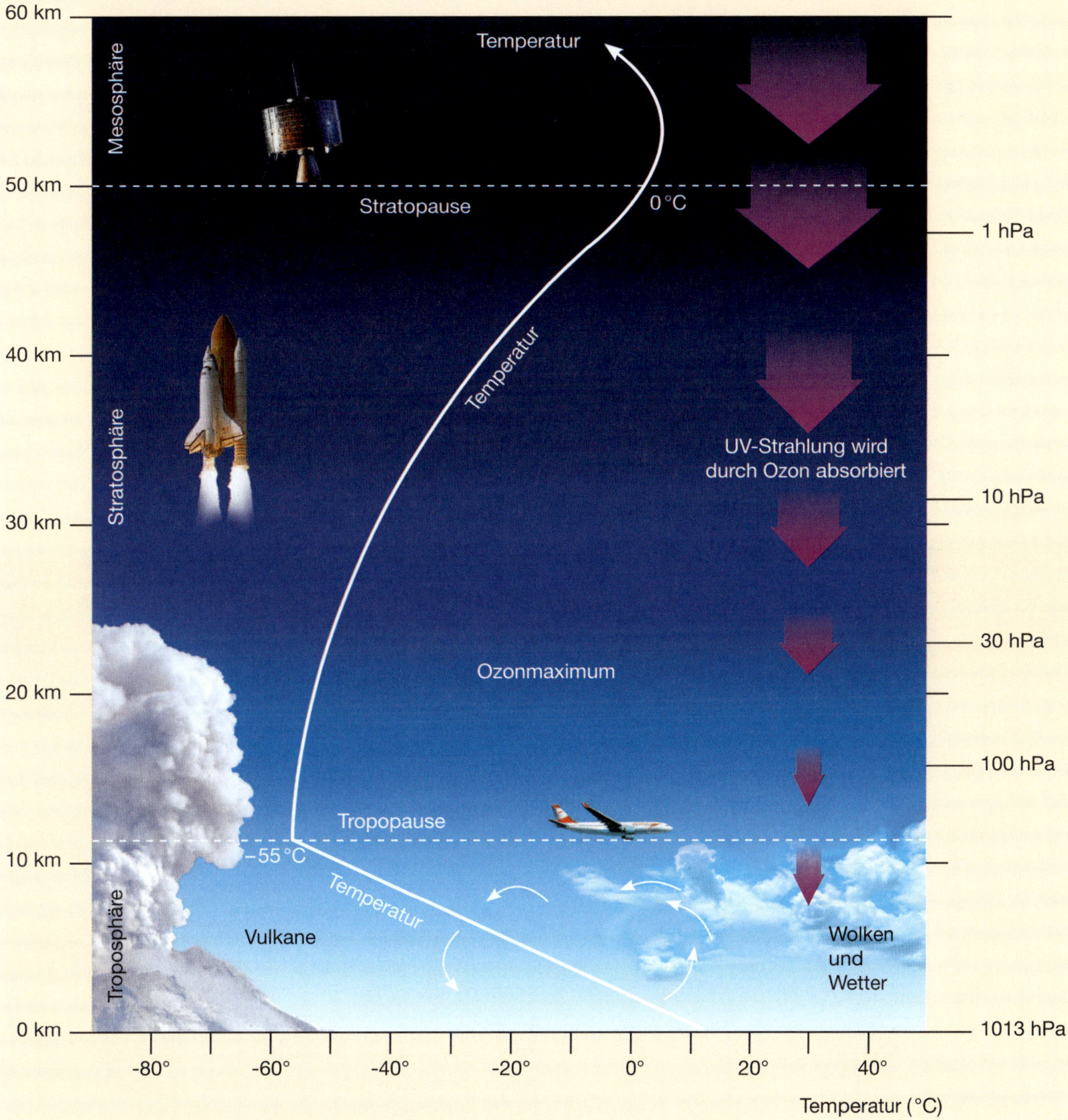

Abb. 16: Die vertikale Gliederung der Atmosphäre

Erst im Bereich der Tropopause (6 – 17 km Höhe) bleibt die dann schon sehr niedrige Temperatur konstant. Darüber, in der Stratosphäre, steigt sie erstaunlicherweise wieder an. Die Ursache für den ausgeprägten Temperaturanstieg liegt in der dort wirksamen Erwärmung durch die Absorption kurzwelliger Sonnenstrahlung (UV). Verantwortlich dafür ist vor allem das Ozon (O_3), das in der Höhe entsteht und dort einen UV-Schutzschirm für das Leben auf der Erde bildet (nach Ref. 5).

TEMPERATUR, DRUCK UND OZON IN DER ATMOSPHÄRE

Die Tabelle gibt den Luftdruck und die Temperatur einer für unsere Breiten typischen Atmosphäre an. Sie wird sehr häufig in der Luftfahrt benutzt und als „ICAO Standard Atmosphere" bezeichnet (ICAO: International Civil Aviation Organization). Die typische Flughöhe von Reisejets beträgt ca. 12 000 m. In dieser Höhe ist man in unseren Breiten bereits über dem Wettergeschehen. Am Äquator allerdings ist die Sonneneinstrahlung besonders intensiv und die Wetterküche entsprechend energiereich, so dass die Troposphäre (Wettersphäre) dort bis zu 17 km hoch reicht. Dagegen wird die sehr kalte Tropopause in den Polarregionen bereits nach 6 bis 8 km erreicht. Etwas unterhalb der Tropopause findet man sehr heftige Starkwinde, die „Jetstreams". Diese stabilen, mäanderförmig in West-Ost-Richtung verlaufenden Windbänder mit Geschwindigkeiten bis zu 500 km/h entstehen durch die großräumigen Strömungen, die Corioliskraft (S. 55) sowie die Hoch- und Tiefdruckgebiete (vgl. S. 63, Einfluss der Kugelgestalt der Erde).

Höhe (m)	Druck (hPa)	Temperatur (°C)
0	1013	15,0
100	1001	14,4
500	955	11,8
1000	899	8,5
2000	795	2,0
4000	616	−11,0
6000	472	−24,0
8000	356	−37,0
10 000	264	−50,0
12 000	193	−56,5
20 000	55	−56,5
32 000	8,7	−44,5
50 000	0,7	−2,5

Tab. 1: ICAO Standard Atmosphere, ICAO ist die International Civil Aviation Organization

Die „ICAO-Standardtemperatur" auf dem Mont Blanc (4807 m) beträgt −16,2 °C. Deshalb können sich in hohen Bergregionen Gletscher bilden. Auf dem Mount Everest (8848 m) beträgt diese Temperatur −42,5 °C und der Luftdruck ist auf 1/3 gesunken. Es ist fast unvorstellbar, dass einige Bergsteiger in dieser Kälte und ohne Sauerstoffmaske körperliche Höchstleistungen vollbracht haben!

OZON

Im Bereich der Stratosphäre entsteht aus Sauerstoffgas (O_2) unter dem Einfluss der UV-Strahlung ständig Ozon (O_3). Die Ozonmoleküle absorbieren weitere UV-Strahlung und bilden so einen Schutzschild für das Leben auf der Erde. Wegen der ständig absorbierten UV-Energie steigt die Temperatur in der Stratosphäre mit zunehmender Höhe wieder an, wobei wegen der dort herrschenden geringen Gasdichte dazu natürlich nur sehr wenig Energie benötigt wird. Freie Chloratome können die Ozonmoleküle effektiv zerlegen und damit die Ozonschicht zerstören. Chlor entsteht in der Stratosphäre aus zerfallenden FCKW-Molekülen (Fluorchlorkohlenwasserstoffe). Die FCKW-Gase wurden für Klimaanlagen eingesetzt und sind im Bereich der Atemluft völlig ungiftig, inert und stabil. Erst in der Höhe werden sie durch UV-Einwirkung zerlegt und setzen dabei Chlor frei. Die internationale Montreal-Konvention von 1987 zum Schutz der Ozonschicht hat sich inzwischen als höchst erfolgreich herausgestellt. Das Abkommen erwies sich als durchsetzbar, weil die Forschung inzwischen Ersatzstoffe für den FCKW-Einsatz in Klimaanlagen entwickelt hatte.

Das Ozon in Bodennähe ist ganz unterschiedlich zu bewerten. Es ist ein starkes Oxidationsmittel und dient zur Entkeimung, etwa von Trinkwasser. In der Atemluft kann es deshalb sogar gefährlich werden. Es tritt bei Smog und bei bestimmten sommerlichen Wetterlagen auf: „Ozonalarm!".

5 WASSER IST WAHRHAFT WANDLUNGSFÄHIG

Wasser kann verdampfen, kondensieren und gefrieren. So einfach diese Beobachtung klingen mag, so gewaltig sind die Konsequenzen. Wasser ist nicht nur für jede Lebensform, sondern auch für unsere Atmosphäre von höchster Bedeutung. Wir leben auf dem einzigen Planeten im Sonnensystem, in dem alle drei Aggregatzustände des Wassers gleichzeitig am Wettergeschehen beteiligt sind. Das Wasser in den Meeren ist uns inzwischen vertraut, das Wasser in der Luft dagegen hält noch viele verblüffende Zaubertricks parat. Meistens ist es als Dampf völlig unsichtbar, dann aber bildet es plötzlich Nebel oder Wolken, schließlich Regen oder bei Kälte Schnee, Hagel und Eis. Unsere Umgebungsluft enthält immer gasförmiges Wasser in Form von völlig unsichtbarem Wasserdampf. Warme Luft kann sehr viel mehr Wasserdampf aufnehmen als kalte Luft. Entscheidend ist der Dampfdruck, wie auf Seite 53 erläutert.

Das Wasser zirkuliert als Dampf durch die Atmosphäre. Aus den Weltmeeren verdunstet eine jährliche Wassermenge, die einer Wasserhöhe von 1,18 m entspricht. Auch die mittlere Verdunstung von den Landflächen beläuft sich auf beachtliche 0,48 m (480 mm). Dennoch ergibt sich daraus nur ein eher mickriger Anteil an der Gesamtverdunstung. Wie ist das möglich? Ganz einfach, weil die Meere 71 % der Erdoberfläche bedecken, tragen sie mit 86 % zur Gesamtbilanz der Verdunstung bei. Insgesamt verdunsten unvorstellbare 496 000 km^3 Wasser pro Jahr (= 100 %). Dennoch macht diese riesige Regenmenge nur 0,037 % des Wasservorrats der Ozeane aus. Der atmosphärische Wasserdampf wird immer relativ schnell wieder als Niederschlag abgegeben. Seine mittlere Verweilzeit in der Atmosphäre beträgt nur 10 Tage, denn der Dampf steht im Gleichgewicht mit der flüssigen Phase, jeweils dem temperaturabhängigen Dampfdruck entsprechend. Wasser verdunstet leicht von warmen Oberflächen, aber es verschwindet auch wieder schnell aus der Luft. Diese wichtige Erkenntnis müssen wir unbedingt berücksichtigen, wenn wir den Einfluss des Wassers als Treibhausgas bewerten wollen. CO_2 dagegen ist ein stabiles Molekül und kann für Jahrhunderte als Gas in der Atmosphäre verbleiben. Das CO_2 in der Atmosphäre beeinflusst die Temperatur und damit über den Dampfdruck auch den Wasserdampfanteil in der Atmosphäre: Das CO_2 dominiert das Langzeitverhalten, der Wasserdampf dagegen folgt dem CO_2 und verstärkt dessen Treibhauseffekt.

Um Wasser zu verdunsten, muss sehr viel Energie aufgebracht werden. Für einen Liter Wasser benötigt man $2{,}26 \cdot 10^6$ J (bei 100 °C). Andererseits wird diese gesamte Energie wieder frei, wenn der unsichtbare Wasserdampf zu Tröpfchen kondensiert. Wer sich schon einmal an heißem Dampf verbrüht hat, weiß, wie effektiv die kondensierenden Tröpfchen Brandblasen erzeugen. Dagegen ist die trockene heiße Luft aus dem Haarföhn nicht so gefährlich, weil beim Föhnen kein Dampf kondensiert, sondern statt dessen sogar Wasser verdunstet und dabei kühlt.

Wolken und Nebel bestehen aus winzigen Tröpfchen, die wie allerfeinste leichte Staubteilchen von geringsten Luftbewegungen am Absinken gehindert werden. Erst wenn sich größere Regentropfen bilden, reicht deren

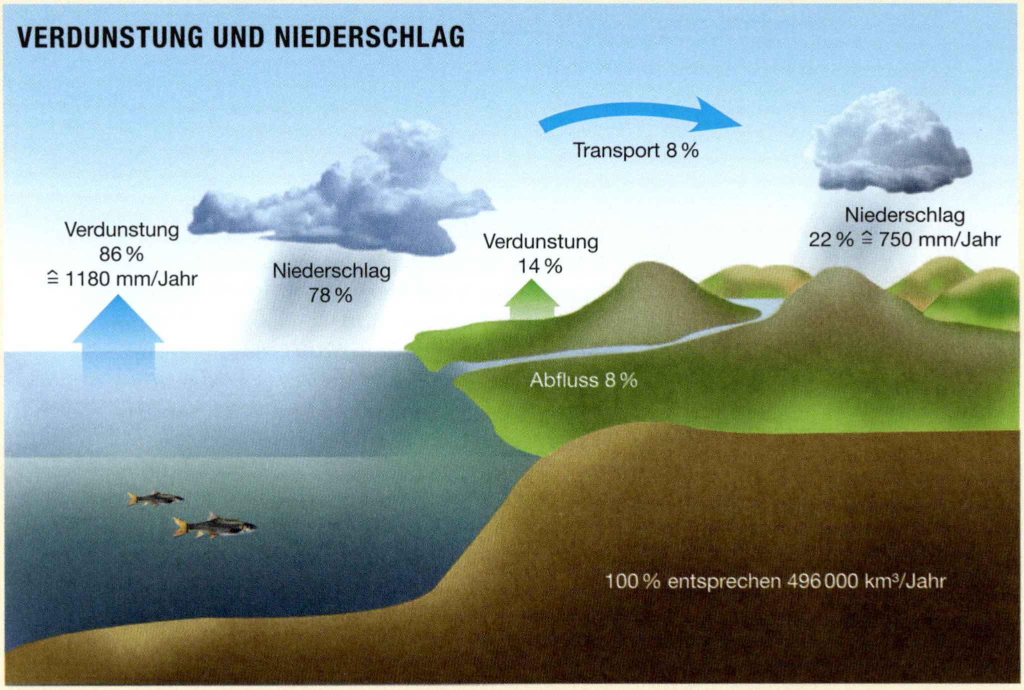

Abb. 17: Aus den Ozeanen verdunstet ständig eine große Menge Wasser, die insgesamt 86 % der globalen Verdunstung von 496 000 km³ pro Jahr ausmacht. Die Oberflächentemperatur der Ozeane ist die dafür entscheidende Größe. Etwa 9/10 der ozeanischen Verdunstung regnet wieder über den Meeren ab, und nur etwa 1/10 erreicht das Land und führt dort zu Niederschlag. Im globalen Mittel ergibt sich der Niederschlag auf dem Land aber nur zu 1/3 aus ozeanischer Verdunstung und zu 2/3 aus der Verdunstung direkt von den Landflächen und Seen. Im Durchschnitt verbleibt das Wasser etwa 10 Tage in der Atmosphäre, bevor es als Niederschlag wieder abgegeben wird.

Gewicht aus, um sie zur Erde fallen zu lassen. In großer Höhe und kalter Luft entsteht statt flüssigem Wasser Eis in Form von (Schnee-) Kristallen.

Weil Energieströme für das Verständnis des Klimas entscheidend sind, ist der Energie-Inhalt der feuchten Luft von zentraler Bedeutung. Die Begriffe Kondensationsenergie, latente Wärme und fühlbare Wärme sollte man möglichst kennen und verstehen.

6 WASSERDAMPF – DER UNSICHTBARE ENERGIESPEICHER

Unsere Luft enthält zwei Formen von Wärmeenergie:

1. Die **fühlbare Wärme**, die ein Thermometer anzeigt.
2. Die **nicht fühlbare, „verborgene“ latente Wärme,** gespeichert im Wasserdampf in der Luft.

Der im sichtbaren Wellenlängenbereich völlig durchsichtige Wasserdampf wirkt in der Luft als Energiespeicher, als eine „Batterie für Wärme“. Sobald der Dampf wieder zu Tröpfchen kondensiert, weil zum Beispiel die Lufttemperatur sinkt, wird die zuvor für das Verdunsten benötigte Wärme als Kondensationsenergie wieder frei. Es ist vor allem diese Kondensationsenergie, die zu den dramatischen Starkwetterereignissen führt. Beispielsweise entstehen die Hurrikane über dem warmen Wasser der tropischen Meere, weil dort viel Wasser verdunstet und dann in der höheren Atmosphäre wieder zu Regenwolken auskondensiert. Dadurch wird sehr viel Wärmeenergie in zuvor kalte Luftschichten eingebracht, was zu Starkwinden und extremen Turbulenzen führt.

Die maximal mögliche Menge des Wasserdampfes in der Luft wird durch den temperaturabhängigen Partialdruck bestimmt, S. 53.

DIE PHASEN DES WASSERS

Abb. 18: Auf der Erde existiert Wasser in allen drei Phasen: fest (Eis), flüssig und dampfförmig (als unsichtbares Gas). Man sieht, dass vergleichsweise wesentlich mehr Wärme benötigt wird, um Dampf zu erzeugen, als um Eis aufzuschmelzen. Im Dampf ist nämlich sehr viel Energie gespeichert. Wenn der Dampf zu Tröpfchen kondensiert, wird diese Verdampfungsenergie („Enthalpie“) wieder frei. Die Kondensation kann bei der Wolkenbildung große Wärmemengen freisetzen und zu starken Aufwinden führen. Wenn man Wasser bei 0 °C verdampft, benötigt man 10 % mehr Energie als bei 100 °C. Wenn Eis bei 0 °C zu Dampf sublimiert, muss die Schmelzwärme und zusätzlich die Verdampfungswärme zugeführt werden. Die Sublimation einer dünnen Schneedecke kann an einem sonnigen Wintertag beobachtet werden.

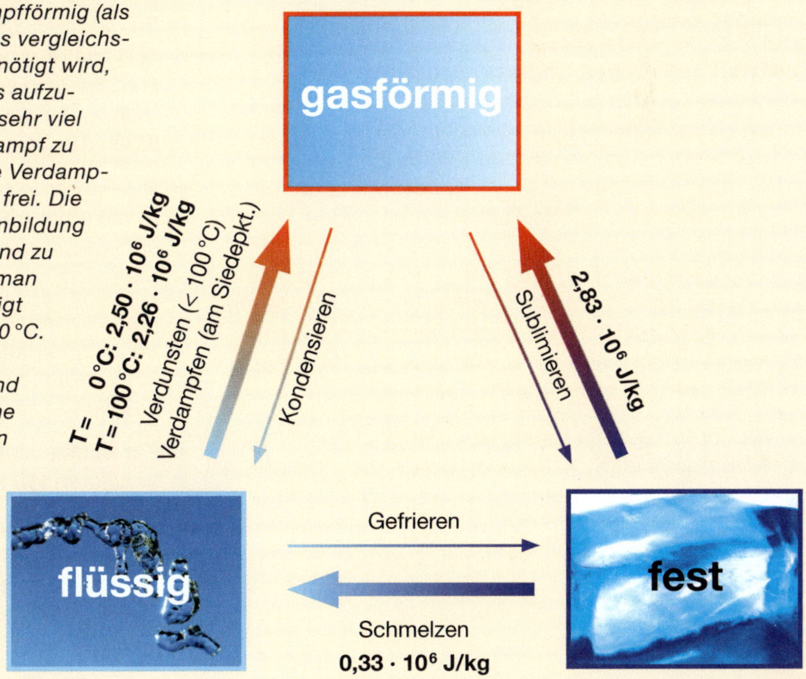

Ein kleines Quiz zu sehr realen Konsequenzen:

Um wie viel wird sich, grob geschätzt, die globale Niederschlagsmenge erhöhen, wenn die Oberflächentemperatur der Meere um 5 °C ansteigt?

○ 5 %

○ 10 %

○ 33 %

○ 50 %

○ 100 %

Für eine Abschätzung reicht diese Aussage:

Wenn man in den Dampfdrucktabellen oder -kurven nachschaut, wird man für 5 °C etwa 33 % Zunahme des Partialdruckes und damit auch der Verdunstungsrate finden. 33 % ist also der richtige Schätzwert (Ca. 11 °C bewirken bereits eine Verdopplung des Partialdruckes). Eine höhere Wassertemperatur ist sehr effektiv, um den Wasserdampfgehalt der Luft zu erhöhen. Ein Anstieg der Oberflächentemperatur der Meere um 5 °C kann zur Zeit glücklicherweise noch als ein extremes Szenario betrachtet werden, denn das wäre ein sehr klimawirksamer Effekt.

Im Vorgriff auf die Ergebnisse der physikalischen Klimamodelle (S. 141) geben wir an dieser Stelle einige der erwarteten Folgen bei einer Erwärmung um 5 °C wieder:

- *Im globalen Trend wird die Stärke der Niederschläge und der Stürme vermutlich zunehmen. Bei den tropischen Wirbelstürmen vermutet man, dass deren Zahl nicht zunehmen wird, wohl aber deren Stärke.*
- *Mit Sicherheit wird sich eine solche Temperaturerhöhung um 5 °C regional sehr unterschiedlich auswirken, keinesfalls wird es überall mehr regnen.*
- *Manche Regionen werden bei stabiler Zirkulation und bei besonders beständigem „schönen" Hochdruckwetter sogar unter größerer Trockenheit leiden.*
- *Für Mitteleuropa erwartet man mehr Niederschlag im Winter und weniger im Sommer.*
- *Die Zugstraßen unserer Tiefdruckgebiete und der schweren Stürme könnten sich nordwärts verschieben, so dass manche Regionen in Deutschland zukünftig sogar weniger von Sturmschäden betroffen wären.*

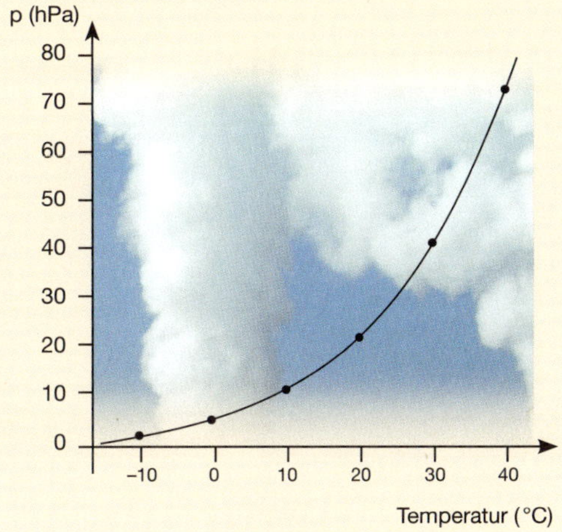

Abb. 19: Über einer Wasseroberfläche bildet sich Wasserdampf, dessen Druck und Menge sehr stark temperaturabhängig ist. Der Wasserdampf trägt mit seinem Dampfdruck anteilig zum Gesamtdruck bei. Als Faustregel kann man abschätzen, dass eine Wassertemperaturerhöhung um 11 °C den Druck des Dampfes verdoppelt und damit auch die Masse von Wasser in einem Kubikmeter Luft. Gesättigte Luft bei +30 °C und einem Gesamtdruck von 1013 hPa enthält 34 g Wasser pro m³. Der Wasserdampf trägt nun mit 42 hPa zum Gesamtdruck bei, die restlichen 971 hPa teilen sich die Gase N_2 (78,1 Vol-%), O_2 (21 Vol-%) und Ar (0,9 Vol-%) entsprechend ihrem Anteil, also N_2: 758 hPa, O_2: 204 hPa und Ar: 9 hPa. Diese Drücke heißen Partialdrücke. Die Summe aller Partialdrücke ergibt den Gesamtdruck. Bei trockener Luft dagegen wäre der Partialdruck des Wasserdampfs Null und die anderen Partialdrücke betrügen 791 hPa; 213 hPa bzw. 9,1 hPa bei einem Gesamtdruck von 1013 hPa. Wenn trockene Luft Wasser aufnimmt, beansprucht der Wasserdampf seinen Platz im Gasgemisch und verdrängt die anderen Gase entsprechend. Die Luftdichte sinkt dabei, die Luft wird leichter, denn Wasserdampf hat eine geringere Molmasse (18 g/Mol) als O_2 (32 g/Mol) und N_2 (28 g/Mol). Die Spurengase, zu denen auch das CO_2 mit 0,04 Volumen-% gehört, kann man bei solchen Berechnungen vernachlässigen.

7

7
NUR AM ÄQUATOR WEHT DER WIND ORDENTLICH GERADEAUS

Das Verhalten des Windes auf der rotierenden Erde ist ziemlich erstaunlich. Deshalb begeben wir uns zuerst in ein schmales Band von +/– 5 Breitengraden um den Äquator. Dort ist die Corioliskraft nämlich praktisch nicht spürbar (Die geheimnisvolle Corioliskraft wird im nächsten Kapitel entzaubert). Nun lassen wir die Sonne kräftig auf eine Tropenwaldfläche scheinen. Die erwärmte feuchte Luft steigt auf, und der Bodenluftdruck sinkt in diesem Gebiet: ein **thermisches Tiefdruckgebiet** („Tief“) ist entstanden. Kühlere Luft aus einem Bereich mit höherem Luftdruck („Hoch“) strömt darauf horizontal in das Gebiet ein und gleicht den Bodenluftdruck aus. In der Höhe ergibt sich eine Gegenströmung, so dass sich ein aufrecht stehendes „Zirkulationsrad“ bildet. Dabei wird Sonnenwärme großräumig in Windenergie verwandelt.

Diese einfache Wettersituation zeigt einige generell gültige Fakten. Für jedes Tief gilt:

- Die Luft im Tief steigt auf („Hebung“).
- Bei einer Hebung kühlt sich die Luft immer ab und meistens setzt Kondensation ein: Wolken entstehen, Niederschlag ist möglich.
- Am Boden strömt Luft in das Tief hinein.

Dagegen gilt für ein Hoch:

- Im Hoch sinken die Luftmassen ab.
- Bei Sinkvorgängen erwärmt sich die Luft.
- Wolken lösen sich im Hoch auf, es ist oft sonnig und warm.
- Am Boden strömt die Luft aus dem Hoch heraus.

TIEFDRUCKGEBIET – HOCHDRUCKGEBIET

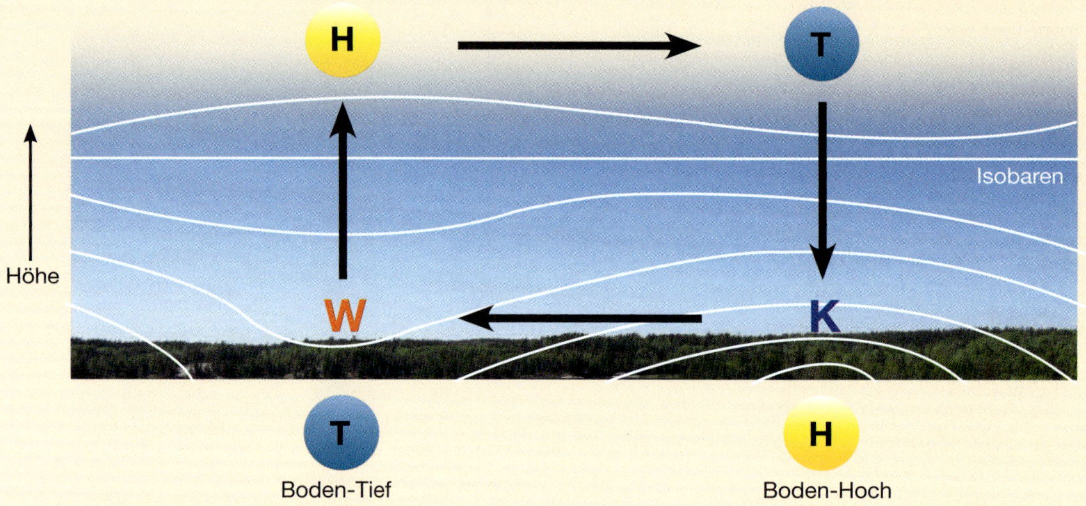

Abb. 20: Im „thermischen Tief“ steigt warme Luft auf, der Bodenwind weht in das „Tief“ hinein. Warme Luft ist leicht, deshalb liegen die Linien gleichen Drucks weiter voneinander getrennt als bei einer Luftsäule mit kalter Luft. Die kalte Luft sinkt ab und es bildet sich am Boden ein „Hoch“. Ein „Tief“ ist immer mit aufsteigenden Luftmassen verbunden. Allerdings können in einem „dynamischen Tief“ auch kalte Luftmassen zu Aufsteigen gezwungen werden (Ref. 1).

In der besonders intensiv von der Sonne erwärmten Äquatorregion bildet sich der äquatoriale Tiefdruckgürtel. Dort steigt die Luft auf, oft in Form von nachmittäglichen heftigen Gewittern, die bis in die Stratosphäre vorstoßen können. Entfernt man sich vom Äquator, folgen in den Subtropen die Zonen beständiger Hochdruckgebiete, die „Rossbreiten“, in denen die Luft wieder absinkt und überwiegend „schönes“ Wetter und Trockenheit herrschen. Die Bodenwinde, die die nördlichen und südlichen Hochdruckgebiete mit der äquatorialen Tiefdruckrinne verbinden, sind die zum Äquator hin gerichteten gleichmäßigen Passatwinde. Deren Luftmassen konvergieren im Äquatorgebiet (ITCZ oder ITK, „innertropische Konvergenzzone“ genannt). Ihre nach Westen gedrehte Richtung wird wesentlich von der Corioliskraft bestimmt.

Die warmen und feuchten Luftmassen des Äquatorialgebietes sind riesige Energiespeicher für die atmosphärische Zirkulation. Wenn die Wassertemperatur 26,5 °C übersteigt und ein ausreichend starker Wind weht, können sich in der aufsteigenden Luft unter dem Einfluss der Corioliskraft ausgedehnte riesige Wirbel bilden – die tropischen Wirbelstürme. Nur die Äquatorregion selbst bleibt davon verschont, weil die Corioliskraft am Äquator keine horizontale Komponente hat und deshalb unwirksam ist.

In Deutschland haben wir es seltener mit thermischen Warmluft-Tiefs zu tun, sondern fast immer mit „dynamischen Tiefs“, die durch relativ kalte Luft gekennzeichnet sind. Sie entstehen in großer Höhe direkt aus großräumigen Verwirbelungen. Mehr darüber unter Punkt 11.

8 CORIOLIS – DER WIND FÄHRT KARUSSELL

Obwohl im Alltag kaum spürbar, ist die Corioliskraft eine sehr wirkungsvolle Kraft, die sich aus der Rotation der Erde ergibt. Sie ist in der physikalischen Beschreibung der Fliehkraft eng verwandt, aber gänzlich anders gerichtet. Wie die Fliehkraft steht auch sie senkrecht auf der momentanen Bewegungsrichtung.

Fliehkraft und Corioliskraft sind zwangsläufige Konsequenzen der Bewegung auf einer rotierenden Bezugsfläche, wie etwa der Erdkugel. Das klingt geheimnisvoll, ist aber in einfachen Fällen leicht und anschaulich zu erläutern. Nun dreht sich die Erde nur sehr gemächlich, nämlich gerade mal mit einer einzigen Umdrehung pro Tag. Deshalb bewirkt die Corioliskraft anfangs auch nur sehr kleine Effekte, die sich erst bei großräumigen Bewegungen zu mächtigen Ablenkungen addieren. Die Corioliskraft ist nämlich proportional zur (Wind-) Geschwindigkeit, multipliziert mit dem

CORIOLISKRAFT

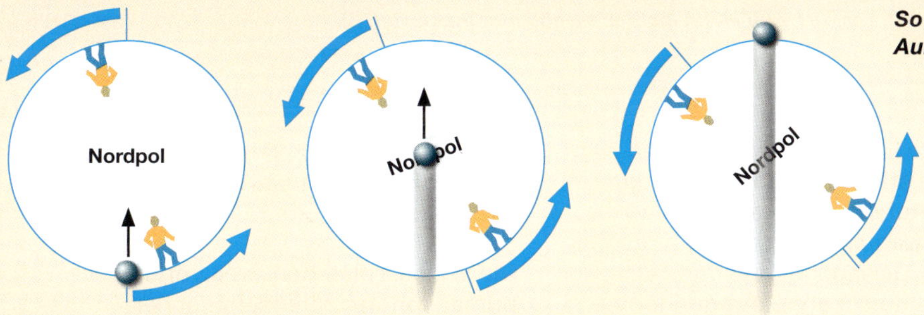

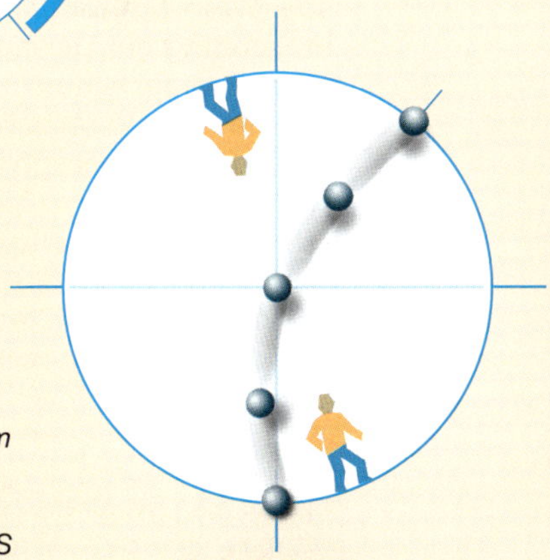

Abb. 21: Coriolisablenkung: Ein Satellit umkreist die Erde auf einer Bahn, die ihn über beide Pole führt. Für einen außerirdischen Beobachter besteht kein Zweifel: Die Bahn des Satelliten führt schnurgerade über den Nordpol. Die beiden Polarforscher sehen jedoch eine in Flugrichtung nach rechts gekrümmte Bahn, weil sie die rotierende Erde als ihr Bezugssystem benutzen. Für sie unterliegt der Satellit einer Bahnkrümmung durch die Corioliskraft. Diese „scheinbare Kraft“ hat höchst reale Auswirkungen auf die Luftbewegungen der Atmosphäre, weil sich die Erde auch unter einem Windfeld ständig weiter dreht. Noch Zweifel an der Physik? Dann betrachten Sie bitte im Internet unter „http://spaceflight.nasa.gov/realdata/tracking“ die Bahnkurven der Internationalen Space Station ISS in Echtzeit. Obwohl die ISS reibungsfrei auf Kreisbahnen die Erde umkreist, ergeben sich für uns Erdbewohner charakteristische Slalombahnen längs des Äquators, die auf der Nordhalbkugel nach rechts und auf der Südhalbkugel nach links gekrümmt sind – wiederum erscheint die Corioliskraft als höchst real und wirksam.

Abb. 22: In einem Hochdruckgebiet sinkt Luft ab und strömt als bodennaher Wind zu einem Gebiet tieferen Luftdrucks. Die Luft strömt aus dem Hoch heraus und wird von der Corioliskraft nach rechts abgelenkt: die Windpfeile sind nach rechts gekrümmt. Der Wind umkreist ein Hoch längs der Isobaren im Uhrzeigersinn. Wenn wir nun das Tief betrachten, so stellen wir verblüfft fest, dass die Windpfeile nach links gekrümmt sind. Das Karussell dreht sich nun im Gegenuhrzeigersinn.

Wie ist das möglich? Die Corioliskraft wirkt doch gleichartig rechtsablenkend – oder etwa nicht? *Die Antwort erfordert einiges Nachdenken. Die Winde wollen in das Tief hineinströmen und werden dabei wiederum von Coriolis nach rechts abgelenkt. Daraus folgt der Drehsinn (Gegenuhrzeigersinn) des Tiefs. Die Linkskrümmung der Windpfeile hat nichts mehr mit Coriolis zu tun, sondern nur mit dem Einfluss der Bodenreibung. Letztendlich ist es diese Bodenreibung, die das Karussell etwas abbremst und damit einen Lufttransport vom Hoch ins Tief ermöglicht (nach Ref. 8).*

„wirksamen Anteil der Erdrotation“ (*). An den Polen ist sie am stärksten, am Äquator gar nicht wirksam. Auf der Nordhalbkugel wird jede (Wind-) Bewegung nach rechts abgelenkt (in Richtung der Bewegung gesehen), auf der Südhalbkugel lenkt sie alle Bewegungen nach links ab. Eine Veranschaulichung für einen Flug über den Nordpol zeigt die Abb. 21.

Schade, es ist leider gar nicht einfach zu veranschaulichen, dass die Corioliskraft mit unverminderter Stärke auch bei reinen Ost-West-Bewegungen wirksam ist. Das folgt aber sowohl aus den Bewegungsgleichungen, die man im Physikbuch findet, wie auch direkt aus der Beobachtung der Windströmungen auf der Erde.

Die Winde entstehen, weil Luftmassen primär von den atmosphärischen Druckunterschieden (Druckkräften) beschleunigt werden. Die Winde sollten deshalb direkt von hohem Druck in ein Gebiet niedrigen Druckes strömen. Das können sie aber nicht, wenn weite Distanzen, etwa viele Hunderte von Kilometern, zu überwinden sind. Mit zunehmender Windgeschwindigkeit wird nämlich die Corioliskraft immer stärker und

**) Wenn man die für die horizontale Corioliskraft lokal wirksame Komponente der Erdrotation bestimmen will, muss man den Vektor der Erdrotation zerlegen: Eine Komponente muss senkrecht zur Erdoberfläche stehen und eine zweite parallel zur Erdoberfläche. Entscheidend ist die senkrechte Komponente der Erdrotation, weil sie die horizontale Komponente der Corioliskraft bewirkt. Deshalb ist die Corioliskraft an den Polen für Luftbewegungen maximal wirksam. Am Äquator ist die Corioliskraft ausschließlich senkrecht zur Erdoberfläche gerichtet und bewirkt deshalb keine horizontale Ablenkung.*

lenkt nun die Luftströmung solange immer weiter nach rechts ab, bis die Corioliskraft der antreibenden Druckkraft vollständig entgegengesetzt ist. Die Druckkraft ist nun völlig „kompensiert“ (aufgehoben). Dieser so genannte „geostrophische“ Wind hat dann zwar keine Antriebskraft mehr, aber er nutzt seinen Schwung, um „eine Runde Karussell“ zu fahren. Präzise formuliert bewegt er sich senkrecht zum beschleunigenden Druckunterschied („dem Druckgradient“) und parallel zu den „Isobaren“ (Linien gleichen Druckes). Die Höhenwinde sind besonders reibungsarm und zeigen genau dieses Verhalten. Nur die Reibungskräfte an der Erdoberfläche, die in einer Höhe unterhalb etwa 2000 m durch Turbulenzbildung immer wirksamer werden, dämpfen die Karussellfahrt und lenken den Wind schließlich ins Tief hinein („Geotriptischer Wind“). Deshalb kann eine große Luftmasse unter dem Einfluss der Corioliskraft niemals direkt vom Hoch ins Tief strömen, sondern wird auf einen langen spiralförmigen Umweg gezwungen, bis sie schließlich das Zentrum des Tiefs erreicht. Auf der Nordhalbkugel strömen die Bodenwinde im Gegenuhrzeigersinn („linksdrehend“) in ein Tief hinein. Ein Tief wird auch Zyklone genannt. Die Abb. 22 erläutert den Drehsinn von Zyklone und Antizyklone (Hoch) und fordert unseren kriminalistischen Scharfsinn heraus.

DIE TRIEBKRÄFTE DES WETTERS

Physikalischer Standpunkt:
Wärmestrahlung, Temperaturdifferenzen und Dichteunterschiede erzeugen Druckdifferenzen und treiben so die Zirkulation von Wind und Wasser an.

Meteorologischer Standpunkt:
Das Wettergeschehen versteht man am leichtesten, wenn man direkt die Luftdruckunterschiede und danach die Temperatur- und Windfelder betrachtet.

9 TODBRINGENDE WIRBEL

Ob Hurrikan, Taifun oder Zyklon, alle tropischen Wirbelstürme ziehen ihre gewaltige Energie aus dem warmen tropischen Wasser. Diesen Zusammenhang wollen wir genauer untersuchen. Wir wissen inzwischen, dass sehr viel Energie aufgebracht werden muss, um Wasser zu verdampfen: ca. 2,4 kJ werden benötigt, um 1 Gramm Wasser bei 30 °C in Dampf zu verwandeln. Umgekehrt erhält man die vollen 2,4 kJ zurück, wenn aus einem Gramm Dampf ein Gramm Wasser kondensiert.

Stellen wir uns nun einen herrlichen Spätsommertag in der Karibik vor. Ein warmer Wind streicht über das 30 °C warme Meer. Bei dieser Wärme könnte die Luft bis zu 34 g Wasserdampf pro m^3 aufnehmen, die Luft wird dann feucht und schwül. Die 34 g H_2O entsprechen einem Dampfvolumen von 42 Litern (gasförmig!). Weil sie entsprechend 42 Liter trockene Luft (N_2 und O_2) im Gewicht von 53 g verdrängen, hat feucht-schwüle Luft eine geringere Dichte als entsprechende trockene Luft. Sie ist also leichter und steigt auf. Am Horizont sieht man hohe Wolken aufquellen. Ein mächtiger Gewitterturm entwickelt sich.

Im Geist verfolgen wir nun ein warmes, Feuchte-gesättigtes Luftpaket beim Aufsteigen. Sein Volumen von ursprünglich 1 m^3 nimmt ständig zu, weil ja der Umgebungsdruck beim Aufsteigen fortwährend sinkt. Dabei entdecken wir eine wahrhaft atemberaubende Energiebilanz:

Die 34 g Wasserdampf enthalten eine gespeicherte Kondensationsenergie von ca. 80 kJ. Die spezifische Wärme von trockener Luft

Abb. 23: Satellitenaufnahme eines voll ausgebildeten Tiefdruckgebiets über Island. Der charakteristische Drehsinn (Gegenuhrzeigersinn) eines Tiefs auf der Nordhalbkugel wird durch die Corioliskraft bestimmt und ist gut zu erkennen: Die Luft will in das Zentrum hinein strömen, wird aber fast vollständig nach rechts abgelenkt. Erst die geringe Linkskrümmung des Strömungsfeldes zu einer Spirale ermöglicht einen Weg in das Zentrum hinein. Sie wird durch die Bodenreibung bewirkt.

(N_2 plus O_2) ist dagegen relativ gering – sie beträgt nur etwa 1,17 kJ pro m^3 und Grad. Bei diesen beiden Zahlen muss man ganz genau hinschauen, um die darin lauernde Gefahr zu erkennen!

Wenn solche Luftmassen aufsteigen, setzt ein selbstverstärkender Prozess ein, und sehr schnell gibt es kein Halten mehr. Beim Aufsteigen sinkt die Temperatur, und der Wasserdampf kondensiert zu Regentropfen. Dabei gibt er seine Kondensationswärme frei. Die Luft wird zusätzlich erwärmt, was das weitere Aufsteigen beschleunigt. Die Temperatur sinkt nun wieder, eine neuerlich einsetzende Kondensation verstärkt das Aufsteigen ... das Luftpaket fährt wie im rasenden Fahrstuhl nach oben. Das Feuchte-beladene Luftpaket bleibt dabei ständig wesentlich wärmer und leichter als die umgebende Atmosphäre. Beim maximal möglichen, vollständigen Auskondensieren des Dampfes reicht die latente Energie aus für eine Erwärmung um mehr als 60 °C! Das kann zu stürmischen und für die Luftfahrt extrem gefährlichen vertikalen Aufwinden und Turbulenzen führen. Besonders die energiereichen tropischen Gewittertürme können dabei bis in die Stratosphäre vorstoßen. Sie stellen damit neben Vulkanausbrüchen den effektivsten Mechanismus zum Transport von Gasen in die hohe Atmosphäre dar.

Am Äquator entwickeln sich täglich sehr heftige Gewitter. Allerdings verwandeln sie sich nicht in Wirbelstürme, weil die Corioliskraft dort nicht wirksam ist. Die Karibik dagegen ist bereits weit genug vom Äquator entfernt. Hier kann die Corioliskraft einen stetigen Wind zu einem einzigen gewaltigen Wirbel von bis zu 1000 km Durchmesser verdrehen. Er wird durch die vorgeheizte „Wasserdampfmaschine“ beständig angetrieben. Diese „Dampfmaschine“ nutzt den großen Temperaturunterschied zwischen der ausgedehnten warmem Wasserfläche des tropischen Meeres und der unvermeidlichen Kälte in großer Höhe. Die mit Macht aufsteigenden Luftmassen verwandeln sich in einen gewaltigen Sturm, der Bodenwindgeschwindigkeiten von über 200 km/h erreichen kann (Hoffentlich zieht er weit an unserer Ferieninsel vorbei, denn die dadurch erzeugten Flutwellen von über 5 m Höhe richten zusammen mit den sintflutartigen Regenfällen gewaltige Zerstörungen an).

In dem sehr großräumig rotierenden Sturm bildet sich ein erstaunlich friedliches Zentrum, in dem die Luft wieder absinkt. In der absinkenden Luft lösen sich die Wolken auf und so existiert mitten im Unwetter eine Zone schönen Wetters: Das Auge des Hurrikans. Das friedliche Auge kann bis zu 30 km Durchmesser haben. Die abgesunkene und dabei erwärmte Luft im Auge wird sofort wieder frischen Wasserdampf aus dem Meer aufnehmen und eine neue Runde auf dem Karussell der Corioliskraft drehen – ein verheerender Zyklus, der erst endet, wenn das gesamte Wettersystem des Wirbelsturms über kälteres Wasser oder über das Festland gerät.

Die alljährliche Saison der Hurrikane (Sommer und Herbst) im Süden der USA ist uns aus den Nachrichten bestens vertraut. Wenn man einen Blick in die Zukunft wagt, dann scheint es wahrscheinlich, dass eine Erwärmung der Meere zu einer Verstärkung dieser tropischen Wirbelstürme und zu einer möglichen Erweiterung ihrer Zugstraßen in höhere Breiten (im Atlantik weiter in Richtung Nordamerika) führen wird.

Ein relativ kleinräumiger, aber höchst gefährlicher und spektakulärer Wirbelsturm ist der Tornado. Tornados wachsen als schlauchartiger, rotierender „Staubsauger-Rüssel“ aus einer Gewitterwolke (Cumulonimbus, Cb) nach unten heraus. Sie sind in Europa relativ selten, aber in den Sommermonaten im Mittleren Westen der USA besonders häufig. Eine fast 2000 km breite Region längs des Mississippi wird deshalb „Tornado Alley“ genannt. Die Gesamtzahl der Tornados in den USA beträgt mehr als 1000 pro Jahr. Tornados entstehen zusammen mit schweren Gewittern, wenn kalte Luftmassen nach Süden vorstoßen und dabei auf warme und sehr feuchte Luft treffen. Der Rüssel eines Tornados hat einen Durchmesser von höchstens 50 m. Wegen des geringen Durchmessers ist sein Drehsinn nicht durch die Corioliskraft, sondern durch zufällige Verwirbelung bestimmt, so dass beliebige Drehrichtungen vorkommen. Im Rüssel herrscht ein sehr niedriger Luftdruck, weil die Luft in der extrem labilen Schichtung der Gewitterwolke rasant nach oben gesaugt wird.

Dabei wird durch die Hebung der feuchtwarmen Luft sehr viel Kondensationsenergie frei gesetzt. Wenn der Rüssel den Boden erreicht, kann er eine scharf begrenzte Schneise schwerster Verwüstungen hinterlassen. Dabei entstehen die meisten Schäden durch die extremen Windgeschwindigkeiten, die im schlimmsten Fall bis zu 500 km/h erreichen können. Tornados halten damit bei weitem die Rekorde für bodennahe Windgeschwindigkeiten. Die Triebkraft dafür sind die hohen Luftdruckunterschiede auf engstem Raum. Im Gegensatz zu den großräumigen Hurrikanen, die bis zu zwei Wochen lang als stabile Wettergebilde überleben können, fallen Tornados schnell wieder in sich zusammen. Sie entstehen innerhalb von Minuten und leben meistens auch nur wenige Minuten bis (sehr selten) eine Stunde lang. Dennoch sind sie sehr gefürchtet, denn im Zentrum eines Tornados bietet nur ein unterirdischer Raum mit einer festen Decke einigermaßen Schutz vor den geschossartig herumfliegenden Trümmerstücken.

10 NIEDERSCHLÄGE

Abb. 24: Aufsteigende und absinkende Luftmassen an einem Gebirge (nach Ref. 3).

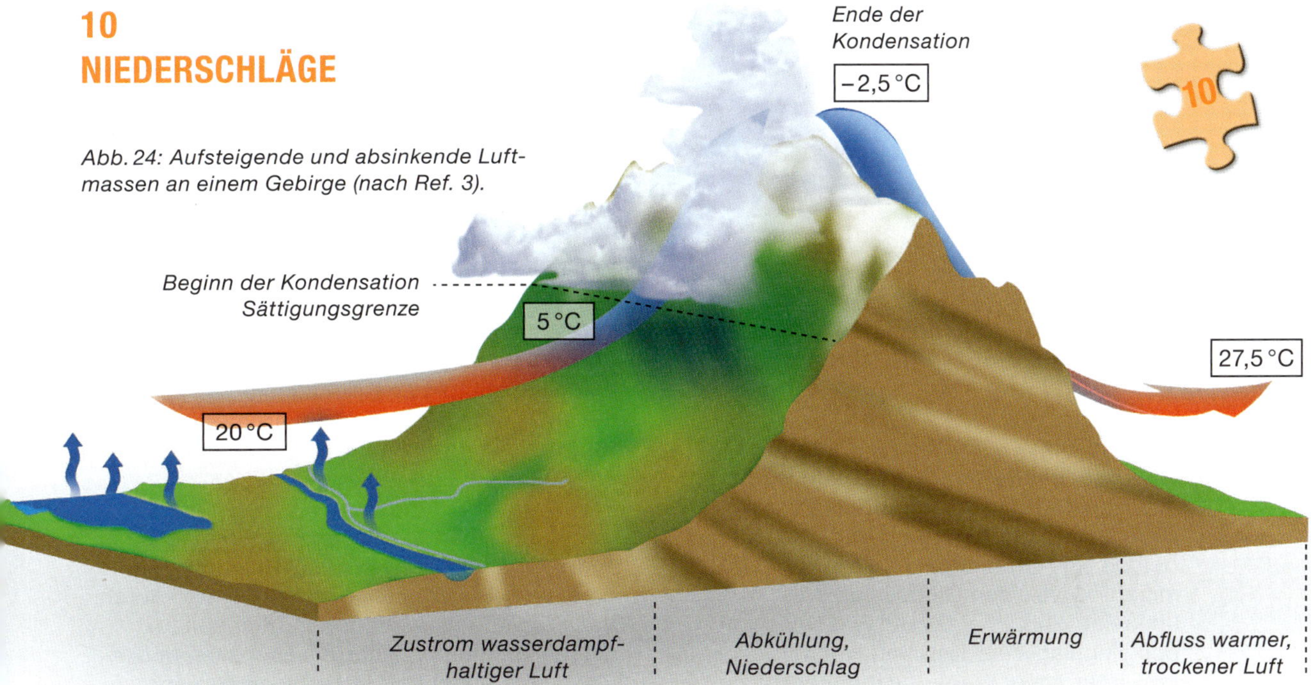

Fast immer fallen die Niederschläge aus feuchten Luftmassen, die zum Aufsteigen gezwungen werden, sich dabei abkühlen und Wolken bilden. Glücklicherweise sind damit nicht generell Unwetter oder gar Wirbelstürme verbunden.

Auch Gebirge können Luftmassen zum Aufsteigen zwingen. Die Abbildung zeigt typische Temperaturen für eine Föhnwetterlage in den Alpen. Die Luft kühlt sich zuerst auf dem Weg in die Höhe mit 1 °C pro 100 m ab. Das ist charakteristisch für „trockene“ Luft und gilt so lange, wie der Wasserdampf gasförmig bleibt. Sobald aber bei sinkender Temperatur der Wasserdampf in der Luft zu Tröpfchen auskondensiert, gibt er Wärme frei, und die Abkühlung beträgt dann typischerweise nur noch ca. 0,5 °C/100 m. Die aufsteigende Luft wird dabei durch das Abkühlen und Ausregnen „getrocknet“.

Auf der windabgewandten Seite (Lee) sinkt die Luft ins Tal, erwärmt sich sofort mit 1 °C pro 100 m.

> Die Temperatur dieser sehr trockenen Luft ist sogar höher als die Starttemperatur der feuchten Luft. Küstennahe hohe Gebirge fangen so die feuchte Luft vom Ozean ab und bewirken, dass sich hinter ihnen oft große Trockengebiete bilden.

Andererseits führen die Starkregen auf der windzugewandten Seite (Luv) der Berge oft zu großen Überschwemmungen. Den globalen Regenrekord hält Cherrapunji am Himalaya in Ostindien, wo sich sehr feuchte, warme Monsunwinde abregnen und jährlich fast 11 m Niederschlag fallen. Der historische Rekordwert wurde vor 150 Jahren gemessen und betrug 26 m innerhalb von 12 Monaten durch den Südwest-Monsun 1860 und 1861. Zum Vergleich: das ist 45-mal mehr als der Jahresniederschlag von Berlin mit 0.58 m (580 mm). Die regelmäßigen, sehr weiträumigen Überschwemmungen in Indien und Bangladesh sind vor allem eine Folge der dadurch bewirkten Flusshochwasser, nicht jedoch durch einen Anstieg des Meeresspiegels bedingt.

11
WECHSELHAFTES WEST-WIND-WETTER

Die gemäßigte Zone Mitteleuropas liegt im Einflussgebiet kalter Polarluft und warmer südlicher Luftmassen. Ständige Luftdruckgegensätze und Temperaturunterschiede treiben eine Strömung an, die in wellenförmigem Muster den Globus von West nach Ost umkreist (Abb. 26). Diese „Westwinddrift“ mit den eingelagerten Tief- und Hochdruckgebieten ist für unser Wetter bestimmend:

Luftdruckunterschiede sind dabei die eigentlichen „Wettermacher“.

Das detaillierte Wettergeschehen ist allerdings so verwirbelt und verwickelt, dass wir es nur stichwortartig erklären wollen:

Denken wir zuerst an eine Wasserströmung, die ein Hindernis umfließt – etwa ein schneller Bach mit einem Stein darin. Hinter dem Stein bilden sich Verwirbelungen. Besonders stabile Wirbel können eine ganze Weile überleben und werden von der Strömung weit fortgetragen. Entsprechend entstehen auch in den sehr kräftigen Strömungen der hohen Atmosphäre ständig Wirbel, die mit der Drift von West nach Ost wandern. Große linksdrehende Wirbel (Zyklone) können sich dabei zu wetterwirksamen Tiefs entwickeln. Sie entstehen nur durch die großräumige Dynamik der Verwirbelung und sind keinesfalls durch Warmluft gekennzeichnet wie die thermischen Tiefs (S. 54). Allerdings steigen auch in diesen „dynamischen Tiefs“ die Luftmassen auf, so dass Wolkenbildung und Niederschlag auftritt. Nun kann es durch die Temperaturunterschiede zwischen kalter Polarluft und aufsteigender feuchter Luft zu Rückkopplungen (Verstärkungen) kommen, die dazu führen, dass diese Wirbel eine hohe Eigendynamik entwickeln. Wenn sie ständig an Kraft zunehmen, kann die am Boden in das Tief einströmende Luft Sturmstärke erreichen: ein Sturmtief hat sich entwickelt.

Dagegen zeigen die Hochs (Antizyklone) auch in der Westwindzone ein viel ruhigeres Temperament. Sie entstehen zuerst ebenso durch Verwirbelungen in der hohen Atmosphäre, allerdings mit umgekehrtem Drehsinn. In der Höhe wird dabei Luft in sie hineingepumpt, die absinkt und am Boden ausströmt. Weil sich die Wolken dabei auflösen, ist tendenziell schönes Wetter zu erwarten. Durch das Zusammenwirken der Drift und der Wirbel können sich bisweilen tagelang stabile, ruhige Wetterverhältnisse („Hochdrucklage“) einstellen – im Gegensatz zu der heftigen Dynamik der Tiefdruckgebiete, die sich generell viel schneller entwickeln und weiter ziehen.

Wir halten fest, dass die Wettersituation in Deutschland entscheidend von drei Hauptakteuren in der hohen Atmosphäre bestimmt wird: Die wellenförmige Westwind-Driftströmung und die Wirbelbildungen mit unterschiedlichem Drehsinn, die sich zu Tiefs oder Hochs entwickeln können. Dazu kommt der Einfluss von Starkwinden (Jetstreams, S. 63). Das komplizierte Zusammenspiel der unterschiedlichen Luftströmungen wird durch Gleichungen beschrieben, deren Lösungen besonders empfindlich auf kleine Störungen der Anfangsbedingungen reagieren: Im mathematischen Sinne liegt ein „chaotisches System“ vor. Physikalisch handelt es sich dabei um die Dynamik der Verwirbelung bei dem sehr großräumigen Zusammentreffen von

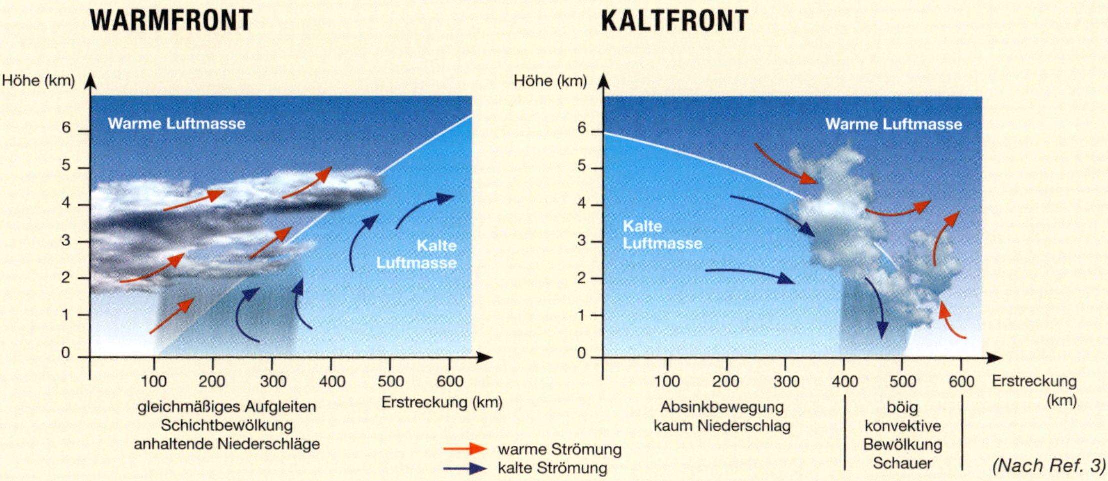

***Abb. 25a: Warmfront** mit „Landregen". Eine warme Luftmasse wird allmählich auf eine kalte Luftmasse aufgeschoben. Die kalte Luft ist dichter, also schwerer und träger. Deshalb wird die leichtere warm-feuchte Luft angehoben und es regnet weiträumig, während es am Boden allmählich wärmer wird. Typische Situation: „Mairegen bringt Segen."*

***Abb. 25b: Kaltfront**. Eine dichte, kalte Luftmasse fährt wie ein „Keil" unter eine leichtere warme Luftmasse und drückt sie sehr schnell in die Höhe. Es bilden sich hoch reichende (Gewitter-) Wolken, starke Turbulenzen und heftige Niederschläge, die zum Teil durch die kalte Luft hindurch fallen und dabei gefrieren. Die Temperatur am Boden sinkt schnell. Wintergewitter beruhen auf solchen Kaltfronten. Die zugehörige Wetterregel lautet: „Donnert's überm kahlen Wald, wird es ganz gewiss noch kalt." Vor allem aber können kräftige Kaltluftvorstöße in sommerliche, feuchtheiße Luftmassen zu schwersten Gewittern, Unwettern und Tornados führen.*

kalter Polarluft und relativ warmer Subtropikluft an der „Polarfront" im Übergangsbereich von der subpolaren zu der gemäßigten Zone.

Der generell notwendige Temperaturausgleich zwischen der Äquatorregion und den Polen muss primär durch Nord-Süd- oder Süd-Nord-Strömungen bewirkt werden. Wenn man einen Globus betrachtet, sieht man sofort, dass bereits die Geometrie der Erdkugel für alle großräumigen und weit reichenden Strömungen in Nord- oder Südrichtung automatisch Ablenkungen von einer gleichmäßigen Strömung erzwingt, denn am Äquator ist der Erdumfang maximal, in Richtung der Pole nimmt er ständig ab. Deshalb müssten alle großräumig polwärts strömenden Luftmassen zusammen gedrückt werden. Das geschieht natürlich nicht. Statt dessen weichen sie aus: in die Höhe oder in Richtung Erdoberfläche oder aber in West-Ost-Richtung. Großräumige Süd-Nord-Strömungen (oder in Gegenrichtung N-S) sind auch deshalb immer drehend und verwirbelnd. Der Effekt der Kugelform der Erde ist zusätzlich zur Corioliskraft wirksam. Die Jetstreams sind eine eindrucksvolle Konsequenz dieser komplizierten Strömungsdynamik. Sie entstehen in der hohen

Troposphäre an den Grenzen zwischen sehr kalten und wärmeren Luftmassen, wobei die großen Temperaturunterschiede zu sehr hohen Luftdruckänderungen und damit zu Starkwinden führen. Deren Geschwindigkeit kann im Zentrum bis zu 500 km/h erreichen, so dass sie für die Luftfahrt durch Wirbelbildung gefährlich werden können. Die stark variierenden, mäanderförmigen Jetstreams beeinflussen auch unser Wetter und unser Klima (vgl. Wikipedia: Jetstream).

Derzeit können die Klimatologen nicht mit Sicherheit vorhersagen, in wie weit ein möglicher Klimawandel die Entwicklung und die Zugbahnen der für uns wetterbestimmenden Tiefs mit ihrer feuchten Atlantikluft und den Niederschlägen beeinflussen wird. Das ist bei einem chaotisch reagierenden System prinzipiell fast unmöglich.

Es gibt allerdings die Vermutung, dass sich alle Klimazonen etwas weiter polwärts ausdehnen könnten. Daraus könnte man folgern, dass sich bei uns in einem wärmeren Klima die Zugstraßen der Tiefs und damit auch der schweren Stürme etwas weiter nach Norden verlagern werden.

12 DIE KLIMAZONEN DER ERDE

Äquatoriale Regenzone (5°S – 10°N)
Ganzjährig regenreich, feucht, warm, viele Gewitter.
Beispiel: Tropische Regenwälder

Tropische Sommerregenzone (10°N – 20°N, 5° S – 20°S)
Im jeweiligen Sommer feucht und regenreich
Im jeweiligen Winter Hochdruckeinfluss, sonnig und trocken.
Beispiel: Südliches Indien, Karibik, Simbabwe

Subtropische Trockenzone (20°N – 32°N, 20°S – 30°S)
Ständiger Hochdruckeinfluss, heiß und trocken.
Beispiel: Sahara. Hier sinkt die Höhenluft vom Äquator kommend wieder ab. Über den Ozeanen bilden sich die Passatwinde als Gegenströmung.

Subtropische Winterregenzone (32°N – 40°N, 30°S – 35°S)
Im Sommer Hochdruck, heiter, warm und trocken.
Im Winter häufig ergiebige Niederschläge durch Westwinde.
Beispiel: Mittelmeer

Gemäßigte Zone (40°N – 60°N, 35°S – 55°S)
Ganzjährig im Einfluss der Westwinde mit Hoch- und Tiefdruckgebieten, wechselnd bewölkt, häufige Niederschläge.
Beispiel: Mitteleuropa, einschließlich Deutschland

Subpolare Zone (60°N – 80°N, 55°S – 70°S)
Ganzjährig im Bereich von Tiefdruckgebieten, kühl und niederschlagsreich, oft stürmisch.
Beispiele: Island, Tundren

Polarzone (80°N – 90°N, 70°S – 90°S)
Ganzjährig im Bereich der absinkenden kalten Luftmassen der polaren Hochdruckgebiete, „ewiges Eis“, niederschlagsarm.
Beispiele: Arktis und Antarktis

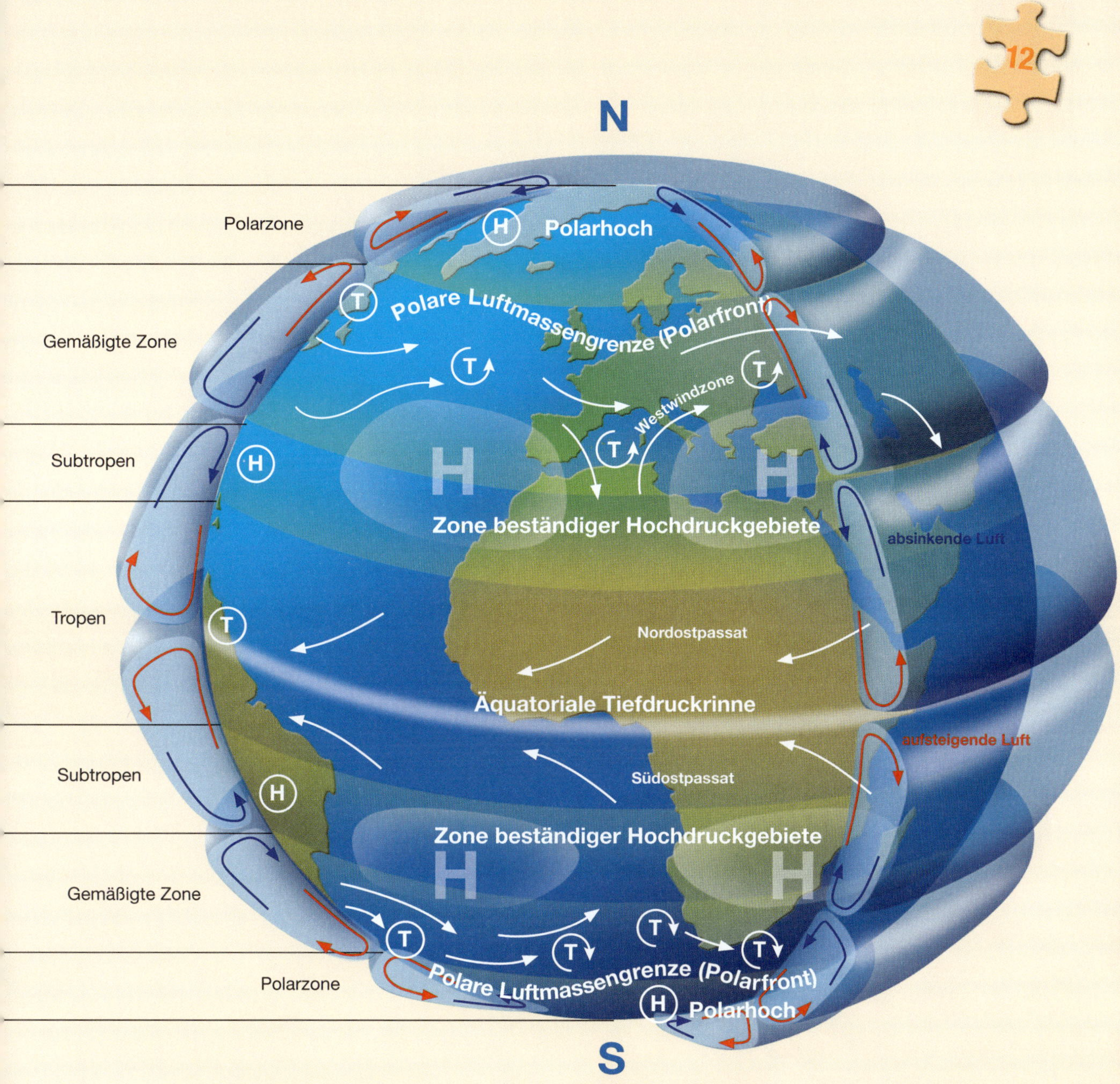

Abb. 26: Aufgrund der intensiven Sonneneinstrahlung im Äquatorgebiet und der globalen Zirkulation der Atmosphäre haben sich auf der Erde großräumige Klimazonen gebildet. Die Zellen (Zirkulationsräder) der vertikalen Luftströmungen sind vereinfacht dargestellt. Besonders im Bereich der gemäßigten Zonen und der dort herrschenden Westwinddrift existieren sie nicht in dieser einfachen Form, sondern sind aufgelöst in zahlreiche Tiefs und Hochs mit oft chaotischer Verwirbelung (nach Ref. 1, 3).

DIE ENERGIEBILANZ IN DER ATMOSPHÄRE – DER TREIBHAUSEFFEKT

3

TEMPERATURAUSGLEICH

Die vorhergehenden Seiten haben gezeigt, in wie überaus vielfältiger Weise unsere Atmosphäre auf Wärmezufuhr reagiert und wie dabei Wärmeenergie transportiert wird. Selbst die verzwickte Westwinddrift mit den Verwirbelungen von Warm- und Kaltluft bewirkt letztendlich einen Energiestrom vom warmen Süden zur kalten Polregion. Dabei ist anzumerken, dass jeder Kaltluftstrom nach Süden genauso effektiv für einen Ausgleich der Temperaturen sorgt wie ein Warmluftstrom in Gegenrichtung.

Dass Temperaturgegensätze sich ausgleichen wollen, ist ein physikalisches Grundgesetz.

Der dazu notwendige Energietransport kann durch ganz unterschiedliche Prozesse erfolgen:

- In einem festen Körper durch Wärmeleitung. Das feste Gestein der Erde leitet Wärme aus dem Erdinneren zur Oberfläche, wie die Wand eines Kachelofens. Die beste Wärmeleitung findet man allerdings bei den Metallen.
- In Flüssigkeiten und Gasen außerdem durch Strömungen. Dazu zählen die Meeresströmungen und alle Winde mit ihren horizontalen und vertikalen Luftbewegungen. Außerdem gibt es starke temperaturbedingte „Konvektionsströmungen" im flüssigen Inneren der Erde.
- Wenn die Strömungen zusätzlich Verdunstung und Kondensation bewirken, spielt der Transport von latenter Wärme eine wichtige Rolle.
- Wenn sich keine gerichtete Strömung ausbilden kann, ergibt sich oft eine ungeordnete Diffusion, die einen Temperaturausgleich bewirkt. Diffusion und Wärmeleitung sind physikalisch weitgehend gleichartig.

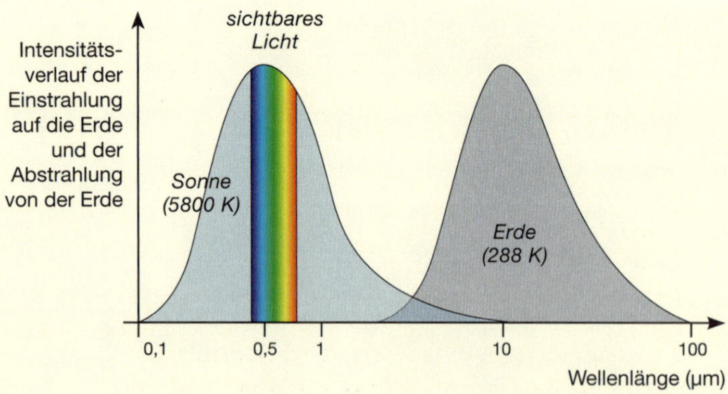

Abb. 27: Die 5800 K heiße Oberfläche der Sonne strahlt Licht über einen Wellenlängenbereich ab, der vom ultravioletten (UV) bis zu infraroten (IR) Teil des Spektrum reicht. Das Strahlungsmaximum liegt bei 0,5 µm (sichtbares Grün-Blau).

Die Erde ist 288 K warm und strahlt ausschließlich infrarote Wärmestrahlung ab. Das Strahlungsmaximum liegt bei 10 µm. Auf diese Weise strahlt die Erde die von der Sonne empfangene Energie wieder vollständig ins All ab. Selbstverständlich ist die Erde ein vergleichsweise schwacher Strahler, denn die Strahlungsleistung (W/m^2) der heißen Sonnenoberfläche ist nach dem T^4-Gesetz 164 000-mal höher.

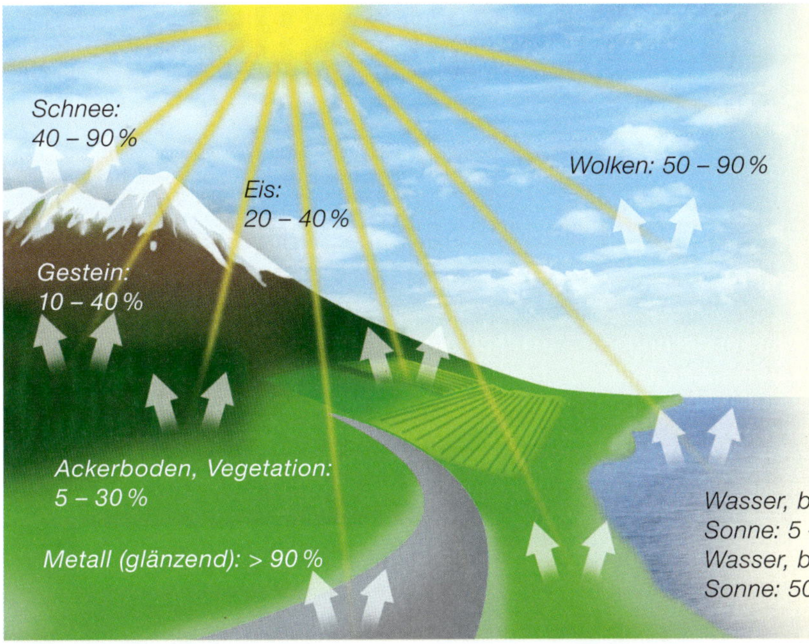

ALBEDO α („DIFFUSE REFLEKTIVITÄT“)

Abb. 28: Über die gesamte Erde (Erdoberfläche und Atmosphäre) gemittelt ergibt sich als Richtwert für die Rückstreuung einfallender Sonneneinstrahlung:

α = ***30 – 33 %***
= ***0,3 – 0,33***

Einen sehr leistungsfähigen Prozess haben wir allerdings bisher noch gar nicht betrachtet:

- Energie- und Wärmetransport ganz ohne stoffliche Beteiligung – die Strahlung.

Ob langwellige Radiowellen, Wärmestrahlung, Licht, Laserstrahlen oder kurzwellige Röntgenstrahlung – immer handelt es sich dabei um elektromagnetische Strahlung, die sich auch im Vakuum ausbreitet. Auch Wärmestrahlung ist von derselben physikalischen Natur. Es sind elektromagnetische Wellen mit Wellenlängen im Mikrometerbereich, die wir als Wärmestrahlung wahrnehmen.

Alle Objekte senden ständig Wärmestrahlung aus. Dabei hängt die Abstrahlung („Emission“) sehr charakteristisch von der Temperatur ab.

Die Erde ist etwa 288 K (15 °C) warm und strahlt „nur“ infrarote Strahlung, also Wärme ab. Die emittierte (ausgesandte) Strahlungsleistung I steigt mit höherer Temperatur T zur vierten Potenz an: $I \sim T^4$. Dabei verschiebt sich auch das emittierte Spektrum deutlich zu höheren Energien, wie die Abbildung 27 zeigt. Die sichtbare Sonnenoberfläche, die Photosphäre, hat eine Strahlungstemperatur von 5800 K und strahlt entsprechend weiß leuchtendes Licht ab.

Die Tatsache, dass wir den Mond und die Planeten am Nachthimmel leuchten sehen, liegt natürlich nicht daran, dass diese heiß sind. Sie werden von der Sonne beleuchtet und streuen das Sonnenlicht zum Teil zurück. Die dafür verantwortliche diffuse Reflektivität von Oberflächen spielt bei jeder Strahlungsbilanz eine wichtige Rolle und wird Albedo α genannt. Bei Bestrahlung mit der Leistung I wird der Anteil $\alpha \cdot I$ zurück gestreut und nur der Bruchteil $(1 - \alpha) \cdot I$ kann absorbiert werden. Auch die Space Station ISS strahlt am Nachthimmel, weil sie zum Schutz gegen die Erwärmung durch die intensive Sonnenbestrahlung eine sehr helle Oberfläche ($\alpha > 90\,\%$) besitzt.

EINE NACKTE FELSEN-ERDE IM WELTRAUM

Wir wollen jetzt einfache Modellvorstellungen betrachten, die für das Verständnis des Treibhauseffektes unerlässlich sind. Es lohnt sich, Schritt für Schritt mitzudenken.

Um den Einfluss unserer Atmosphäre auf Einstrahlung und Abstrahlung zu verstehen, betrachten wir zuerst einen Himmelskörper ganz ohne Lufthülle. In unserer Nachbarschaft bietet sich dafür der Mond an. Wie sieht die Energie- und Strahlungsbilanz auf dem Mond aus?

Die Sonne scheint auf seiner Tagseite genau so intensiv wie auf der Erde, während seine Nachtseite im Dunkeln liegt und durch Wärmeabstrahlung mächtig auskühlt. Die langen Mondnächte dauern ja 354 Stunden, und die ungeschützte Gesteinsoberfläche kühlt sich extrem schnell ab (vermutlich sogar unter –150 °C). **Insgesamt aber, im Langzeitmittel, muss die Wärmeabstrahlung ins All exakt der aufgenommenen Sonnenenergie entsprechen, denn der Mond wird nicht ständig wärmer.**

Die Einstrahlung von der Sonne beträgt bei uns 1368 W/m². Die beleuchtete Halbkugel wird aber in Richtung der Pole zunehmend flacher bestrahlt, so dass pro m² Oberfläche immer weniger Energie auftrifft. Die andere Halbkugel liegt derweil völlig im Dunkeln. Wie viel Energie erreicht die Mond- oder Erdoberfläche im zeitlichen und räumlichen Mittel? Eine kleine Überlegung zeigt, dass man die aufgenommene Gesamtenergie am einfachsten aus der Querschnittsfläche Q bestimmt. Die Fläche des Erdschattens ist natürlich gleich groß: $Q = \pi \cdot r^2$. Das Verhältnis von Q zur Erdoberfläche ($4 \cdot \pi \cdot r^2$) ist genau ¼, und man erhält deshalb für die mittlere Sonneneinstrahlung S_0:

$$S_0 = 1368/4 \text{ W/m}^2 = 342 \text{ W/m}^2$$

Diese solare Einstrahlung muss vollständig wieder als langwellige Wärmestrahlung in den Weltraum abgestrahlt werden. Man kann aus der Strahlungsbilanz ganz leicht eine mittlere Temperatur des Mondes berechnen. Für die Bestimmung der aufgenommenen Leistung wird die Albedo von Fels mit $\alpha = 0{,}3$ angesetzt. Das entspricht auch der Albedo der Erde.

Als Abstrahlungsgesetz gilt das einfache T^4-Gesetz des schwarzen Strahlers, das Stefan-Boltzmann-Gesetz:

$$I = \varepsilon \sigma T^4$$

$\sigma = 5{,}67 \cdot 10^{-8}$ W/(m² K⁴) wird Strahlungs-Konstante genannt; die Emissivität ε kann für eine Abschätzung mit $\varepsilon = 1$ angesetzt werden.

Die mittlere Einstrahlung I_s beträgt

$$I_s = (1 - \alpha) \cdot 342 \text{ W/m}^2 = 239 \text{ W/m}^2$$

$$T = \sqrt[4]{\frac{(1-\alpha) \cdot I_s}{\varepsilon\,\sigma}}$$

$$= \sqrt[4]{\frac{239}{5{,}7 \cdot 10^{-8}}}\ K$$

$$= 255\ K$$

Das war eine ziemlich einfache Rechnung mit sehr erstaunlichen Erkenntnissen:

- Unser Mond sollte demnach eine mittlere Temperatur von 255 K = –18 °C haben. Bei dieser Temperatur entspricht die Abstrahlung der Einstrahlung. Man könnte diese Temperatur vielleicht messen, wenn man ein tiefes Loch in den längst erkalteten Mond bohrt, denn viele Meter unter der Oberfläche müssen die großen Tag-Nacht-Schwankungen abklingen.
- Würde die Sonneneinstrahlung I_s aus irgendeinem Grund zunehmen, so müsste sich der Mond stärker erwärmen. Die Erwärmung kommt aber zum Stillstand, wenn die gestiegene Abstrahlung I_{out} das Gleichgewicht wieder hergestellt hat. Die T^4-Abhängigkeit der Abstrahlung bewirkt den Bilanzausgleich der Energieströme und die Einstellung einer Gleichgewichtstemperatur T.

würde sich auch für die Erde mit Lufthülle immer noch ein Zustand der totalen Vereisung ergeben.

Offensichtlich fehlt uns ein wichtiger Beitrag in unserer Energiebilanz.

In diesem Sinne wird das nächste Kapitel für uns alle „überlebenswichtig“.

DIE GENIALE WÄRMESCHUTZDECKE – EIN EINFACHES MODELL

Wir haben für die „nackte Erde“ eine Oberflächentemperatur von 255 K = –18 °C berechnet. Dabei spielt es keine Rolle, ob eine Atmosphäre vorhanden ist oder nicht, solange diese Atmosphäre „durchsichtig“ ist und keinerlei Strahlung absorbiert. Auch eine Atmosphäre nur aus Stickstoff und Sauerstoff und ganz ohne Spurengase würde diese Eigenschaft besitzen. Wir erweitern unsere Überlegungen und fügen hoch über der Erdoberfläche eine Spezialglas-Scheibe ein. Diese Glasscheibe soll das Sonnenlicht vollständig hindurch lassen, so dass die solare Einstrahlung die Erdoberfläche nach wie vor unverändert erreicht. Zusätzlich aber soll das Glas die langwellige, infrarote Wärmeabstrahlung von der Erdoberfläche nicht passieren lassen, sondern vollständig absorbieren. In begrenztem Umfang haben die Fensterscheiben zuhause tatsächlich diese Eigenschaft.

- Die atomaren Bindungen in einer Glasscheibe sind in ihrer Wirkung nämlich ähnlich den Molekülen von H_2O, CO_2, Methan und anderen. Infrarote Wärmestrahlung wird absorbiert und in atomare Schwingungen verwandelt. Diese angeregten „heißen“ Schwingungszustände können die Wärmestrahlung auch wieder emittieren. Die Glasscheibe soll modellmäßig eine sehr hohe Konzentration von H_2O, CO_2 und anderen Spurengasen darstellen.

Was ist die Konsequenz? Dazu müssen wir uns Abb. 29 genauer anschauen.

- Die Glasscheibe wird zwar nicht vom Sonnenlicht I_s, wohl aber von der Erdabstrahlung I_E zunehmend erwärmt. Ihre Temperatur steigt, und die Scheibe beginnt ihrerseits, Wärme abzustrahlen. Diese Abstrahlung erfolgt nun aber nach beiden Seiten: I_{GE} zeigt zurück zur Erdoberfläche und I_{GW} führt hinaus in den kalten Weltraum.

Damit bekommt die Erdoberfläche einen Teil ihrer Abstrahlung I_E zurück geliefert. Ohne jede Berechnungen erkennt man, dass nun auch die Erdoberfläche zusätzlich erwärmt wird.

Wir gehen schrittweise vor und können die gefundenen Zahlenwerte in die Abbildung 29 eintragen.

1. Die einfallende solare Strahlung S_0 ist bekannt:
   $S_0 = 342$ W/m².
   Das ergibt den Startwert von 100 %.
2. Direkt diffus reflektiert wird der Anteil α. Auch diese Strahlung wird nicht vom Glas absorbiert und wird wieder in den Weltraum abgestrahlt:
   $I_R = 103$ W/m², entsprechend 30 %.
3. Die Erdoberfläche absorbiert den Anteil $(1 - \alpha)$: $I_{abs} = 239$ W/m², also 70 %.

Um uns die weiteren Überlegungen wesentlich zu erleichtern, betrachten wir nun direkt den End- oder Gleichgewichtszustand. In unserem Modell wird das Gleichgewicht erst dann erreicht, wenn die Glasscheibe so heiß geworden ist, dass die gesamte Abstrahlungsbilanz in den Weltraum der gesamten Einstrahlung S_0 von der Sonne entspricht.

Also muss sich nach einiger Zeit einstellen:

$$S_0 = I_R + I_{GW}$$

4. Damit kennen wir I_{GW}:
   I_{GW} = 239 W/m². (Das sind 70 % von S_0.)

5. Allerdings strahlt die Glasscheibe ungerichtet **nach beiden Seiten gleich stark** ab. Ihre Abstrahlung beträgt

$$I_{GW} + I_{GE} = 2 \cdot I_{GW} = 478\ W/m^2$$

ZUM MIT-DENKEN: DIE ABSTRAHLUNGSBILANZ IM MODELL

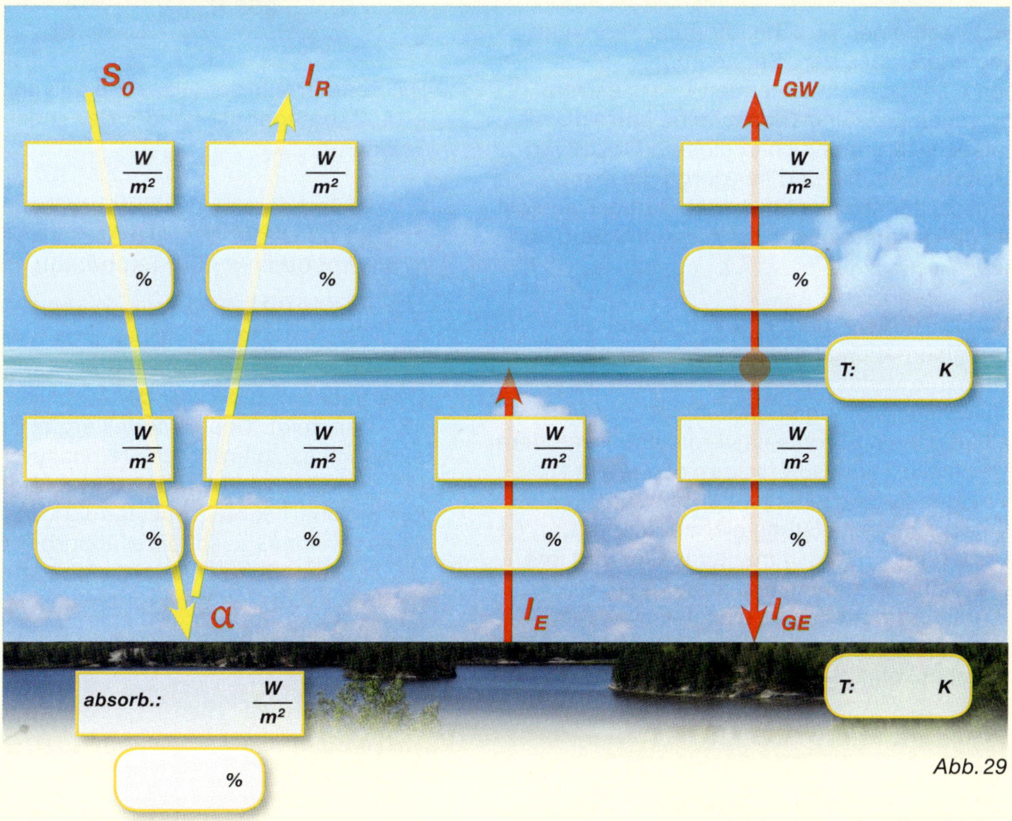

Abb. 29

6. Um die Bilanz auszugleichen, muss die Abstrahlung I_E von der erwärmten Erdoberfläche diese Abstrahlung ausgleichen und die dafür benötigte Leistung beträgt demnach: $I_E = 478\ W/m^2$

Das ist wirklich ganz erstaunlich, denn dieser Wert ist doppelt so groß wie die von der Oberfläche direkt absorbierte Sonneneinstrahlung $(1 - \alpha)\ S_0 = 239\ W/m^2$!

Tatsächlich ist die Bilanz der Energieströme jetzt widerspruchsfrei und ausgeglichen. Allerdings erscheint das Ergebnis nicht besonders plausibel, denn wir staunen über die hohe Wärmeabstrahlung der Erdoberfläche in Richtung Glasscheibe.

Erst nach einer Verschnaufpause kann man begreifen, dass der „Sonnenmotor“ einen mächtigen umlaufenden Energiestrom zwischen Erde und Glasscheibe antreibt. Tatsächlich ergibt sich in diesem Modell ein Energiestrom hin und her durch die Atmosphäre, der offensichtlich viel kräftiger ausfällt als die gesamte absorbierte Einstrahlung von $239\ W/m^2$.

Ist das Zauberei und eine Verletzung der Energieerhaltung? Keineswegs. Der einzig wirksame Verlustmechanismus ist ja die Abstrahlung in den Weltraum und das Verschieben von Energie ist vergleichbar mit dem Anschieben von Güterwagen auf einem kreisförmigen Gleis: Solange die Reibungsverluste unsere Antriebsleistung nicht aufzehren, werden die Wagen immer schneller und ihre kinetische Energie nimmt ständig zu. Diese „Strahlungszirkulation“ muss sich wie ein atmosphärisches vertikales Zirkulationsrad aufschaukeln, weil wir die direkte Wärmeabstrahlung von der Erdoberfläche ins All vollständig unterbunden haben. Ausschließlich die Glasscheibe stellt die wirksame Abstrahlungsschicht dar. Sie besitzt eine charakteristische Temperatur T_s. Die Glasscheibe hat allerdings zwei Oberflächen, von denen nur die eine ins All abstrahlen kann, während die andere zur Erde gerichtet ist. Beide Flächen strahlen nach dem T^4-Gesetz ab.

7. Weil die Abstrahlung ins All $I_{GW} = 239\ W\ m^2$ dem T^4-Gesetz folgt, erhalten wir sofort die Temperatur der Scheibe:

$$\boldsymbol{T_s = \sqrt[4]{\frac{239}{5{,}7 \cdot 10^{-8}}}\ K}$$

$$\boldsymbol{= 255\ K}$$

Die Temperatur der Glasscheibe von 255 K (–18 °C) entspricht also der des „nackten“ Felsenmondes.

8. Für die Temperatur der Erdoberfläche sieht es jetzt günstiger aus: Die Abstrahlung von $478\ W/m^2$ bedingt eine Temperatur, die um $\boldsymbol{\sqrt[4]{2} = 1{,}189}$ höher ist. Wir erhalten nun $T_E = 303\ K\ (30\ °C)$. Die Glasplatte bewirkt eine so kräftige Rückstrahlung, so dass die Oberflächentemperatur der Modellerde um 48 °C ansteigt. Unser Modell ergibt damit einen etwas zu kräftigen Treibhauseffekt. In unserer Bilanz wird die Wärmeabgabe der Erdoberfläche ja vollständig von der Atmosphäre (Glasscheibe) absorbiert und danach zur Hälfte von dort wieder zurück gestrahlt. Nur die Atmosphäre strahlt direkt in den Weltraum ab.

Abb. 30: Dieses wundervolle Foto wurde aus dem Shuttle Discovery aufgenommen (1999). Es zeigt in eindrucksvoller Weise, welch dünne Schicht die sichtbare Atmosphäre bildet. Sichtbar ist nur die Troposphäre mit ihrer ausreichenden Partikelkonzentration. Die sehr hohe Atmosphäre bleibt unsichtbar. Die Assoziation an eine wärmende hauchdünne Schutzschicht um die im kalten Weltraum schwebende Erdkugel ist naheliegend und sehr zutreffend.

Fairerweise legen wir an dieser Stelle den Bleistift zur Seite und beenden unsere Modellrechnung. Wenn man nämlich die Literatur studiert, findet man immer wieder „einfache Rechnungen", die sogar richtige Ergebnisse liefern, weil sie im Hinblick auf das Endergebnis frisiert wurden. Wenn wir wollten, könnten auch wir im nächsten Schritt unsere Resultate anpassen, indem wir die Glasscheibe etwas durchlässiger für Wärmeabstrahlung und damit etwas weniger wirksam machen. Das wäre durchaus realistisch, denn die Spurengase in der Atmosphäre sind natürlich nicht 100 % strahlungsundurchlässig. Oder wir könnten mehrere Scheiben hintereinander anordnen, um ein Temperaturprofil der Atmosphäre zu simulieren. Auch das ist nicht dumm. Außerdem könnten wir die Scheiben ein wenig von der einfallenden Sonneneinstrahlung erwärmen lassen. Stimmt genau, so ist das ja auch mit dem Ozon in der hohen Atmosphäre. Ach ja, und dann müssten wir auch noch ganz dringend den Wasserdampf und die Wolken und die Schmutzpartikel in der Luft hinzu nehmen.

Wir erkennen daran, dass eine einigermaßen korrekte Energiebilanz sehr viel mehr Faktoren einschließen muss und schauen uns deshalb jetzt lieber die Resultate genauer Messungen und zuverlässiger Berechnungen an.

Dennoch, lehrreich ist das Modell dieser schwebenden Glasscheibe schon – und zahlenmäßig höchst erstaunlich. Übrigens: Die untere Atmosphäre (Troposphäre) enthält ca. 75 % der Luftmasse und ist mit rund 10 km Höhe im Verhältnis zum Erddurchmesser (12 700 km) nur eine hauchdünne Schutzschicht. Wer als Ersthelfer bei Unfällen gelernt hat, wie ein Verletzter mit einer hauchdünnen, reflektierenden Rettungsfolie vor Auskühlung geschützt werden kann, darf dabei auch an die Erde und ihre wärmende Atmosphäre denken.

DIE ENERGIEBILANZ DER ERDE IM WELTALL (GLOBALE MITTELWERTE)

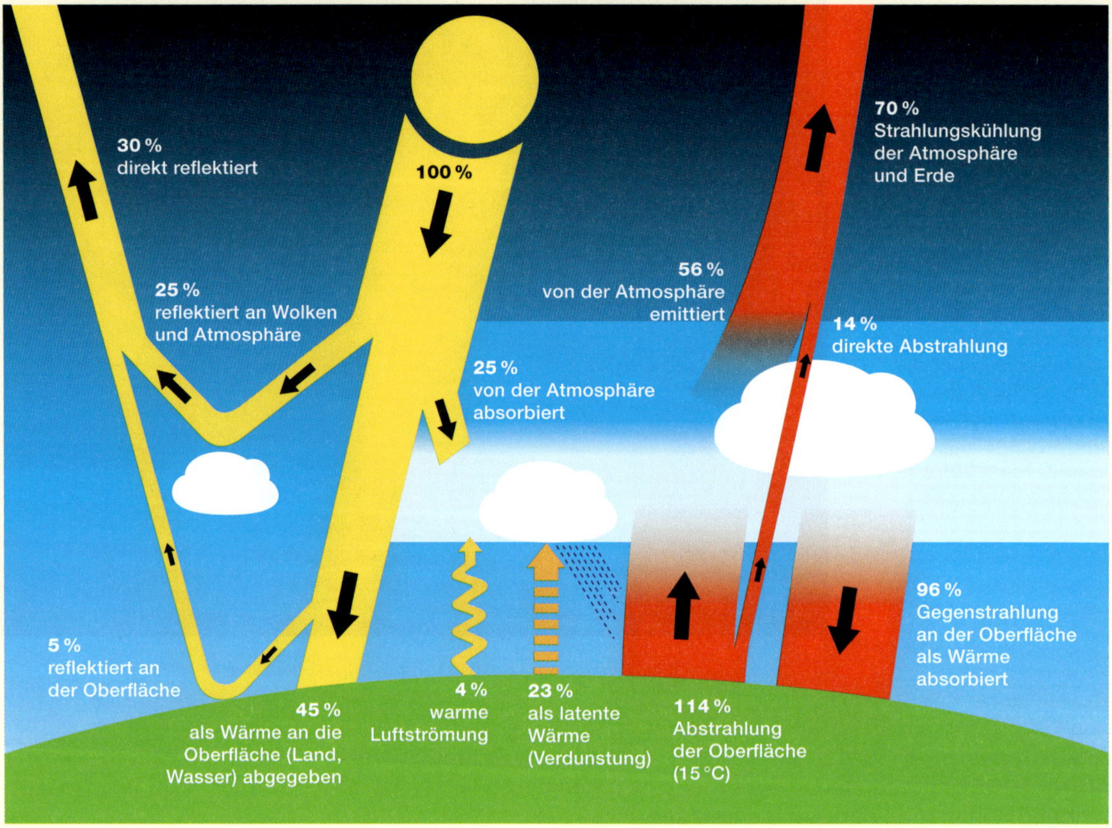

Abb. 31: Die dargestellten Energieströme sind mittlere gegenwärtige Werte auf die mittlere Einstrahlung S_0 bezogen: S_0 = 342 W/m² = 100 %. Die Energieströme ergeben sich aus den langjährigen globalen Messwerten und einem physikalischen Modell der Atmosphäre. Im Vergleich zu anderen Datensätzen ergeben sich geringfügige, nicht entscheidende Abweichungen, die auf die unterschiedlichen Modelle und Mittelungen für die globalen Prozesse zurückzuführen sind.
Alle entscheidenden Größen in der Energiebilanz sind unstrittig (nach Ref. 1, 3, IPCC).

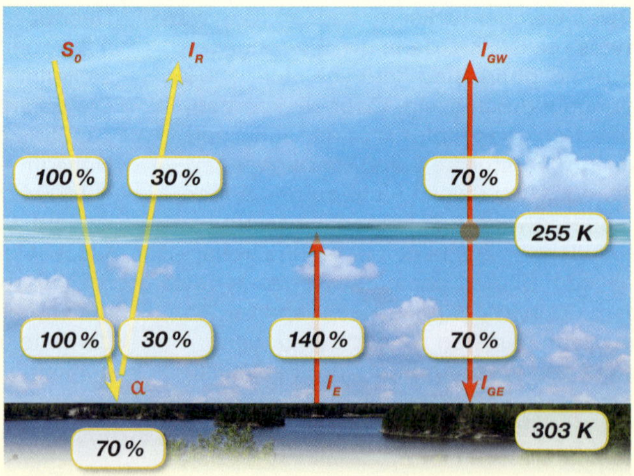

Die Energieströme in dem einfachen Modell der „schwebenden Glasscheibe" (Abb. 29) zum Vergleich.

DIE ATMOSPHÄRISCHE ENERGIEBILANZ – GENAUE WERTE

Wenn wir nach unseren erstaunlichen Berechnungen nun in der Abbildung 31 die tatsächlichen Energieströme betrachten, so sehen wir, dass 30 % der einfallenden Strahlung S_0 direkt reflektiert werden. Das ist genau dieselbe Albedo wie in unserem Modell. Zusätzlich werden 25 % der Einstrahlung bereits direkt in der Atmosphäre absorbiert und erwärmen die Luft über uns. Nur 45 % erwärmen die Erdoberfläche, viel weniger als im Modell. Die Erde gibt ihre Wärme in Form von Wärmeleitung, Konvektion, Verdunstung und Abstrahlung ab – allerdings ebenso wie im Modell fast nur an ihre Atmosphäre. Nur ein sehr geringer Teil der Abstrahlung (14 % von S_0) schafft es, durch die Atmosphäre hindurch direkt ins All zu verschwinden. In diesem Sinn war unsere schwebende Glasscheibe eine zutreffende Vorstellung. Deshalb ist auch die reale Atmosphäre entscheidend für die Abstrahlung ins All. Sie emittiert 56 % von S_0. Die Rückstrahlung zur Erdoberfläche fällt mit 96 % sogar noch intensiver aus. Hier wirkt sich vor allem die Tatsache aus, dass die reale Lufttemperatur mit zunehmender Höhe stark abnimmt, während die Modellglasscheibe nur eine einzige feste Temperatur besaß. Tatsächlich erreichen uns etwa 2/3 der Gegenstrahlung aus einer Höhe unter 100 m. Tiefe Wolken bilden eine besonders gute Wärmedecke. Bemerkenswert ist jedoch, dass die starke reale energetische Zirkulation von 127 % (aufwärts gerichtet) und 96 % abwärts gerichteter Rückstrahlung gar nicht so schlecht von unserem Modell wiedergegeben wurde.

Erst nach einer Berücksichtigung der zahlreichen Einzelprozesse kann man mit Hilfe von aufwändigen Klimamodellrechnungen auch den richtigen Wert für die Temperatur erhalten:

> Die mittlere Oberflächentemperatur der Erde liegt derzeit bei 15 °C (288 K), und der natürliche Treibhauseffekt beträgt demnach 33 K.

In unserem Modell wurde die Gesamtkühlung der Erdoberfläche allein durch die Abstrahlung in eine aufgeheizte Atmosphäre erreicht. Deshalb ergab sich ein Treibhauseffekt von 48 K. Tatsächlich aber wird die Kühlung der Erdoberfläche zu etwa einem Viertel durch Verdunstung, Wärmeleitung und Konvektion bewirkt.

In diesem Kapitel sind wir bisher immer von einem Temperaturwert für die ganze Erde ausgegangen. Das ist nicht unproblematisch, denn heiße Klimazonen strahlen (wegen T^4) viel intensiver als kalte Polargebiete. Deshalb muss man für genauere Berechnungen die orts- und zeitabhängige Strahlungsbilanz (jeweils lokal proportional T^4) für alle Klimazonen getrennt aufstellen. Für eine globale Bilanz darf man nur die erhaltenen Abstrahlungswerte addieren.

Wir beschließen das Kapitel mit einer weitergehenden Erkenntnis. Bisher haben wir den zunehmenden Treibhauseffekt ausschließlich mit einer stärkeren Rückstrahlung innerhalb der Erdatmosphäre erklärt: Die bodennahe Lufttemperatur steigt dabei an, weil die „atmosphärische Wärmedecke“ etwas effektiver wird. Die Abstrahlung ins All sollte sich dabei nicht verändern und genau gleich groß wie die Einstrahlung von der Sonne sein. Wir haben also stillschweigend angenommen, dass die Energiebilanz der Erde gegenüber dem Weltall

TAB. 2: DIE BEITRÄGE DER WICHTIGSTEN SPURENGASE ZUM NATÜRLICHEN TREIBHAUSEFFEKT (33 °C)

Molekül	Konzentration	Effektive Temperaturerhöhung	Relativer Beitrag zum natürl. Treibhauseffekt
H_2O	**2,6 %**	**20 °C**	**60 %**
Sehr stabiles Molekül, auch als Dampf theoretisch unbegrenzt verfügbar. Weil der Dampf im thermischen Gleichgewicht mit flüssigem Wasser steht und nach 10 Tagen wieder ausregnet, ist H_2O ungefährlich. Zusätzlicher Wasserdampf von der durch den Treibhauseffekt erwärmten Erdoberfläche und aus den Meeren verstärkt die Wirkung der anderen Spurengase. Für eine „explosionsartige Selbstverstärkung“ des Wasserdampf-Treibhauseffektes durch Dampfbildung aus den Ozeanen ist die Erde aber viel zu kalt.			
CO_2	**404 ppm = 0,0404 %** (Februar 2016)	**8,6 °C**	**26 %**
Sehr stabiles Molekül, Partner verschiedener Kohlenstoffkreisläufe. Verbleib in der Luft: ca. 10 Jahre in biologischen Kreisläufen, aber sicher weit über 100 Jahre bei der Verbrennung fossiler Energieträger. Man schätzt, dass eine Verdopplung der CO_2-Konzentration zu einer Temperaturerhöhung um mindestens 3 °C führt (Naiv würde man sogar für eine Verdopplung einen Temperaturanstieg um weitere 8,6 °C erwarten).			
O_3	**0,04 ppm**	**2,3 °C**	**7 %**
Hochwirksam, obwohl nur in sehr geringer Konzentration vorhanden. O_3 entsteht aus O_2 unter UV-Einwirkung, vgl. Seite 48.			
N_2O	**0,32 ppm**	**1,3 °C**	**4 %**
„Lachgas“. Es entsteht u. a. bei übermäßiger Stickstoffdüngung und als Nebenprodukt bei Verbrennungsreaktionen. Lebensdauer: 100 Jahre.			
CH_4	**1,8 ppm**	**1 °C**	**3 %**
Methan („Sumpfgas, Erdgas, Faulgas“) entsteht bei vielen biologischen Prozessen, so auch in Reisfeldern und Rindermägen, vgl. S. 155. Hochwirksam, Lebensdauer in der Luft: ca. 12 Jahre.			

DIE ANTHROPOGENEN EMISSIONEN

*Die **anthropogenen Emissionen** bewirken einen Anstieg des Treibhauseffektes. Der resultierende globale Erwärmungstrend beträgt +0,7 °C für den Zeitraum von 1901 bis 2000.*

Dieser Trend über die letzten 100 Jahre beträgt für Deutschland +1 °C.

Zu diesem Temperaturanstieg von 1 °C trugen die anthropogenen Spurengasemissionen wie folgt bei:

CO_2: +0,77 °C; CH_4: +0,14 °C; N_2O: +0,08 °C;

Fluorchlorkohlenwasserstoffe (FCKWs) insgesamt etwa 1 % (= 0,01 °C).
Die CO_2-Emissionen stellen derzeit offensichtlich das größte Problem dar.

zu 100% ausgeglichen sei. Das kann aber nicht exakt richtig sein, weil eine globale Erwärmung auch mit einer erheblichen Energiezufuhr verbunden sein muss.

Satellitendaten und Klimamodelle zeigen nun, dass sich der Strahlungshaushalt der Erde gegenüber dem Weltraum derzeit nicht vollständig im Gleichgewicht befindet. **Die im Mittel eingestrahlte Leistung von 342 W/m² ist um ca. 0,85 W/m² höher als die Abstrahlung der Erde** (J. Hansen et al., SCIENCE 308, p.1431, Juni 2005). Die über das Jahr gemittelte globale Strahlungsbilanz gegenüber dem Weltall ist derzeit nur zu 99,75% ausgeglichen, so dass die Erde etwas mehr Energie aufnimmt als sie abgibt. Deshalb ist die Oberflächentemperatur der Ozeane in den letzten 100 Jahren um ca. 0,7 °C angestiegen und die dadurch bewirkte Ausdehnung des Meerwassers kann von Satelliten aus gemessen werden. Diese Beobachtung ist um so bedeutsamer, weil die gewaltige Wärmekapazität der Ozeane jede globale Temperaturänderung verlangsamt und zu Einstellzeiten von Jahrhunderten oder sogar Jahrtausenden führt, bis sich neue Gleichgewichtswerte einpendeln können. Die große Trägheit des Klimasystems birgt die Gefahr, die nur schleichend ablaufenden gewaltigen Prozesse in ihren langfristigen Auswirkungen zu unterschätzen. Wenn wir das fünfte und sechste Kapitel studieren, sollten wir uns gut daran erinnern.

DIE CO_2-KONZENTRATION DER ATMOSPHÄRE

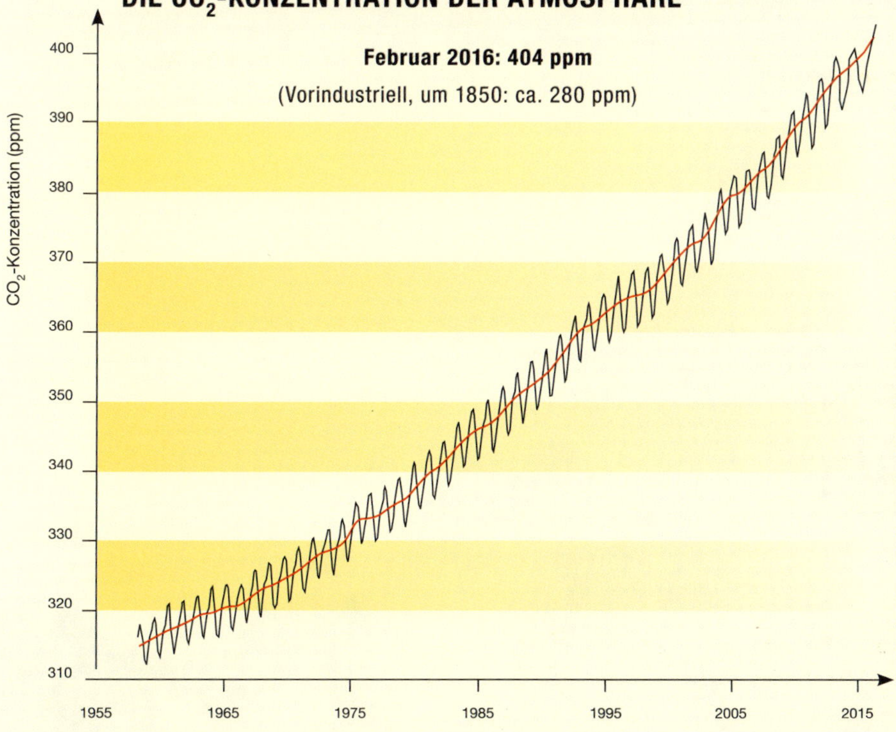

Abb. 32: Der Anstieg der CO_2-Konzentration ist seit 1958 durch genaue Messwerte belegt. Er wird vor allem durch die Verbrennung des fossilen Kohlenstoffs und durch Waldrodungen bewirkt. Man erkennt überlagerte jahreszeitliche Schwankungen, die durch die Vegetation bewirkt werden: Eine deutliche Aufnahme von CO_2 in der Wachstumsperiode und eine CO_2-Abgabe in der Ruhephase. „Die Erde lebt und atmet" – bildlich gesprochen. Dabei dominiert die Vegetation auf der Nordhalbkugel.

(Daten: Mauna Loa, Hawaii, sowie CDIAC – US Carbon Dioxide Information Analysis Center).

DAS KLIMA DER ERDE IM RÜCKBLICK

4

STERNENSTAUB UND DIE HÖLLE AUF ERDEN

Die Erde ist ein sehr junger Himmelskörper. Die Geschichte der Erde beginnt vor 4,56 Milliarden Jahren. Damals lag der Urknall bereits 9,1 Milliarden Jahre zurück. Unvorstellbar viele Sterne hatten ihren vollen Lebenszyklus bereits durchlaufen. In ihnen waren vielfältige Kernreaktionen abgelaufen. Dabei wurden alle Elemente, die ganze Fülle des periodischen Systems, in gewaltigen Mengen produziert. In finalen Explosionen wurden sie ins All hinaus geschleudert. So konnte sich unser Sonnensystem aus den Überresten bereits vergangener Welten bilden und war nicht nur auf die reichlich vorhandenen primären Gase Wasserstoff und Helium angewiesen. Unter dem Einfluss der Gravitation verdichtete sich die weit ausgedehnte, dünne Materiewolke. Sie enthielt neben Wasserstoff und Helium den besonders wertvollen Sternenstaub in Form der chemischen Elemente, dazu viel Eis und uralte Gesteinsbrocken. Überall, wo zufällig viel Masse zusammenkam, sammelte sich immer mehr an. Die Sonne und ihre Planeten sind so entstanden.

Wenn Materie im Weltraum zusammentrifft, wird die Gravitationsenergie beim Aufprall freigesetzt. Weil alle Neuankömmlinge in Form eines gewaltigen Bombardements auf der jungen Erde eintrafen, wurde sie immer heißer und schmolz zeitweilig regelrecht auf. In diesem Zustand sinken die schweren Elemente wie Nickel und Eisen zum Zentrum ab, während die leichteren Elemente aufschwimmen. Aus ihnen bildete sich später die Gesteinshülle.

Die ersten 700 Millionen Jahre der jungen Erde waren so gewalttätig, dass sie als Höllenzeitalter (Hadean) bezeichnet werden. Bei Zusammenstößen mit gewaltigen Brocken wurden sogar mehrfach riesige Stücke aus der Erde heraus geschlagen. Aus diesen Trümmern hat sich anschließend der Mond geformt.

Die erste Atmosphäre der Erde bestand aus den allgegenwärtigen Gasen Wasserstoff und Helium. Außerdem wurde auch in der frühen Periode ständig Eis aus dem Weltall aufgesammelt, aber in der gewaltigen Hitze gingen die Gase und der Wasserdampf wieder verloren.

Erst am Ende der Höllenzeit war unser Sonnensystem durch die Anziehungskräfte der schweren Planeten von den gefährlichen großen Brocken weitgehend gesäubert. Nun kam die junge Erde ein wenig zur Ruhe. Eine dünne Oberflächenschicht kühlte sich ab und verfestigte sich. Unter dieser isolierenden Gesteinsschicht allerdings blieb es höllisch heiß. Nach wie vor ist die feste Kruste dünn und sehr verletzlich. Unter den Ozeanen ist sie an manchen Stellen mit nur 4–7 km Dicke am zartesten. Die Kontinentalplatten sind inzwischen über 100 km dick und deshalb etwas stabiler, aber sie schwimmen noch immer auf dem flüssigen Erdinneren und verändern dabei ständig ihre Position – wie dicke Brotstücke auf einem blubbernden Käsefondue. Mit zunehmender Tiefe steigen die Temperaturen auch heute noch bis auf unglaubliche 5000 Grad an. Dazu trägt neben der Radioaktivität auch die Restwärme aus der heißen Ursprungsphase bei.

Abb. 33: Im Kern ist unsere Erde vermutlich 5000 bis vielleicht 7000 Grad heiß – genauere Werte kennt man noch nicht. Das ist vergleichbar mit der Temperatur der Sonnenoberfläche! Etwa die Hälfte der Erdwärmeenergie stammt noch immer aus der Zeit der Erdentstehung vor 4,6 Milliarden Jahren. Das ist erstaunlich, denn vor 4 Milliarden Jahren war die Erdoberfläche schon kalt genug für die Entstehung des Lebens. Die andere Hälfte der Erdwärme ist vermutlich auf die Radioaktivität natürlicher langlebiger Isotope im Erdinneren zurückzuführen. Obwohl der Erddurchmesser 12 700 km beträgt, ist die starre Lithosphäre, auf der wir leben, nur 30 – 100 km dick. Maßstäblich auf dieser Abbildung wäre das eine 0,3 mm dicke Schale.

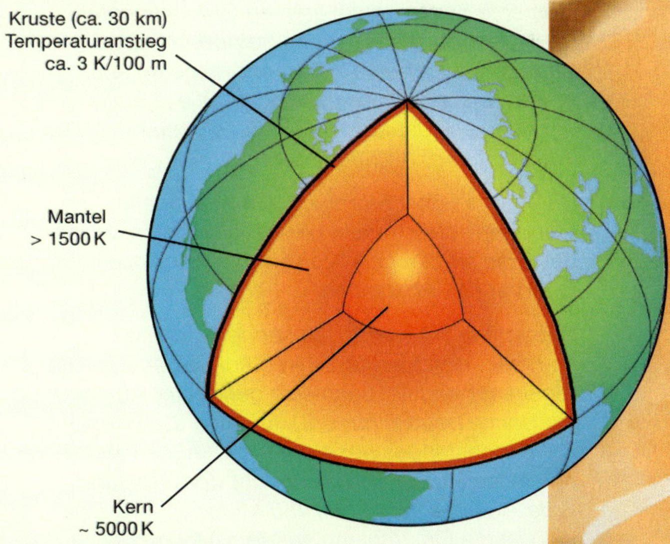

SEHR UNGLEICHE GESCHWISTER

Alle Planeten unseres Sonnensystems sind etwa zur selben Zeit entstanden: vor 4,56 Milliarden Jahren. Nur die vier inneren Planeten, Merkur, Venus, Erde und Mars, haben eine feste Gesteinsoberfläche gebildet, weil sich die schweren Elemente bevorzugt im starken Gravitationsfeld nahe der Sonne zusammen gefunden haben. Dagegen bestehen die äußeren Planeten aus großen Gaszusammenballungen, wie ja auch die Sonne selbst fast nur aus Gas besteht: 74 % Wasserstoff plus 25 % Helium.

Die Sonne liefert Strahlungsenergie an alle Planeten – aber in sehr unterschiedlichem Maße, denn die empfangene Leistung sinkt mit dem Quadrat des Abstandes.

Betrachten wir zuerst den sonnennächsten Planeten, den Merkur. Er wird auf seiner Tagseite regelrecht gegrillt, denn sein geringster Abstand zur Sonne beträgt nur 0,31 AE, also 31 % des Sonnenabstandes unserer Erde (1 AE = 1 Astronomische Einheit und entspricht dem Abstand Erde – Sonne, also etwa 150 Millionen km). Deshalb ist die Einstrahlung auf dem Merkur bis zu neunmal höher als bei uns und seine Oberfläche wird bis zu 460 °C heiß. In diesem Klima kann es kein Leben geben. Auf seiner Nachtseite sinkt die Temperatur genau wie auf dem Mond rapide unter –150 °C, denn der Merkur besitzt keine schützende Atmosphäre.

Ganz anders ist die Situation auf dem weit entfernten Neptun. Dieser Planet am äußeren Rand des Sonnensystems muss sich mit einer sehr schwächlichen Sonneneinstrahlung begnügen. Der Neptun ist 30 AE von der Sonne entfernt. Deshalb ist die solare Einstrahlung dort 900 mal schwächer als bei uns. Während auf der Erde die volle Einstrahlung an einem wolkenlosen Sommertag etwa 1 kW/m² ausmacht, bleibt für den Neptun nur ca. 1 W/m² übrig: Das entspricht einem Taschenlampenbirnchen pro Quadratmeter. Deshalb ist die Wasserstoff- und Heliumatmosphäre des Neptun auch bitter kalt: unter – 200 °C. Die vorbei fliegende Raumsonde Voyager 2 hat gezeigt, dass es in dieser kalten Atmosphäre gewaltige Stürme gibt. Das ist völlig rätselhaft, denn von der überaus schwachen Sonneneinstrahlung kann dieses Klimaphänomen nicht angetrieben werden.

Wenn man vom „gegrillten“ Merkur absieht, könnten drei der Gesteinsplaneten belebt sein. Unser Schwesterplanet Venus ist der Erde sogar recht ähnlich. Venus ist ungefähr so groß wie

die Erde und 0,72 AE von der Sonne entfernt. Die solare Einstrahlung ist deshalb doppelt so intensiv wie bei uns. Weil die Venus eine sehr dichte Atmosphäre hat, die ausgleichend wirken könnte, wäre ein angenehmes Klima möglich. Unter der schützenden Wolkendecke vermutete man früher sogar blühende Landschaften. Inzwischen wird von einer Reise zur Venus abgeraten. Die hohe und dichte Atmosphäre aus 96,5 % CO_2 und 3,5 % N_2 mit einem Bodenluftdruck von 92 bar führt zu einem enormen Treibhauseffekt, der die Oberflächentemperatur bis auf 460 °C steigen lässt. Weil sich dort kein Wasser halten kann, wird das atmosphärische CO_2 auch nicht im Wasser gelöst und als Karbonat im Gestein „klima-unschädlich" gebunden. Statt dessen verbleibt es in der Atmosphäre, und die undurchdringliche, 20 km dicke Wolkendecke besteht nicht etwa aus Wasserdampf, sondern aus Schwefelsäure! Das Klima gleicht also eher der Hölle als einem Garten Eden. Die überhitzte Atmosphäre zerstört jede Lebensform und wurde zahlreichen Weltraumsonden zum Verhängnis. Erst 1970 gelang es, bis zum Venusboden vorzudringen.

Ernüchtert betrachten wir unseren anderen Nachbarn, den Mars. Sein Sonnenabstand beträgt 1,5 AE, die solare Bestrahlung ist deshalb nur noch halb so kräftig wie auf der Erde. Die mittlere Oberflächentemperatur ist mit –50 °C bitter kalt! Schuld daran ist ein sehr kümmerlicher Treibhauseffekt von nur 3 °C, weil seine Atmosphäre mit 0,007 bar sehr dünn ist. Ähnlich wie bei der Venus besteht sie im wesentlichen aus CO_2 (96 %) und N_2 (3 %). Vielleicht war der Mars mit 1/10 Erdmasse nicht schwer genug, um mit seiner Gravitationskraft eine Atmosphäre an sich zu binden, so dass sie von ständigen Meteoriteneinschlägen abgedampft wurde. Obwohl es früher vermutlich Wasser auf dem Mars gegeben hat, konnten mehrere Missionen mit Robotern keine Spuren von gegenwärtigem Wasser oder gar von Leben entdecken. Ohne schützende Lufthülle und ohne Treibhauseffekt erweist sich der Mars inzwischen als erkaltet und lebensfeindlich – wie unser Mond.

Man geht davon aus, dass es auch auf Mars und Venus Zeitfenster gab, die biologische Lebensformen erlaubt hätten, doch könnte die günstige Zeitspanne für die notwendigen Entwicklungsprozesse zu kurz gewesen sein. Heute ist das „vitale Fenster" nur noch auf der Erde offen. Die Erdatmosphäre spielt dabei eine Schlüsselrolle.

WAS EIN PLANET „ZUM LEBEN“ BENÖTIGT

Der Planet
- *muss schwer genug sein, um sein Wasser durch Gravitation festzuhalten*
- *muss warm genug sein, damit das Wasser flüssig bleibt*
- *darf nicht zu heiß werden, damit sein Wasser nicht vollständig verdampft*
- *sollte eine schützende Atmosphäre haben, damit*
  1. *die Moleküle des Wassers nicht durch UV-Strahlung zerlegt werden*
  2. *die Biomoleküle nicht durch intensive Strahlung zerstört werden*
  3. *ein akzeptables Klima mit Regenfällen auch Lebensformen auf dem Land erlaubt*
- *muss einen heißen Kern mit Vulkanismus besitzen, um den Treibhauseffekt und den CO_2-Gehalt der Luft für die Photosynthese zu regulieren*

Sehr nützlich sind außerdem
- *eine angemessen schnelle Rotation, um die Sonnenwärme gleichmäßig zu verteilen*
- *ein Mond, weil er die Rotationsachse stabilisiert*
- *und ein besonders massereicher Nachbarplanet wie der Jupiter, der mit seiner dreihundertfachen Anziehungskraft viele Meteore abfängt, bevor sie verheerende Einschläge verursachen können.*

Die Venus ist der Sonne zu nahe. Ihr Wasser wurde zum Teil zerlegt, wobei der Wasserstoff ins All verloren ging, weil er zu leicht ist. Ohne Verwitterung hat sich das CO_2 in einer überhitzten Atmosphäre angesammelt.

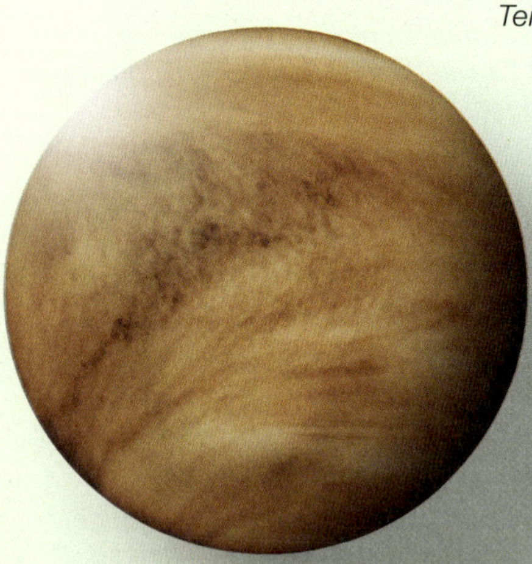

Der Mars ist zu klein. Er hat sich innerlich abgekühlt. Sein Vulkanismus ist erloschen, und Mars hat seinen Kohlenstoff inzwischen komplett als $CaCO_3$ gespeichert. Auf dem Mars ist es ohne Treibhausgas zu kalt geworden.

DIE ERDE HÜLLT SICH IN EINEN DICKEN MANTEL AUS WASSER

Die Gesteinskruste bietet eine hervorragende Wärmeisolation. Deshalb konnte sich bereits vor 3,8 Milliarden Jahren auf der noch hauchdünnen Kruste erstes flüssiges Wasser aus dem Wasserdampf der Atmosphäre ansammeln. Der Wasservorrat der Erde hat sich in der Folgezeit unglaublich vergrößert durch die gewaltigen Mengen an Eis, die im Sonnensystem kreisten und die von den Planeten nun zum wiederholten Male eingesammelt wurden.

Die Erde ist dabei besonders erfolgreich und umgibt sich mit einer gewaltigen, im Mittel circa vier Kilometer dicken flüssigen Wasserschicht, die auch heute noch 71 % ihrer Oberfläche bedeckt. Die besonders dünnen Gesteinsschichten, die das heiße Erdinnere von dem kalten Tiefenwasser der Meere trennen, werden niemals Ruhe finden. Sie sind den größten Temperaturunterschieden ausgesetzt und werden ständig von aufsteigendem Magma angegriffen, denn aus dem Inneren der Erde strömt flüssiges, heißes Gestein nach oben, während gleichzeitig das kältere zäh und langsam wieder absinkt. So ergeben sich umlaufende „Konvektionsströmungen", bei denen enorme Massen bewegt werden. Sie wirken mit gewaltigen Reibungskräften auch auf die Kruste am Meeresboden und auf die Kontinentalplatten. Vor allem an den Schwachstellen der Meeresböden entstanden lange Risse. Dort können sich Tiefsee-Gebirge und Unterwasser-Vulkane bilden. Längs der Risse tritt glutflüssiges Magma aus und verdrängt die Ozeanböden wie eine gewaltige Planierraupe. Seit Jahrmilliarden werden die Meeresböden auf diese Weise an den Rissen erneuert und auseinander gedrückt. An weit entfernen Küstenlinien müssen sie sich zum Ausgleich unter die Kontinentalplatten schieben und verschwinden wieder. Dabei werden sie zusammen mit den Meeressedimenten in die Tiefe gedrückt und aufgeschmolzen. Deshalb ist das Gestein am Meeresboden sehr jung, oft nur wenige Millionen Jahre alt. An keiner Stelle ist es älter als 200 Millionen Jahre.

Die „Plattentektonik" der Kontinente und Ozeane ist auch heute noch unvermindert aktiv und führt immer wieder zu heftigen Erd- und Seebeben. Es ist überaus erstaunlich, dass ausgerechnet diese Tektonik und die Sedimente am Boden der Ozeane dafür sorgen, dass die Konzentration des Treibhausgases CO_2 in unserer Atmosphäre langfristig stabilisiert wird. Wir werden auf diese relativ neue Erkenntnis zurück kommen (S. 92).

Komet C/2001 Q4

DIE „ZWEITE" ATMOSPHÄRE SORGT FÜR EIN WARMES KLIMA

Während der heißen Phase reagierten die meisten Elemente begierig mit Sauerstoff. Deshalb enthielt die sich bildende „zweite" Atmosphäre keinen freien Sauerstoff (O_2), sondern vor allem die Oxide des Kohlenstoffs (CO_2, CO), Wasserdampf (H_2O), Methan (CH_4), Stickstoff (N_2) und Schwefelverbindungen. Freier Wasserstoff (H_2) dagegen ist zu leicht, um von der Gravitation der Erde festgehalten zu werden. Er verschwindet wieder ins All. (Das Gravitationsgesetz erlaubt auch diese Formulierung: Die Erde ist zu leicht, um Wasserstoffgas festhalten zu können – im Gegensatz zur Sonne und zum Jupiter.)

Nach der Höllenphase hätte es auch auf der Erdoberfläche bald deutlich kälter werden müssen, denn die isolierende Gesteinshülle unter dem Wassermantel begrenzt den Wärmestrom aus dem Erdinneren. Obendrein strahlte die Sonne vor 3,8 Milliarden Jahren deutlich schwächer, mit nur etwa 3/4 ihrer heutigen Leuchtkraft.

Wegen der schwachen jungen Sonne hätte sich nun eine vereiste Erdoberfläche bilden müssen, aber die damalige „zweite" Atmosphäre mit sehr viel CO_2 und reichlichem Wasserdampf bewirkte einen wesentlich kräftigeren Treibhauseffekt als die heutige Atmosphäre. So herrschte das Klima einer heißen Waschküche, in der es in Strömen regnete. Auf den völlig nackten Landflächen setzte eine gewaltige Verwitterung ein. Die Niederschläge nahmen dabei ständig auch CO_2 aus der Atmosphäre auf, das sich sofort mit dem Wasser zu Kohlensäure verband. Der „saure Regen" förderte die Zersetzung von Gestein. Aus Kalzium-Silikat-Verbindungen wie $CaSiO_3$ bildete sich $CaCO_3$ (Kalkstein) und SiO_2 (Sand). So senkte der Regen den CO_2-Gehalt der Atmosphäre und transportierte den Kohlenstoff aus der Atmosphäre letztendlich in gewaltige Kalkablagerungen in den Ozeanen.

Damit setzte zum ersten Mal in der Erdgeschichte der Regelmechanismus des anorganischen Kohlenstoffkreislaufs ein, der auf einer sehr langen Zeitskala immer wieder das Klima stabilisieren wird, so dass flüssiges Wasser auf der Erde existieren kann (S. 92).

Gewaltige Mengen von CO_2 sind in Kalkstein gebunden: Die Kreidefelsen von Dover.

DIE PHOTOSYNTHESE ERSCHAFFT DIE „DRITTE" ATMOSPHÄRE

Wir kennen nun schon einige Bedingungen, die für das Klima auf einem belebten Planeten bedeutsam sind – aber zwei Gesichtspunkte fehlen noch gänzlich:

- Woher kommt das Leben selbst?
- Woher kommt der Sauerstoff in der Atmosphäre, den fast alle Lebewesen benötigen?

Die Geschichte des Lebens beginnt vielleicht vor 3,8 Milliarden Jahren in den Tiefen eines Ur-Ozeans mit ungewöhnlichen Mikroorganismen, die von den Ausgasungen und der Wärme unterseeischer Vulkane leben. Der Zeitpunkt ist allerdings sehr unsicher, und wir wissen fast nichts über dieses frühe Leben. Erst viel später, etwa vor 3 Milliarden Jahren, treten in höheren Wasserschichten neuartige Lebensformen auf. Weil sie die Energie des Sonnenlichtes zur Photosynthese einsetzen, wurden sie früher zu den Pflanzen gerechnet und Blaualgen genannt. Auf Grund ihres Zellaufbaus werden sie inzwischen zu den Bakterien gezählt. Ihre Herkunft liegt im Dunklen. Diese Cyanobakterien erweisen sich jedenfalls als sehr vielseitige Mikroorganismen und sind heute noch in 2000 Arten weltweit verbreitet. Sie leben von Wasser, CO_2 und Sonnenlicht und produzieren dabei natürlich vor allem neue Cyanobakterien.

Nur als Nebenprodukt entsteht gasförmiger Sauerstoff (O_2). Der freie Sauerstoff wurde zuerst direkt in chemischen Reaktionen verbraucht, vor allem mit dem reichlich vorhandenen Eisen. Diese Oxidationsreaktionen benötigten etwa 400 Millionen Jahre, um alles verfügbare Eisen verrosten zu lassen. Dabei entstanden riesige Eisenerzsedimente; und aus diesen Vorräten erschmelzen wir heute unseren Stahl. Danach, vor etwa 2,3 Milliarden Jahren, begann sich auch der Sauerstoff ganz langsam in der Atmosphäre anzureichern, denn CO_2 und Sonnenlicht standen den Cyanobakterien nach wie vor reichlich zur Verfügung. Bereits geringe Sauerstoffmengen in der Atmosphäre reichten aus, um auch Ozon (O_3) zu bilden. Ein wichtiger Schutzschirm für empfindliche biologische Moleküle gegen die zerstörerische UV-Strahlung von der Sonne entstand.

Wunderbar, so könnte man hoffen, nun endlich war alles vorbereitet für die großartige Entwicklung des Lebens auf dem Festland: ein warmes, feuchtes Klima in einer schützenden Atmosphäre, die mit ausreichend Sauerstoff und Ozon versehen war. Aber die Entwicklung des höheren Lebens musste sich noch sehr lange gedulden. Statt dessen entwickelte sich für fast 3 Milliarden Jahre – fast gar nichts, außer einem Schleim aus immer mehr Bakterien und einfachen Algen. Drei Viertel der gesamten Erdgeschichte verstreichen, ohne dass das Land besiedelt wird.

Vermutlich beschworen die winzigen Cyanobakterien dabei eine globale Klimakatastrophe herauf, die auch ihre eigene Existenz bedrohte. Zum ersten Mal in der Erdgeschichte erwies sich die Klimabeeinflussung durch eine Lebensform als zu heftig, um von geologischen Prozessen ausgeglichen zu werden.

VEREISUNG UND VULKANISMUS

Die Photosynthese, so könnte man meinen, ist enorm nützlich und eine der großartigsten Entwicklungen der Naturgeschichte. Dennoch kann jeder ungebremst ablaufende Prozess unerwartet schwerwiegende Konsequenzen nach sich ziehen. Die ständig ablaufende Produktion von Biomasse und Sauerstoff mit Hilfe der Photosynthesereaktion benötigt eine entsprechend massenhafte Zufuhr von CO_2:

> **$CO_2 + H_2O$ + Licht $\Rightarrow$ $-CH_2O- + O_2$**
>
> Photosynthese in knapper Merkformel. Dabei steht $-CH_2O-$ als Kurzform für einen elementaren Biomasse-Baustein, z. B.: 1/6 Glukosemolekül $C_6H_{12}O_6$.

Mit Hilfe dieser Reaktion wurden im Laufe der Erdgeschichte wahrhaft gigantische Sauerstoffmengen (O_2) produziert. Auch unser gesamter gegenwärtiger Luftsauerstoff (21 % der Atmosphäre) wurde mit Hilfe der Photosynthese aus CO_2 gewonnen. Quantitativ bedeutet allein diese Menge einen CO_2-Umsatz von $1{,}7 \cdot 10^{15}$ t CO_2, entsprechend 450 000 Gt C. Man muss unbedingt S. 114 zum Vergleich heran ziehen, um die dafür benötigte unvorstellbare Menge an CO_2-Gas überhaupt einordnen zu können. Im Umkehrschluss können wir aus diesen Zusammenhängen folgern, dass es auf der Erde heute noch einen entsprechenden, gewaltigen Vorrat an energiereichen Kohlenstoffverbindungen geben muss.

Allerdings könnte als Konsequenz der wundervollen Photosynthese eine globale Katastrophe über die Erde hereingebrochen sein:

Die allgegenwärtigen Cyanobakterien nahmen bei ihrer massenhaften Vermehrung im Laufe von Jahrmillionen die gesamten CO_2-Vorräte der Atmosphäre und der Ozeane in Anspruch. In Gegensatz zur heutigen Situation gab es damals vermutlich noch kaum Sauerstoff-atmende Lebewesen und deshalb keine nennenswerten Rückreaktionen zur Photosynthese, wie etwa die biologischen Verbrennungsreaktionen. Das Land war noch völlig unbesiedelt und kahl, so dass es dort auch keine Buschfeuer geben konnte. Die möglichen Oxidationsprozesse, etwa von Eisen, erzeugten keinerlei frisches CO_2. Deshalb musste es mehrfach zu einer Verknappung des CO_2 in Wasser und Luft gekommen sein. Parallel griff der freie Sauerstoff das in der Luft vorhandene Methangas an, so dass die beiden atmosphärischen Treibhausgase CO_2 und Methan knapp wurden und die Temperatur zu sinken begann.

Bei fallenden Temperaturen blieben Schnee und Eis im Frühjahr länger liegen. Deren weiße Flächen reflektierten die Sonneneinstrahlung und begünstigten eine weitere klimatische Abkühlung. Die Eis-Albedo-Rückkopplung setzte ein (vgl. S. 144). Das Klima wurde nun von Jahr zu Jahr kälter und kippte in wenigen Jahrhunderten regelrecht um.

Mindestens eine der folgenden Kaltzeiten wird von den Geologen „Snowball Earth“ genannt, denn die Erde wurde weitgehend weiß wie ein Schneeball. Die Photosynthese scheint

Meereis in der Arktis

für Hunderttausende von Jahren nahezu zum Erliegen gekommen zu sein, und vermutlich haben sich lebende Organismen nur in den äquatornahen Regionen der weitgehend überfrorenen Ozeane erhalten können.

Die Erde fiel damit in einen biologischen und fast auch geologischen Winterschlaf. Nicht nur die Photosynthese erstarb, sondern auch die Verwitterung erlosch mangels Regen.

Die Schneeball-Erde könnte Ähnlichkeiten mit einer ganz modernen Beobachtung aufweisen: Vor wenigen Jahren entdeckte die Weltraumsonde Galilei bei ihrem Vorbeiflug am Jupitermond Europa Hinweise auf flüssiges Wasser unter einer dicken Eisdecke.

Vulkane retten das Leben

Als alles Leben und damit auch die Photosynthese unter Schnee und Eis erstarrt war, blieb doch das Erdinnere davon unberührt. Die Vulkane blieben aktiv und emittierten unvermindert CO_2, so dass etwa alle 10 000 Jahre der CO_2-Anteil in der Luft um 250 ppm ansteigen konnte. Weil die zugefrorenen Ozeane kaum noch CO_2 aus der Luft aufnahmen, kletterte der CO_2-Spiegel in der Atmosphäre unvermindert weiter. Nach spätestens 100 000 Jahren musste ein kräftiger Treibhauseffekt eingesetzt haben. Auch wenn sich die Luft bereits erwärmt hat, taut ein dicker Eispanzer nur sehr langsam ab. Erst nachdem große Flächen eisfrei sind, erwärmt die Sonneneinstrahlung die dunkle Erde effektiver, und die Schneeschmelze setzt mit Macht ein. Geologische Zeugnisse für gewaltige Schmelzwasserströme am Ende der Vereisungsphasen findet man in alten Gesteinsformationen auf allen Kontinenten.

Die Erde konnte dank der Vulkane endlich aus ihrem Winterschlaf erwachen – und fiel direkt in ein anderes Extrem: Der sehr hohe CO_2-Gehalt der Atmosphäre sorgte mit seinem Treibhauseffekt in wenigen Jahrzehnten für ein sehr heißes und tropisch-feuchtes Klima. Die zuvor vollständig vereiste Erde war nur etwa 100 000 Jahre später von Pol zu Pol vollständig eisfrei. Für das fast erstorbene Leben bot sich die Chance für einen grandiosen Neuanfang auf unbesiedeltem Terrain.

Die „Snowball-Earth-Episoden“ sind hoch interessant, aber in vielen Details noch immer umstritten. Insbesondere ist unklar, wie vollständig die Vereisung auch die äquatorialen Gebiete erfasst hat. Zu dem Thema gibt es ein sehr verständliches Buch (Ref. 14) und einen ausführlichen Internet-Auftritt (www.snowballearth.org).

DER ANORGANISCH-GEOLOGISCHE KOHLENSTOFFKREISLAUF

Wenn wir den „Geologischen Thermostat" verstehen wollen, müssen wir die chemischen Kreisläufe des Kohlenstoffs betrachten. Kohlenstoffverbindungen sind

- *entscheidende Bausteine für das Leben,*
- *Energieträger in Form von Kohle, Öl und Gas*
- *Mineralbildner in der Erdkruste*
- *in Form von CO_2 und Methan (CH_4) Treibhausgase in der Atmosphäre.*

Weil der vierwertige Kohlenstoff so vielfältige chemische Verbindungen eingeht, nimmt er auch an sehr unterschiedlichen Kohlenstoff-Kreisläufen auf der Erde teil.

1. *Der Kohlenstoffkreislauf des Lebens und Sterbens umfasst die Biochemie der Gegenwart: die Photosynthese und den Aufbau lebendiger Materie sowie Atmung, Absterben und Verrotten. Seine Zeitskala entspricht der Uhr des Lebens: Minuten, Tage oder viele Jahre – aber keinesfalls Jahrtausende oder gar Jahrmillionen. Diese sehr langen Zeiträume werden im nächsten Kreislauf erfasst.*

2. *Der Kohlenstoff der fossilen Brennstoffe stammt aus abgestorbenen Pflanzen und Kleinlebewesen, die sich vor langer Zeit unter Luftabschluss zu Kohle, Erdgas und Öl wandelten. Zeitskala: 10 – 300 Millionen Jahre.*

3. *Mit Abstand am meisten Kohlenstoff ist im Gestein gebunden. Der so genannte anorganische Langzeit-Kreislauf wird vor allem von geologischen Prozessen angetrieben, nämlich von der Verwitterung, der Plattentektonik und vom Vulkanismus. Zusätzlich können Kalk bildende Meereslebewesen beteiligt sein. Seine Zeitskala beträgt viele Jahrtausende bis Hunderte von Jahrmillionen.*

Dieser Kreislauf beginnt mit dem CO_2 in der Atmosphäre. Im Regen löst sich gasförmiges CO_2 zu Kohlensäure H_2CO_3. Auf diese Weise wird das CO_2 der Atmosphäre allmählich ausgewaschen. Die auch im Trinksprudel vorliegende Kohlensäure ist nur eine schwache Säure, kann aber im Laufe von Jahrhunderten Silikatgestein anlösen und ins Meer transportieren. Dort wird Kalziumkarbonat gebildet. Bei den Karbonatbildungsprozessen können zusätzlich auch Plankton und Kalkschalen bildende Meerestiere beteiligt sein. Dadurch werden letztendlich gewaltige Kalksteinablagerungen ($CaCO_3$) auf dem Grund der Ozeane erzeugt. Sichtbare Beispiele sind die Kreidefelsen von Dover oder Rügen, die durch geologische Hebungen wieder ans Tageslicht kamen.

Die geologischen Karbonatlager könnten so in wenigen Millionen Jahren das gesamte CO_2 aus der Erdatmosphäre vollständig aufnehmen. Der Treibhauseffekt würde schwächer, und die Erde müsste vereisen. Allerdings werden die Meeresböden von unterseeischen Vulkanen aufgebrochen und ständig unter die Festlandsplatten gedrückt (s. Abb. 11, S. 36). Dabei werden auch die Kalksedimente in tiefere und entsprechend heißere Schichten verfrachtet. Dort zerfällt das $CaCO_3$ wieder und CO_2 wird frei. Das Gas wird von den Vulkanen wieder in die Atmosphäre geblasen. Dieser Gasstrom beträgt derzeit etwa 0,2 Gt CO_2/Jahr.

Das mag uns zuerst als ein recht langsamer Prozess scheinen, aber Geologen sind sehr geduldige Menschen, die in Jahrmillionen denken. Aus ihrer Sicht ist das ein sehr schneller Vorgang, denn der gegenwärtige Vulkanismus- und Verwitterungszyklus benötigt nicht mehr als kurze 15 000 Jahre, um das gesamte derzeitige CO_2 der Atmosphäre (3100 Gt CO_2) umzusetzen.

Es ist eine relativ neue Erkenntnis, dass die Erdatmosphäre mit Hilfe dieses Kreislaufs über einen leistungsfähigen Thermostat für das Klima verfügt:

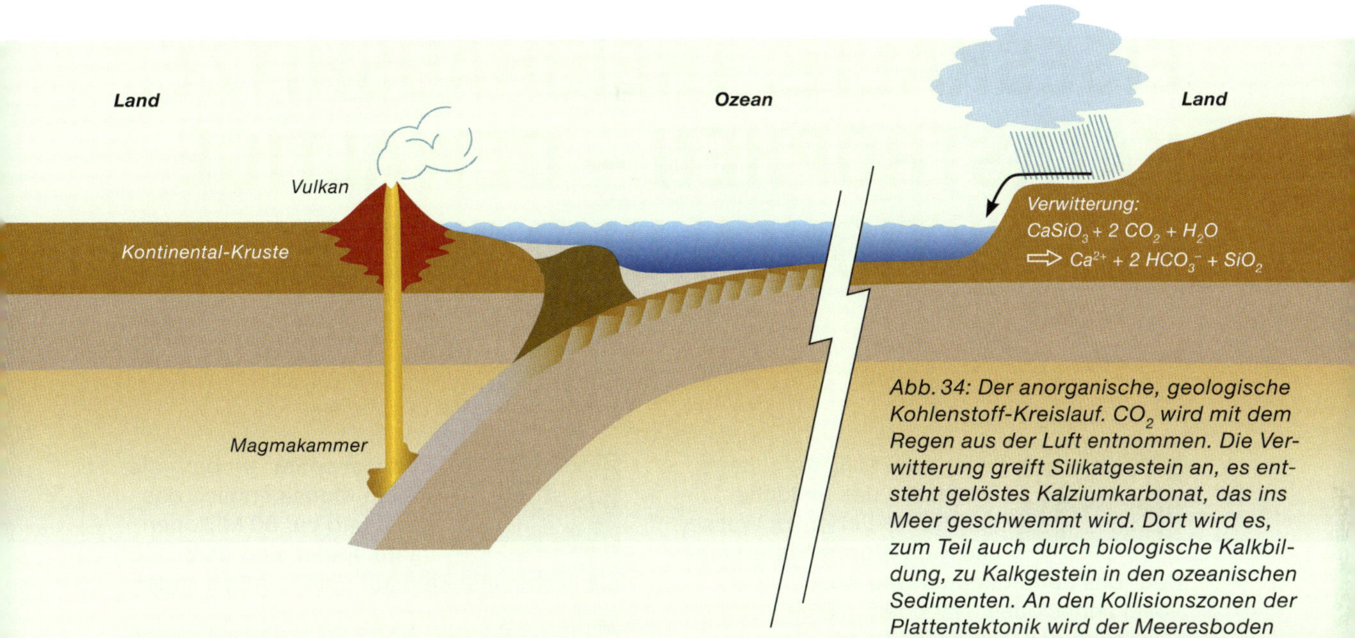

Abb. 34: Der anorganische, geologische Kohlenstoff-Kreislauf. CO_2 wird mit dem Regen aus der Luft entnommen. Die Verwitterung greift Silikatgestein an, es entsteht gelöstes Kalziumkarbonat, das ins Meer geschwemmt wird. Dort wird es, zum Teil auch durch biologische Kalkbildung, zu Kalkgestein in den ozeanischen Sedimenten. An den Kollisionszonen der Plattentektonik wird der Meeresboden unter die Kontinentalkruste gedrückt. In der Tiefe wird das Karbonat durch die zunehmende Hitze zerstört und das CO_2 gelangt durch den Vulkanismus wieder in die Atmosphäre (nach Ref. 10).

Steigt die Temperatur der Atmosphäre an, so ergibt das

- mehr Niederschläge und eine höhere Verwitterungsrate,
- ein verstärktes Auswaschen des CO_2 aus der Luft und damit
- einen reduzierten Treibhauseffekt, also
- sinkende Temperaturen.

Wenn aber die Temperatur deutlich fällt, so sinkt die Verdunstung und weniger Regenwasser steht für die Verwitterung zur Verfügung. Der CO_2-Gehalt der Atmosphäre stagniert zuerst. Unverändert dagegen bleibt die Aktivität der Vulkane, weil sie von der Wärme aus dem Erdinneren angetrieben werden. Sie greift kontinuierlich die Sedimente an und erhöht den CO_2-Gehalt der Atmosphäre langsam: Jedes Jahr steigt er um 0,2 Gt CO_2. Auch wenn das wenig erscheinen mag, so würden sich doch bereits nach 100 000 Jahren erstaunliche 20 000 Gt CO_2 angesammelt haben. Das entspräche 2500 ppm CO_2 in der Luft, ausreichend für einen kräftigen Treibhauseffekt.

Unverzichtbar für unsere Klimastabilisierung sind häufige Niederschläge für die „Luftwäsche" und die anschließende Verwitterung. Eine zu kleine Erde würde innerlich auskühlen, so dass der aktive Vulkanismus erlischt, wie auf dem Mars. Ohne Kohlenstoff in der Atmosphäre verschwindet der Treibhauseffekt und es wird zu kalt.

Auf der Venus ist der Vulkanismus zwar aktiv, aber dort ist das Wasser verloren gegangen. Ohne Niederschläge hat sich der gesamte Kohlenstoff als CO_2 in der Atmosphäre angesammelt, und der Treibhauseffekt ist unmäßig angewachsen.

Allerdings ist der geologische Kohlenstoffkreislauf viel zu langsam, um das drängende Problem der CO_2-Emissionen aus unserer Nutzung der fossilen Brennstoffe kurzfristig auszuregeln. Deshalb steigt die Menge des CO_2 in der Atmosphäre derzeit jährlich um ca. 16 Gt CO_2 an (entsprechend 2 ppm CO_2).

EISESKÄLTE, TREIBHAUSHITZE, KATASTROPHEN – GEWALTIGE EXTINKTIONEN UND NEUES LEBEN

542 – 488 MIO JAHRE

Über zwei Milliarden Jahre lang hatte das einfache, „primitive" Leben im Wasser alle Katastrophen überstanden. Das Land dagegen war noch immer völlig unbesiedelt. Nachdem die gewaltige Vereisung der „Schneeball-Erde-Periode" endlich abgetaut war, schlug das Klima vollständig um. Forschungsergebnisse lassen auf Temperaturen von bis zu +50 °C schließen. Aus einem unbekannten Grund kam diesmal alles ganz anders. Urplötzlich, in nur wenigen Millionen Jahren, explodierte das Leben im warmen Wasser geradezu. Zahlreiche neue einfache Tierarten entwickelten sich und zum ersten Mal bildeten einige Lebewesen sogar Augen aus. Der Beginn dieser Epoche wird „Kambrische Explosion" genannt. Im Kambrium wird der Höhepunkt der biologischen Kreativität innerhalb der gesamten Erdgeschichte erreicht. Diese glorreiche Epoche dauerte rund 70 Millionen Jahre. Nie wieder entstanden so viele neue Arten in so kurzer Zeit. Doch bevor sich endlich auch die Landpflanzen entwickeln konnten, brach schon wieder ein kaltes Klima mit einer Vereisungskatastrophe herein. Über die Hälfte der vielfältigen neuen Meeresbewohner überlebte das nicht und das Land blieb nach wie vor öde (Ref. 13 bietet eine anschauliche „Reportage").

440 – 390 MIO JAHRE

Erst viel später erobern die ersten Moose endlich das Land und ca. 50 Millionen Jahre später sind dann auch die ersten Insekten auf dem Land zu finden.

Solange das CO_2 reichlich vorhanden war, entwickelte sich in der wiederum feuchtwarmen Atmosphäre eine gewaltig wuchernde Pflanzenwelt. Absterbende Pflanzen bildeten mächtige Moorschichten, die später unter Luftabschluss zu Kohle wurden. Damit beginnt ein zweiter Prozess, der der Atmosphäre das CO_2 langfristig entzieht. Jetzt wird der Kohlenstoff nicht nur in Kalkstein gebunden, sondern zuerst als Biomasse und später als Kohle für Hunderte von Millionen Jahren verwahrt.

250 – 200 MIO JAHRE

Vor ca. 251 Millionen Jahren ereignete sich schon wieder ein fürchterliches Massensterben, dem 95 % der Arten im Meer und 75 % aller Arten auf dem Lande zum Opfer fielen. Eine eindeutige Ursache für diese Bio-Katastrophe ist nicht bekannt. Vielleicht war auch diesmal ein Klimawechsel daran beteiligt. Jedenfalls ergab sich im Anschluss wiederum ein besonders heißes Klima – das so genannte „Super-Treibhaus" des Trias.

Aus den Sauriern entwickeln sich in der Folge auch die Vögel.

Jetzt endlich betreten die mächtigsten Tiere aller Zeiten die Bühne der Erde: die Saurier. Mit über 1000 Arten erobern sie Land, Luft und Wasser. Die kleinsten sind klein wie Hunde, die größten der Giganten werden bis zu 45 Meter lang. Sie entwickeln sich für unglaubliche 160 Millionen Jahre zu den unbestrittenen Herrschern der Erde.

Die Welt der Saurier ist uns durch Fossilienfunde recht zuverlässig bekannt und inzwischen auch durch Spielfilme sehr nahe gebracht. Tatsächlich gibt es keinen zwingenden Grund, warum es nicht auch heute noch Saurier auf der Erde geben könnte. Schließlich lebt derzeit auf mehreren Kontinenten noch eine zahlreiche Verwandtschaft dieser Echsen, wie beispielsweise die Krokodile.

65
MIO JAHRE

Über das Ende der riesigen Echsen ist viel geforscht und spekuliert worden. Dabei dürfen wir nicht vergessen, dass alle für die Detektivarbeit nützlichen Indizien zwangsläufig uralt sind. In der einen geologischen Schicht findet man noch die entsprechenden Fossilien, in der nächst jüngeren Sedimentschicht fehlen sie. Die Zeitspanne dazwischen kann mehr als 10 000

Das Zeitalter der großen Echsen	
225 – 65 Mio Jahre vor heute:	160 Mio Jahre lang beherrschten die Saurier die Erde
Wie vergleichsweise kurz ist die gesamte Menschheitsgeschichte dagegen:	
4 Mio Jahre vor heute:	die ersten Menschenartigen (Hominiden) erscheinen in Afrika
0,04 Mio Jahre vor heute: (40 000 Jahre vor heute)	die Steinzeit beginnt
0,004 Mio Jahre vor heute: (4 000 Jahre vor heute)	in Ägypten werden Pyramiden gebaut

Jahre betragen. Das ist nur kurz im Vergleich zu 65 Millionen Jahren, aber doch viel zu lang, wenn man entscheiden will, ob die Dinos allmählich oder plötzlich ausstarben. Deshalb kann das Ende der Saurier prinzipiell nicht präzise festgelegt werden. Dennoch wird ihnen mit Vorliebe ein plötzlicher Tod in einer Bio-Katastrophe zugeschrieben – das ist viel aufregender und einprägsamer.

Sicher ist allerdings, dass sich nach jeder Katastrophe neue Lebensformen erfolgreich etabliert haben. Neue Arten eroberten die verwaisten Lebensräume und besetzten ihre Nischen. Das große Sauriersterben bot den Säugetieren weiten Raum für ihre Entwicklung und Ausbreitung.

Erfreulicherweise bleibt der Erde danach ein weiteres großes Massensterben erspart. Wir nähern uns nun ganz langsam der modernen Erde. Auch die nunmehr „vierte" Atmosphäre hat sich allmählich der gegenwärtigen Zusammensetzung angenähert.

Obwohl wir nun keine weitere Bio-Katastrophe mehr verzeichnen müssen, so führt doch ein langsamer, anhaltender Wandel zu sehr tief greifenden Folgen für die Lebensbedingungen und das Klima auf der Erde. Die Lage der Kontinente hat sich ständig verändert. Die Antarktis hat sich allmählich von Australien getrennt und danach ihren kalten Standort am Südpol erreicht. Ihr Klima ist nun nicht mehr tropisch oder subtropisch, sondern kühlt sich rapide ab. Auch das globale Klima wird dadurch beeinflusst, seit 30 Millionen Jahren wird es kühler und zunehmend labiler, unbeständiger. Wir treten ein in eine Zeit zahlreicher rätselhafter und überraschend heftiger Klimaschwankungen in Form von Kalt- und Warmzeiten.

DER TOD DER SAURIER

Ein großer Meteor könnte zweifellos den (hypothetischen) plötzlichen Tod der Saurier bewirkt haben, denn ein solches astronomisches Ereignis setzt unvorstellbare Energien frei. Glücklicherweise sind diese Ereignisse heute unwahrscheinlicher geworden, weil die meisten großen Brocken aus dem Bereich der inneren Planeten bereits in der Frühzeit der Erde eingefangen wurden. Wenn allerdings ein aus dem All kommender großer Meteor von vielleicht 10 km Durchmesser nicht von der Sonne oder vom Jupiter abgefangen wird, sondern es bis zur Erde schafft, dann wird seine gesamte Gravitationsenergie ebenfalls in kinetische Energie (1/2 mv^2) umgesetzt. Bereits die Erdanziehung bewirkt, dass jeder aus dem All auftreffende Körper eine Auftreffgeschwindigkeit von mindestens 11 km/s erreicht (Zur Erinnerung: So schnell müsste auch eine Kanonenkugel ins All abgeschossen werden, damit sie der Erdanziehung entkommen kann). Dazu kann sich die erhebliche Eigengeschwindigkeit der Meteore addieren. Die hohen Geschwindigkeiten und die Masse führen zu einer Energie, die mehreren Milliarden Hiroshima-Atombomben entspricht. Kommt es tatsächlich zum Einschlag, sind die primäre Druckwelle und die Hitze im Umkreis von vielen hundert Kilometern tödlich. Noch viel schlimmer sind die Konsequenzen für das Klima, denn große Mengen feinsten Staubs werden bis in die Stratosphäre geschleudert. Dort bilden sie einen Dunstschleier, der die Sonne verdunkelt. In dieser Höhe gibt es keinerlei Regen, und der Staub wird deshalb nicht nach einigen Tagen wieder absinken (Im Gegensatz dazu werden die Rauchpartikel auch

bei großen Feuersbrünsten immer wieder vom Wetter ausgewaschen. Traurige Beispiele dafür sind die verheerenden Brandrodungen der Tropenwälder). Nur gewaltige Vulkanausbrüche könnten ebenfalls stratosphärische Partikel und Aerosole produzieren und damit das Klima für einige Jahre abkühlen. Wenn eine weitgehende Dunkelheit einen ganzen Sommer lang anhält, blockiert sie die Photosynthese und senkt die Temperatur.

Auf diese Weise kann eine große Klimakrise auf der gesamten Erde zum Absterben der Pflanzen und des Planktons im Meer führen. Zuerst verhungern die Pflanzenfresser, und danach haben auch die Fleischfresser keine Überlebensmöglichkeit. So könnte es den Sauriern vor 65 Millionen Jahren vielleicht ergangen sein. Es gibt immerhin Hinweise auf einen großen Meteor-Einschlagkrater bei Mexiko und auf Iridium-Ablagerungen in einer dazu passenden Sedimentabfolge im Meer. Das Iridium wird dem Meteor zugeschrieben. Beim Einschlag wäre es abgedampft und hätte sich verteilt.

Große Extinktionen können jedenfalls nicht durch ein lokales Ereignis bewirkt werden, sondern nur durch eine global wirksame biologische Krise. Ob die Konsequenzen der Krise vor 65 Millionen Jahren schlagartig oder allmählich wirksam wurden, und ob es nur eine einzige Ursache wie einen Meteoreinschlag gab, das alles muss offen bleiben. Auch eine globale Seuche durch einen tödlichen Virus wäre heute kaum noch nachweisbar.

WANDERNDE KONTINENTE UND GROSSE ÜBERFLUTUNGEN

An dieser Stelle möchten wir auf den ungewöhnlich vielseitigen Meteorologen und Polarforscher Alfred Wegener hinweisen (Ein Blick in die Wikipedia zeigt sein vielfältiges Schaffen). Als er sich mit der Geologie und den Fossilien in Südamerika und Afrika beschäftigte, fielen ihm große Ähnlichkeiten zwischen den Kontinenten auf. Außerdem erkannte er, dass die Küstenlinien auf beiden Seiten des Südatlantiks erstaunlich gut zusammenpassten, obwohl sie inzwischen 5000 km weit voneinander entfernt sind. Er folgerte, dass Amerika und Afrika Bruchstücke eines ehemals zusammenhängenden Kontinents bilden. Im Jahr 1912 stellte er zum ersten Mal der staunenden Fachwelt die Theorie der Kontinentalverschiebung vor und erntete nur ungläubige Reaktionen auf seine Annahme, dass die mächtigen Kontinente zerbrochen sein sollten, um dann in jedem Jahr einige Zentimeter über die Erdoberfläche zu wandern. Das war zunächst völlig unvorstellbar. Schließlich mussten sie zuvor bereits seit Hunderten von Millionen Jahren zu viele Kilometer dickem, festem Gestein erstarrt gewesen sein. Auch noch zehn Jahre später wird Wegener als geologischer Außenseiter auf Konferenzen verspottet und heftig angegriffen, weil er nicht erklären konnte, welche Triebkräfte diesen ungeheuerlichen Effekt bewirken. Die Konvektionsströme im Erdinneren waren damals noch unbekannt. Heute dagegen gilt Wegeners Theorie der Plattentektonik als geniale Erkenntnis und unverzichtbar für das Verständnis der Entwicklung der Erde und des Klimas. Über den durch die Tektonik ermöglichten geologischen Klima-Thermostat haben wir bereits auf S. 92 gesprochen.

Im Folgenden diskutieren wir die Lage der Kontinente. Sie haben sich im Laufe der Erdgeschichte tatsächlich so gewaltig bewegt und verändert, dass wir nur einige Phasen in aller Kürze darstellen können. Dazu gehen wir noch einmal zurück in die frühe Saurierzeit und starten dort direkt beim Superkontinent Pangäa. Es lohnt sich, eine eindrucksvolle Präsentation der Kontinentalverschiebungen im Internet zu betrachten: www.scotese.com.

225 MIO JAHRE

Besonders bemerkenswert war die Landkarte der Erde in der Trias vor 225 Millionen Jahren. Alle Kontinente, die zwischenzeitlich durchaus weit getrennte Positionen inne gehabt hatten, hatten sich zu einem globalen Rendez-vous zusammengefunden. Sie bildeten einen zusammenhängenden Superkontinent, Pangäa (Ganzerde) genannt, der sich relativ nahe am Äquator aufhielt und schon deshalb ein besonders warmes Klima haben musste. Pangäas Landflächen lagen dabei deutlich niedriger als heute – oder, was prinzipiell nicht unterscheidbar ist, der Meeresspiegel war damals höher. Man geht von einem Meeresspiegel aus, der unglaubliche 300 m höher als heute lag, so dass etwa die Hälfte der Landflächen von Pangäa überflutet war. Natürlich konnte sich damals die gesamte Wassermenge nicht einfach drastisch vermehrt haben. Selbst wenn alles Festlandeis

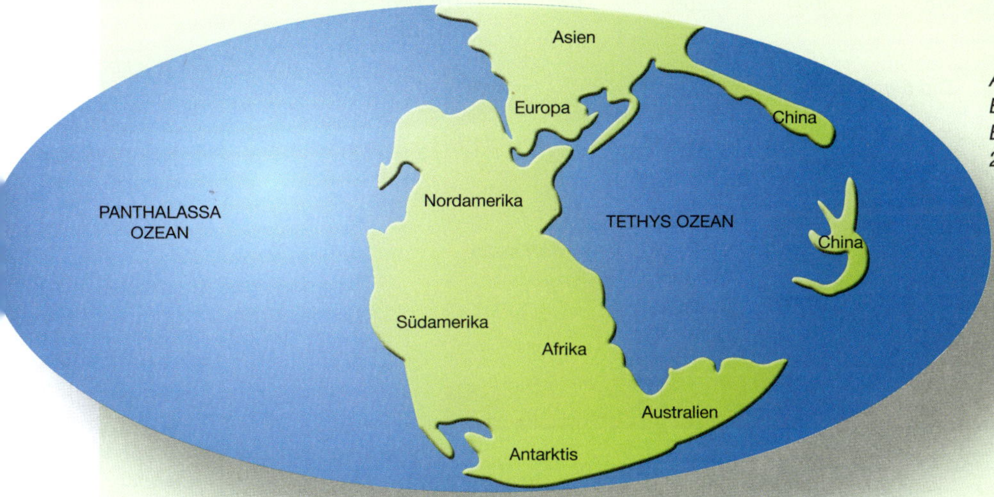

Abb. 35a:
Beginn der Trias –
Beginn der Saurierzeit:
225 Mio Jahre

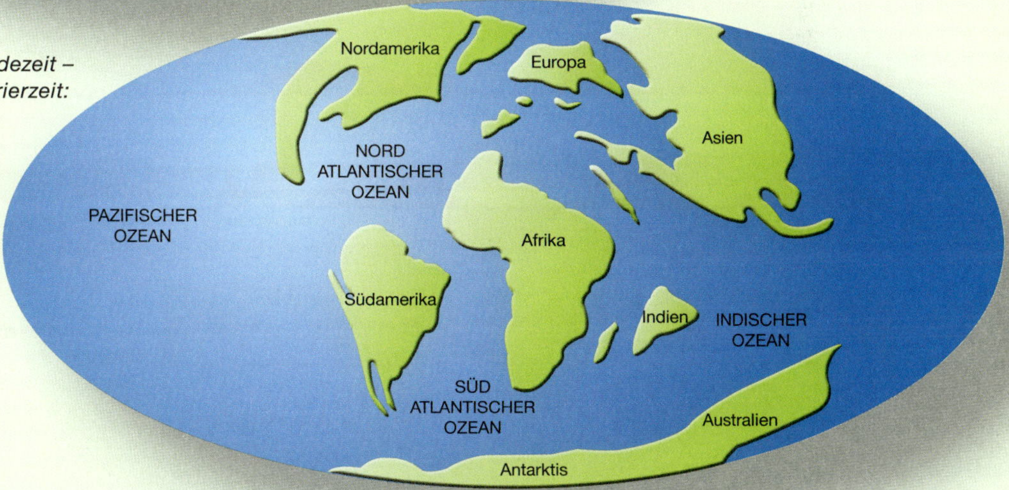

Abb. 35b:
Ende der Kreidezeit –
Ende der Saurierzeit:
65 Mio Jahre

Abb. 35c:
Heute. Eine Darstellung
der tektonischen Platten
befindet sich auf Seite 36.

(Nach Ref. 10)

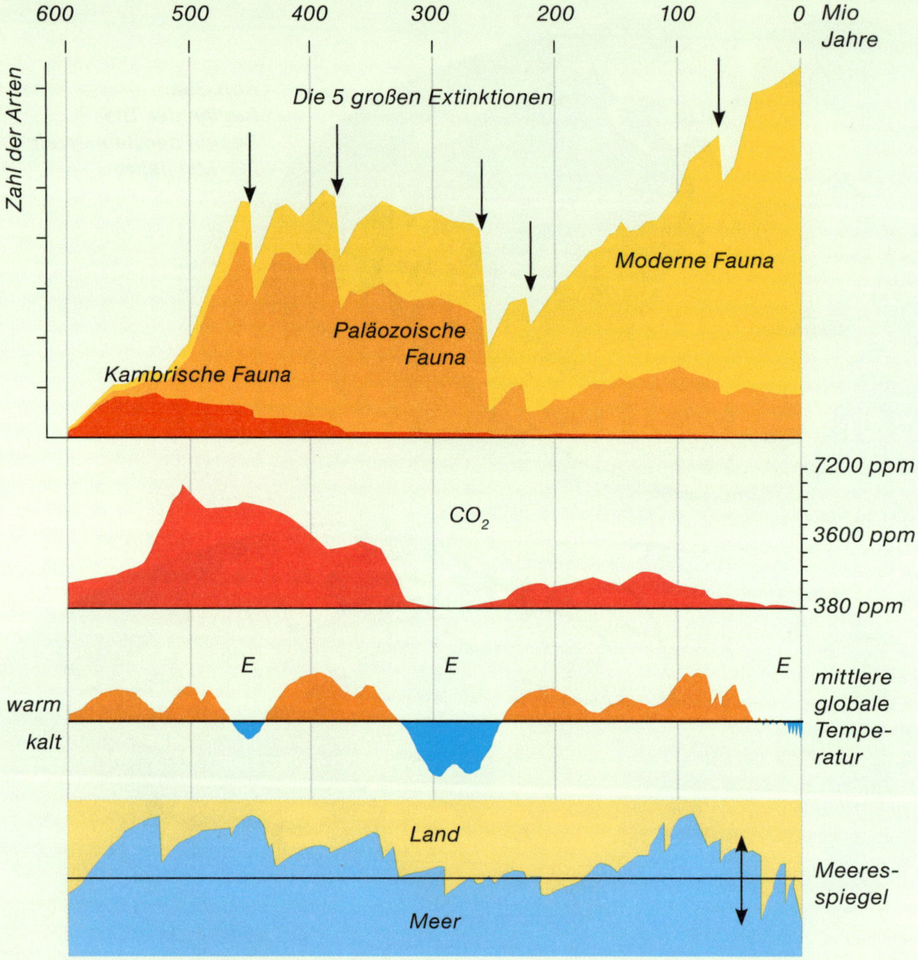

Abb. 36: Ein Rückblick

a: Artenreichtum und Biokatastrophen

b: Der CO_2-Spiegel der Atmosphäre. Im Maximum werden Werte erreicht, die 20-mal höher sind als gegenwärtig.

c: Die Temperatur zeigt große Variationen. Das vorherrschende eisfreie Warmklima wird von Eiszeitaltern (E) unterbrochen.

d: Der Meeresspiegel verändert sich stark und liegt im Maximum 300 m höher als heute.

geschmolzen ist, so kann das im Vergleich zum gegenwärtigen Niveau maximal etwa 65 m Anstieg ausmachen. Stattdessen werden gewaltige Aufwölbungen von großen vulkanischen unterseeischen Bergrücken vermutet. Über die ständigen Angriffe des Magmas auf die relativ dünnen Meeresböden sind wir ja schon informiert. So sank das Fassungsvermögen der Ozeane und führte zu weit ausgedehnten Überschwemmungen. In diesen warmen Flachmeeren wuchsen gewaltige Korallenbänke, deren Überreste heute an vielen Stellen, nunmehr auf dem Festland, gefunden werden. Das Klima muss damals feucht und schwül-warm gewesen sein – ein globales Treibhaus. Sogar der tiefe Ozean war mit bis zu 15 °C badewannen-warm, wie man an den Meeresfossilien ablesen kann. Das sauerstoffarme warme Wasser der Saurierzeit hat die Bildung von Erdöl und Erdgas aus absinkenden organischen Resten stark gefördert. Wegen der hohen Wassertemperaturen war auch nur halb so viel CO_2 wie heute im Wasser löslich, so dass sich relativ viel CO_2 in der Atmosphäre befand. Heute dagegen sind die tiefen Ozeane mit Temperaturen von 1 – 2 °C sehr kalt.

100 MIO JAHRE

Vor 100 Millionen Jahren, noch immer in der Saurierzeit, waren die Kontinentalplatten schon wieder weit auseinander gedriftet. Wie zuvor waren sie in weiten Teilen von Flachmeeren bedeckt. Zwischen den beiden Amerikas sowie Afrika, Europa und den anderen Platten hatten sich breite Gräben gebildet. Eine kräftige warme Meeresströmung konnte rings um den Globus auf der Höhe des Äquators strömen. Sie wurde angetrieben von den Passatwinden, die damals nach demselben Muster wie heute wehten und die auch in Ewigkeit so weiter wehen werden. Die Antarktis hatte sich gemeinsam mit Australien zum Südpol aufgemacht. Indien war mit bis zu 20 cm pro Jahr unterwegs auf einer 5000 km langen Reise nach Norden. Damit hält Indien den Allzeit-Geschwindigkeitsrekord unter den Kontinenten! Die Meere waren immer noch sehr warm und das Klima unverändert tropisch. Die Saurier waren überall vertreten und hatten noch eine glanzvolle Zukunft von weiteren 35 Millionen Jahren vor sich.

65 MIO JAHRE

Das Ende der Riesenechsen kam vor 65 Millionen Jahren, aber das warme Klima blieb der Erde weiter erhalten. Die Antarktis bildete noch immer mit Australien einen gemeinsamen Kontinent mit tropischem oder subtropischem Klima.

55 MIO JAHRE

Vor 55 Millionen Jahren war es sogar in hohen Lagen ausgesprochen warm. Die Antarktis war mit Sicherheit eisfrei, begann sich aber von Australien zu lösen.

50 MIO JAHRE

Erst vor etwa 50 Millionen Jahren wurde es besonders in den Polregionen langsam kälter. Die Antarktis war am Südpol angekommen und wurde immer weiter von Eis bedeckt. Ähnliches galt auch für die nördlichsten Landmassen. Wo immer Schnee lag, änderte sich die Albedo und eine weitere Abkühlung wurde wahrscheinlicher. Die hohe Verdunstung über den warmen Ozeanen betätigte sich in den polnahen Regionen als effektive „Schneekanone“ und sorgte für reichliche Niederschläge. Immer wenn Schnee und Eis im Frühjahr abtauten, strömte das kalte Schmelzwasser in die Meere. In den Polargebieten sank zunehmend kaltes, salzhaltiges Wasser in die Tiefe.

35 MIO JAHRE

Vor 35 Millionen Jahren hatte sich das Bild bereits deutlich gewandelt. In der Antarktis erschienen erste Gletscher und wuchsen bis zum Meer. Seit 30 Millionen Jahren entwickelte sich hier das Kühlhaus der Erde mit mittleren Temperaturen von derzeit −33 °C. Das Tiefenwasser der Ozeane kühlte sich rapide ab. Die indische Platte hatte Asien erreicht und der gewalttätigste Zusammenstoß der modernen Erdgeschichte nahm seinen Lauf. Dadurch wurde auch die zirkumäquatoriale Meeresströmung praktisch blockiert. Noch heute schiebt sich Indien mit unverminderter Geschwindigkeit tief in und unter die asiatische Platte – was regelmäßig zu gewaltigen Erdbeben vom Iran bis nach China führt. Letztendlich wird dabei der Himalaya mit solcher Macht aufgefaltet, dass er ohne den Einfluss der Verwitterung auf weit über 10 km Höhe angewachsen wäre. Das tibetanische Plateau, das „Dach der Welt“, entsteht und erreicht eine Höhelage zwischen 4500 und 5500 m. In dieser Höhe ist die

Atmosphäre immer sehr kalt. Niederschläge fallen dort oft als Schnee und die einsetzende Vergletscherung verändert das Klima.

> In vieler Hinsicht entwickelte sich deshalb seit 50 Millionen Jahren langsam eine ganz neu konfigurierte Erdoberfläche, eine „neue Welt".

Die neu aufgefalteten Bergrücken wie die Alpen, Rocky Mountains, Anden und der Himalaya beeinflussten die Luftströmungen. Außerdem verstärkten sie die Verwitterung und banden dabei viel CO_2. Der Meeresspiegel sank und die trockene Landfläche wuchs fast auf das doppelte. Landflächen erwärmen sich schneller und kühlen sich auch schneller ab als Wasserflächen.

> Dadurch sowie durch die wechselnde Bedeckung des Landes mit reflektierendem Schnee und Eis wird die klimatische Variabilität wesentlich vergrößert.

Ein Beispiel aus unserer Gegenwart veranschaulicht die ausgleichende Wirkung von großen Wasserflächen: An der Nordseeküste betragen die Unterschiede der Wassertemperatur zwischen Sommer und Winter nur ca. 15 °C. Dagegen erreichen die jahreszeitlichen Schwankungen der Lufttemperatur im Festlandklima leicht das drei- bis vierfache.

25 MIO JAHRE

Vor 25 Mio Jahren stellte sich eine stabile Strömung rund um die Antarktis ein, die zur verstärkten Bildung von kaltem Tiefenwasser führte. Das kalte Wasser war nun in der Lage, viel größere Mengen an CO_2 aufzunehmen. Daraus ergab sich ein anhaltender Verstärkungseffekt in Richtung eines kälteren Klimas, denn die CO_2-Konzentration in der Luft sank rapide.

6 MIO JAHRE

Bereits vor 6 Millionen Jahren waren die Eismassen der Antarktis so stark angewachsen, dass der Meeresspiegel zum ersten Mal ganz drastisch absank. Die Strasse von Gibraltar fiel völlig trocken. Das Mittelmeer wurde zuerst zum reinen Binnenmeer und trocknete für eine Weile völlig aus. Eine dicke Salzschicht in der Tiefe zeugt heute noch von einer Zeit, in der man zu Fuß von Afrika nach Italien gelangen konnte.

5 MIO JAHRE

Erst vor 5 Millionen Jahren schloss sich der Isthmus von Panama zu einer festen Landverbindung zwischen Nord- und Südamerika. Dadurch wurde die äquatoriale Meeresströmung vom Atlantik in den Pazifik unterbrochen und der Golfstrom in seine heutige Richtung umgelenkt. Sein nördlicher Zweig brachte nunmehr vermehrt Wärme und Niederschläge nach Westeuropa.

3 MIO JAHRE

Wer jetzt glaubt, dank des Golfstroms wäre ein konstant wärmeres Klima in Nordeuropa angebrochen, hat natürlich nicht aufgepasst. Denn nun brechen immer wieder lang anhaltende periodische Vereisungen über Nordeuropa herein. Das warme Wasser führt dabei zu besonders kräftigen Niederschlägen, die in der kalten Luft als Schnee fallen und die Vereisungen und Vergletscherungen beschleunigen. Der ständige Wechsel von Kalt- und Warmzeiten setzt sich bis in unsere Gegenwart fort.

VON DER WÄRME IN DIE RÄTSELHAFTEN VEREISUNGEN

Wir sind auf einem sehr rätselhaften Weg in unsere Gegenwart. Seit 50 Millionen Jahren wird das Klima kälter, geht dabei aber durch große Schwankungen, deren Ursachen die Forscher auch heute noch vor Probleme stellen. Die nächsten Seiten sind diesen Fragen gewidmet, weil sie auch für die Diskussion der Gegenwart von Bedeutung sind.

Zunächst rufen wir uns in Erinnerung:

300 MIO JAHRE

Die Steinkohleflöze sind in der langen Warmzeit des Karbon entstanden.

250 MIO JAHRE

Nach einer kühleren Periode im Perm folgte ab 250 Mio Jahren das Super-Treibhaus der Trias. Die gesamte „Saurierzeit" (Trias, Jura, Kreidezeit, 250 – 65 Millionen Jahre) blieb ausgesprochen nass und warm, ganz ohne Gletscher. In der Kreidezeit bildeten sich große Erdöllagerstätten.

55 MIO JAHRE

Eine letzte globale Hitzewelle folgte vor 55 Millionen Jahren. In dieser Periode wuchsen sogar in Nordsibirien noch Palmen, in Europa betrugen die Wintertemperaturen um die 20 °C. Die Erde war zum letzten Mal bis in die Höhen der Berggipfel völlig eisfrei.

In der nun folgenden Zeit zeigte das Erdklima eine deutliche Tendenz zur Abkühlung. Die Palmengrenze zog sich ganz allmählich vom Nordmeer in Richtung Mittelmeer zurück. In beiden Polregionen, ganz besonders in der Antarktis, kam es wieder zu Vereisungen.
Je näher wir der Gegenwart kommen, desto deutlicher und klarer werden die Zeugnisse von großen Klimaschwankungen. In Nordeuropa stößt das Eis über Skandinavien bis über die Elbe vor, und parallel schieben sich die Alpengletscher weit herunter ins Vorland.

3 MIO JAHRE

Seit 3 Millionen Jahren pendelt das Klima heftig hin und her. Wir sind in dem modernen Eiszeitalter, unserer Gegenwart, angekommen. Große Eisvorstöße und Warmzeiten wechseln sich regelmäßig ab, und seit über zwei Millionen Jahren hat sich ein rätselhafter Rhythmus von rund 90 000 Jahren Eis und 10 000 Jahren Wärme eingestellt – bis in unsere Gegenwart, bis heute.

ABB. 37: EIN ÜBERBLICK ÜBER DIE GLOBALEN KLIMAÄNDERUNGEN SEIT DEM KAMBRIUM

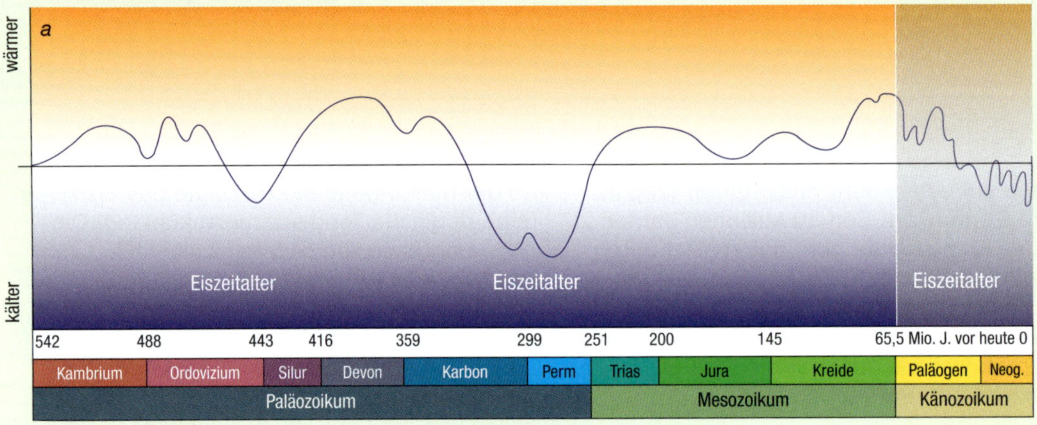

Der letzte Abkühlungstrend hat vor ca. 50 Millionen Jahren eingesetzt. In den folgenden Grafiken nähern wir uns der Gegenwart. Dabei wird die Auflösung der Daten immer besser. Die Namen der geologischen Zeitalter sind zur Orientierung genannt. Zeitskala: Millionen Jahre vor heute.

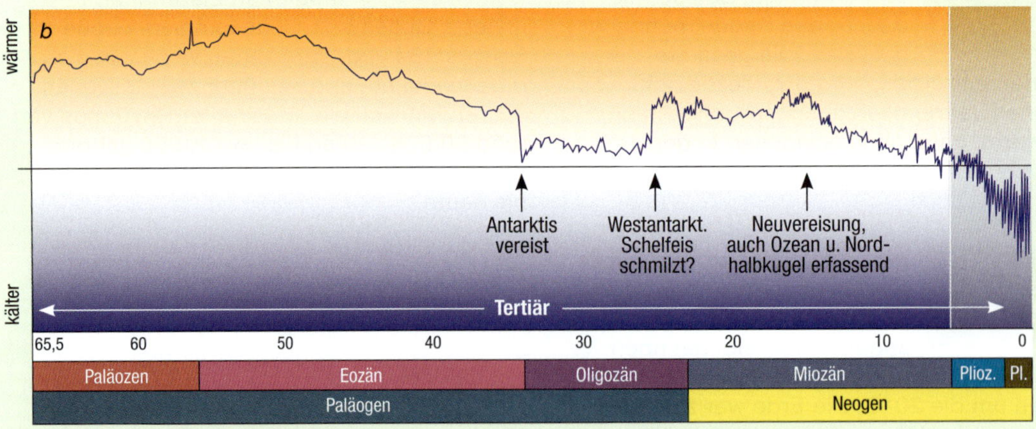

Die zunehmende Labilität des Klimas in den letzten 3 Millionen Jahren wird auf den Diagrammen der nächsten Seite verdeutlicht. Noch sind die Ursachen nicht in allen Einzelheiten geklärt.
Zeitskala: Millionen Jahre vor heute.

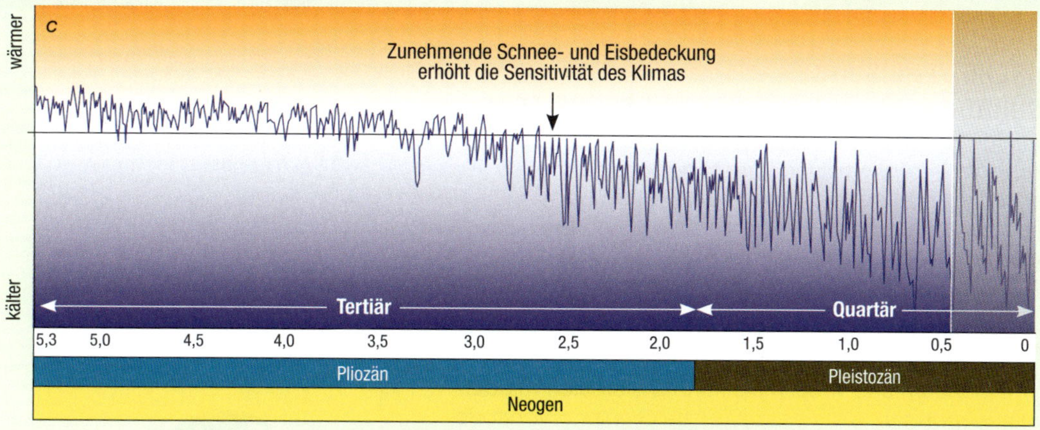

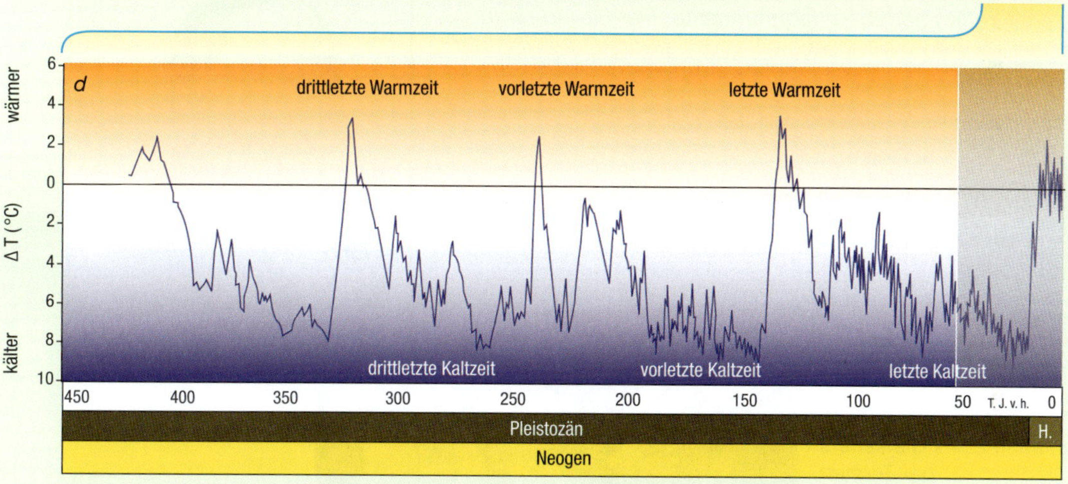

Zeitskala jetzt in Tausend Jahren vor heute. Wir erkennen das Holozän, unsere Gegenwart.

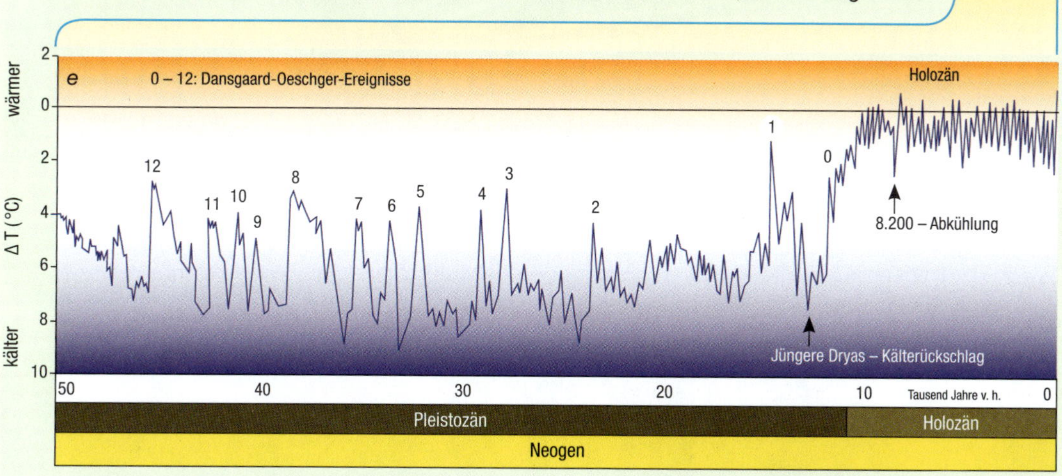

(Grafiken nach Bubenzer und Radtke in Ref. 4)

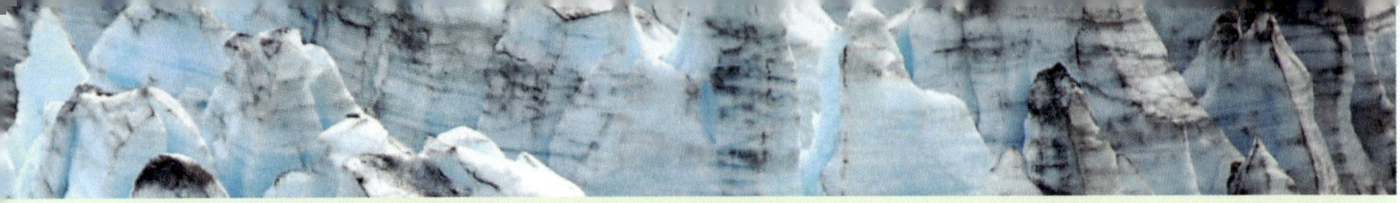

PERIODISCHE VEREISUNGEN – DIE ABSURDE SPEKULATION EINES AUSSENSEITERS

Die These von mehreren großen Vereisungen in der nahen Vergangenheit vertrat als erster der Schweizer Louis Agassiz im Jahr 1837, der unter anderem die Findlinge, Endmoränen und Felsabschürfungen richtig deutete. Er wurde verlacht und verhöhnt. Periodische große Eiszeiten in Nordeuropa waren eine unvorstellbare und absurde Spekulation. Das war verständlich, denn eine so tiefgreifende Klimaänderung in der vertrauten Heimat läuft jeder menschlichen Erfahrung zuwider. Außerdem gab es weder in der Bibel noch sonst irgendwo menschliche Überlieferungen von einer großen „Eiszeit".

Nur äußerst mühsam und widerwillig konnte man sich mit der Vorstellung anfreunden, dass es zahlreiche Gletschervorstöße bis in unsere Breiten gegeben haben musste. Der Grund für ihr Auftreten blieb hundert Jahre lang ein großes Rätsel. Inzwischen sind einige Puzzlesteine für die Lösung entdeckt.

Zwei entscheidende Fragen sind vor allem zu klären:

1. *Warum stieg und fiel die Temperatur immer wieder so stark*
2. *Warum traten die letzten „Vereisungen" so regelmäßig und langanhaltend in einem hunderttausendjährigen Rhythmus auf?*

Seitenmoräne eines Gletschers bei Zermatt

DIE ERDBAHN UND DAS RÄTSEL DES RHYTHMUS

Wir alle sind vertraut mit dem Rhythmus der jahreszeitlichen Schwankungen. Für ein halbes Jahr erhält die Nordhalbkugel mehr Wärme, in der anderen Hälfte des Jahres wird die Südhalbkugel bevorzugt. Wieso aber sollten die Sommer in Nordeuropa regelmäßig für viele Tausende von Jahren ausfallen? Was steckt hinter dem rätselhaften Rhythmus innerhalb unseres Eiszeitalters?

Es gibt keine Hinweise darauf, dass die Wärmeproduktion der Sonne im Rhythmus von 100 000 Jahren geschwankt haben könnte. Zwar hat die Abstrahlung der Sonne seit ihrer Entstehung ganz allmählich um 30 % zugenommen. Die Ursache dafür liegt im Brennstoffumsatz in ihrem Inneren und ihrem ganz langsamen Aufblähen. Weil dies ein langsamer und gleichmäßiger Prozess ist, strahlt sie in dem vergleichsweise kurzen Zeitraum von einer Million Jahren mit nahezu konstanter Leistung. Bis zum Jahr 1924 standen die Klimaforscher deshalb dem Rätsel des Vereisungsrhythmus völlig ratlos gegenüber.

Ein astronomischer Herzschrittmacher

Einen Durchbruch erzielte der Mathematiker Milankovitch mit einer astronomischen Berechnung.

- Er wies darauf hin, dass die Umlaufbahn der Erde um die Sonne nicht konstant kreisförmig ist, sondern auf Grund der Anziehungskräfte der anderen Planeten mit Perioden

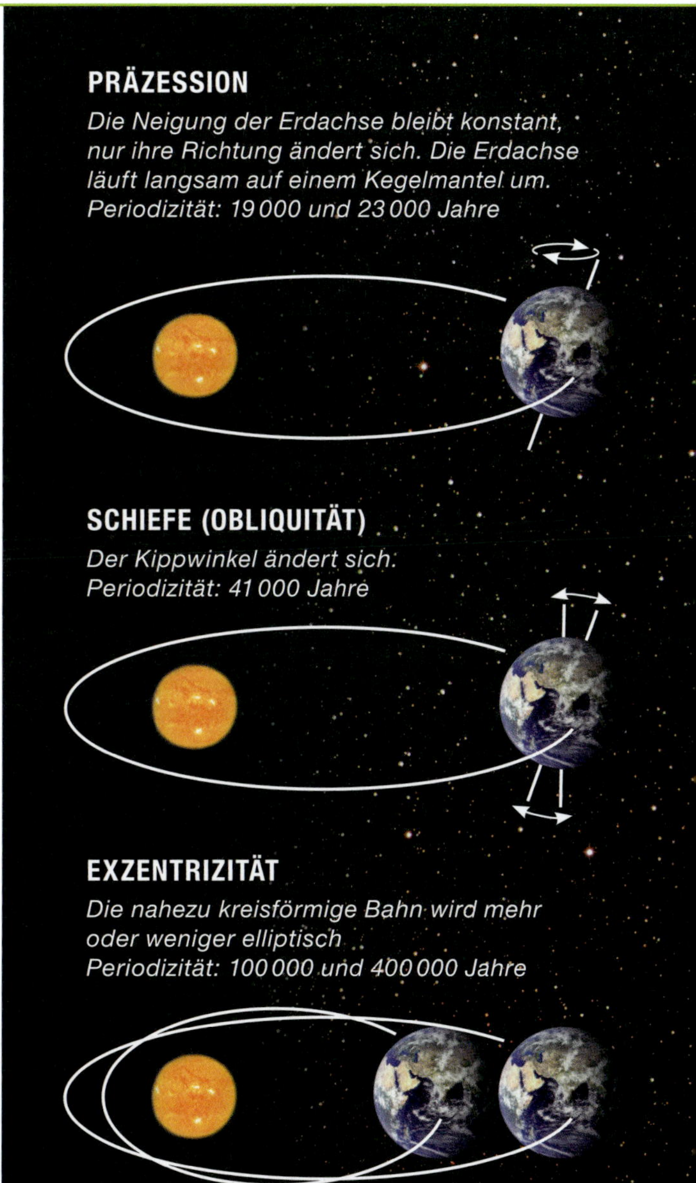

Abb. 38
(nach Ref. 4)

von 100 000 und 400 000 Jahren zwischen geringfügig elliptischen Bahnen hin und her wechselt.

- Allerdings bleiben die Abweichungen immer sehr gering, so dass die gesamte jährliche Einstrahlung auf die Erde nur um 0,3 % variiert.

Zudem gibt es zwei weitere astronomische Effekte, die analog zu dem jahreszeitlichen Sommer/Winter-Effekt wirken:

- Die Neigung der Rotationsachse der Erde schwankt zwischen 22° und 25°. Derzeit beträgt sie 23,4°. Periodizität: 41 000 Jahre.

- Die Erdachse „präzediert", so dass weitere Perioden von 19 000 und 23 000 Jahren auftreten.

Die beiden letzten Effekte verändern nur die Verteilung der eingestrahlten Energie auf die unterschiedlichen Breitengrade geringfügig und führen beispielsweise zu etwas wärmeren Wintern und kälteren Sommern auf einer Halbkugel. Die Gesamteinstrahlung auf die Erdkugel wird dadurch nicht verändert.

In der wikipedia findet man dazu hilfreiche Animationen.

- Selbst durch das gemeinsame Zusammenwirken aller Erdbahneinflüsse ergibt sich kein kräftiger Effekt. Allerdings ist die geringe Variation der Sonneneinstrahlung auf der Nordhalbkugel (für 65° nördl. Breite) mit den Messdaten über Warm- und Kaltzeiten der letzten zwei Millionen Jahre deutlich korreliert.

Damit hatte Milankovitch einen periodischen Auslöser (Trigger) gefunden – aber nicht mehr, denn die Variation der Einstrahlung um 0,3 % kann nicht primär in der Lage sein, eine weitgehende Vereisung zu bewirken. Außerdem galten dieselben astronomischen Bedingungen schon immer, beispielsweise auch zu den Zeiten der Saurier. Dennoch kam es damals für 200 Jahrmillionen überhaupt nicht zu diesen großen Vereisungen.

Warum wurde dieser „Schrittmacher" erst in den letzten 3 Millionen Jahren so ausgesprochen wirkungsvoll?

Nun, darüber haben wir gerade gesprochen. Man geht heute davon aus, dass die Ursache in der Lage der Kontinente zu suchen ist.

> Große Landmassen in Polnähe auf der Nordhalbkugel und vor allem die mächtige Antarktis am Südpol zeigen ein ganz anderes klimatisches Verhalten als der Großkontinent Pangäa in Äquatorlage (vor 225 Millionen Jahren), denn Schnee kann nur auf kalten Landflächen liegen bleiben, nicht aber auf offenen Wasserflächen.

Aber noch ein weiteres Rätsel bleibt zu lösen. Die Eiszeiten sind durch ein kälteres Klima auf der gesamten Erde gekennzeichnet. Nicht allein die Nordhälfte ist betroffen. Die Spuren der Vereisung finden sich gleichzeitig auch auf der Südhalbkugel, wo ein entgegen gesetzter Einstrahlungsrhythmus wirkt.

Warum wirkt eine nördliche Abkühlung auch im Süden abkühlend?

DAS KLIMAARCHIV IM EIS

Schon bei den sehr weit zurück liegenden Kaltzeiten wurde ein CO_2-Mangel als wichtigster Grund vermutet. Bei den jüngsten Kaltzeiten sind wir nun in einer wesentlich besseren Situation, denn aus den winzigen Gasbläschen in den Eisbohrkernen aus Grönland und der Antarktis kann man die Zusammensetzung der Luft der letzten 600 000 Jahre zuverlässig rekonstruieren. Die Resultate sind eine wahre Sensation, wie Abb. 40 zeigt.

Man erkennt, dass der CO_2-Anteil in der Luft in den letzten 600 000 Jahren genau wie der Temperaturgang des Klimas geschwankt hat: zwischen 280 ppm (Warmzeit) und 180 ppm (Kaltzeit).

- Kaltes Klima ist demnach durch einen CO_2-Mangel in der Luft gekennzeichnet.
- In Warmzeiten dagegen liegen überall hohe CO_2-und CH_4-Konzentrationen vor.

Weil sich das CO_2 und CH_4 mit den Luftströmungen sehr schnell innerhalb der gesamten Erdatmosphäre verteilen, kann man wegen des veränderten Treibhauseffektes auch einen globalen Klimawandel gut verstehen, obwohl die Messungen jeweils nur lokal erfolgen können.

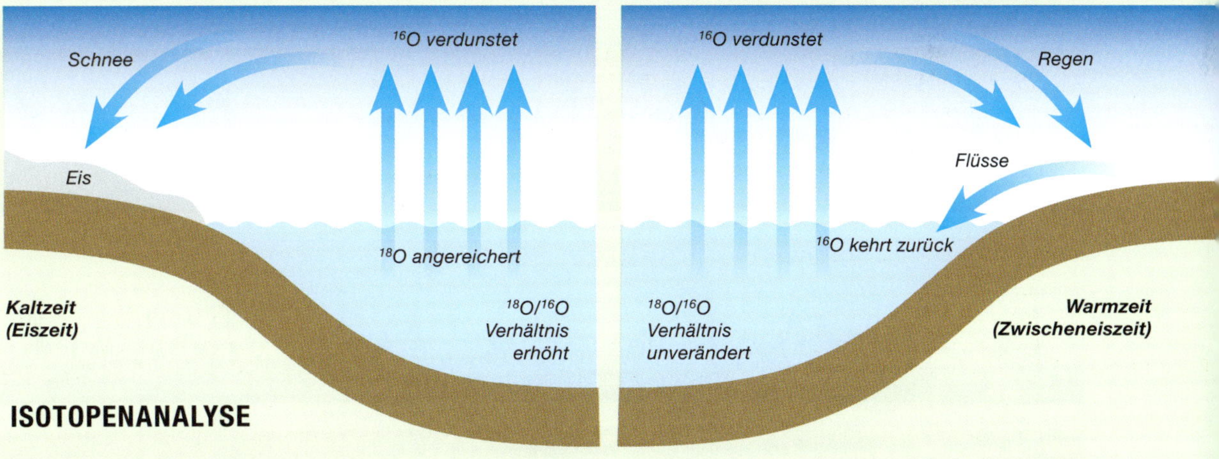

Abb. 39: Von den Sauerstoff-Isotopen ist ^{16}O am leichtesten. Deshalb verdunsten Wassermoleküle, die ^{16}O enthalten, leichter als Wassermoleküle aus ^{18}O. In Warmzeiten verändert sich das Verhältnis von $^{18}O/^{16}O$ im Meer nicht, denn die Flüsse führen das ^{16}O mit dem Wasser wieder dem Ozean zu. In Kaltzeiten wird dagegen neues Landeis an ^{16}O angereichert. Deshalb ist das Ozeanwasser geringfügig reicher an ^{18}O. Dieses veränderte Verhältnis findet man auch in den Kalkschalen der Meerestiere und damit auch in den Kalksedimenten. Die Isotopenanalyse ist ein wichtiges und vielfältiges Werkzeug der Geologie und Paläoklimatologie. Das Beispiel zeigt, wie man aus Sedimentabfolgen auf Warm- und Kaltzeiten schließen kann (nach Ref. 10).

EISBOHRUNGEN – DIE PERFEKTEN KLIMAARCHIVE

Abb. 40: Weit im Landesinneren der Antarktis und in Grönland liegen die Bohrstationen der Klimaforscher auf den dicksten Stellen des ewigen Eises. An manchen Stationen arbeiten 20 Personen das ganze Jahr über bei Temperaturen von –80 °C bis –40 °C. Das über 4000 m dicke Eis der Antarktis ist das älteste Klimaarchiv. Es hat die Geschichte von Niederschlag, Temperatur und Zusammensetzung der immer sehr kalten Atmosphäre konserviert. Das älteste, tiefste und bisher unerreichte Eis dürfte ca. 1 Million Jahre alt sein.

Die Bohrtechnik hat Ähnlichkeit mit einer Erdölbohrung, wobei der Bohrturm wegen der Kälte ringsum geschlossen ist. Die Eisbohrkerne von jeweils 3 m Länge und 15 cm Durchmesser werden mit Hilfe eines Hohlbohrers an einem mehrere tausend Meter langen Bohrgestänge gewonnen. Das Bohrloch wird natürlich nicht wie beim Erdöl mit wässrigem Schlamm gespült, sondern mit Hilfe von Kerosin (Diesel) stabilisiert und geschmiert. Das Gestänge darf keinesfalls festfrieren oder verklemmen – dann wären Gestänge und Bohrkern verloren, und eine gänzlich neue Bohrung müsste an anderer Stelle gestartet werden.

Viele tausend Bohrkerne wurden auf diese Weise bis heute gewonnen und mit Hilfe der Isotopenanalyse (S. 109) ausgewertet. Die sensationellen Resultate haben unser Wissen von den Eiszeiten wesentlich erweitert, so dass auch die Temperaturskala der Abb. 37 erstellt werden konnte (Ref. 1).

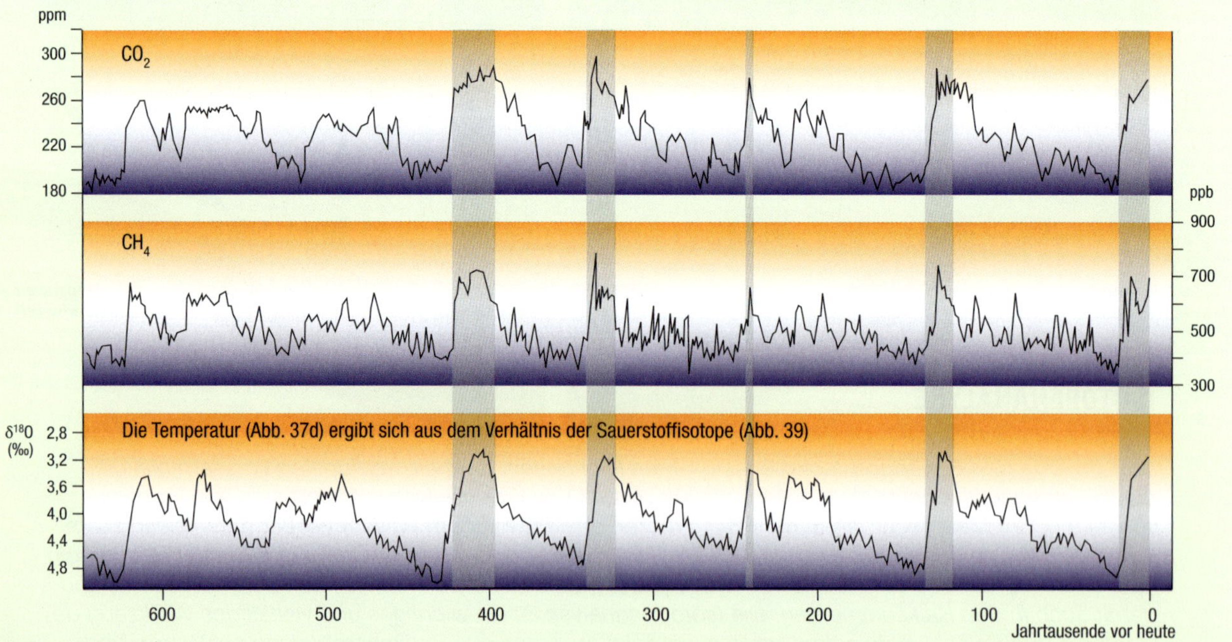

IM EISZEITPUZZLE DER GEGENWART

Ist das Puzzle nun komplett? Ob wir wirklich schon alle Einzelstücke des „Eiszeitpuzzles“ erfasst haben, kann derzeit noch kein Klimawissenschaftler mit endgültiger Sicherheit sagen. Aber vielleicht sind wir der Wahrheit inzwischen sehr nahe gekommen.

SEIT 3 MIO JAHREN

Wir fassen noch einmal zusammen, was für das wechselhafte, labilere und im Mittel viel kältere Klima der letzten 3 Millionen Jahre mit ihren zahlreichen regelmäßigen Vereisungen besonders wichtig sein könnte:

- eine veränderte Lage der Kontinente im Vergleich zu der vorangehenden Erdzeit
- neue hohe Gebirge und Ebenen
- die Lage der ständig verschneiten kalten Antarktis am Südpol
- Bildung neuer Meeresströmungen
- Temperaturabhängigkeit der CO_2-Löslichkeit im Ozean mit ihrem gewaltigen CO_2-Reservoir
- Temperaturabhängigkeit der Methanfreisetzung in Tundrenregionen
- Klimarückschläge beim Übergang zu Warmphasen durch Störungen des nördlichen Golfstromes durch zu starken Schmelzwassereintrag (Süßwasser behindert die haline Tiefenwasserbildung)
- mehrere positive Rückkopplungen durch
  - Eis-Albedo-Reflexion, die die Abkühlung und Erwärmung verstärkt,
  - viel mehr trockene, zeitweilig schneebedeckte Landflächen als etwa zur Warmzeit der Saurier
- der astronomische Trigger (Milankovitch) der Sonneneinstrahlung

Einige grundsätzliche Fragen zu den zeitlichen Abläufen sind auch heute noch nicht befriedigend geklärt:

- Wieso wurde es nach eiskalten 90 000 Jahren immer wieder so **plötzlich** für kurze 10 000 Jahre angenehm warm?
- Wieso konnten die schwächlichen periodischen Milankovitch-Zyklen immer wieder derart **lang andauernde** Vereisungen und nur **vergleichsweise kurze** Erwärmungen auslösen?

Zudem waren die Unterschiede zwischen Warm- und Kaltzeiten vor allem in höheren Breiten ausgeprägt, etwa ab 45° bis zu den Polen. In diesen Regionen ergaben sich die größten Temperaturunterschiede (Ref. 1, Abb. 140).

Für die damit verbundenen Vereisungen spielten besonders die ausgedehnten Landmassen der Nordhalbkugel eine entscheidende Rolle, und unser Bild der letzten Vereisung wird natürlich vor allem von der Witterung in diesen Regionen geprägt. Der abgesunkene Meeresspiegel bewirkte, dass die Nordsee eine trockene Tundra und England eine zu Fuß erreichbare, eisige Insel war.

Im äquatorialen Bereich dagegen war der Einfluss der Kaltzeiten wesentlich schwächer, denn dort schneit es nicht, so dass der Eis-Albedo-Effekt nicht wirksam werden kann.

DIE ERSTAUNLICHEN D/O-EREIGNISSE DER LETZTEN KALTZEIT (WÜRM-KALTZEIT) UND DER ÜBERGANG IN UNSERE WARMZEIT (HOLOZÄN)

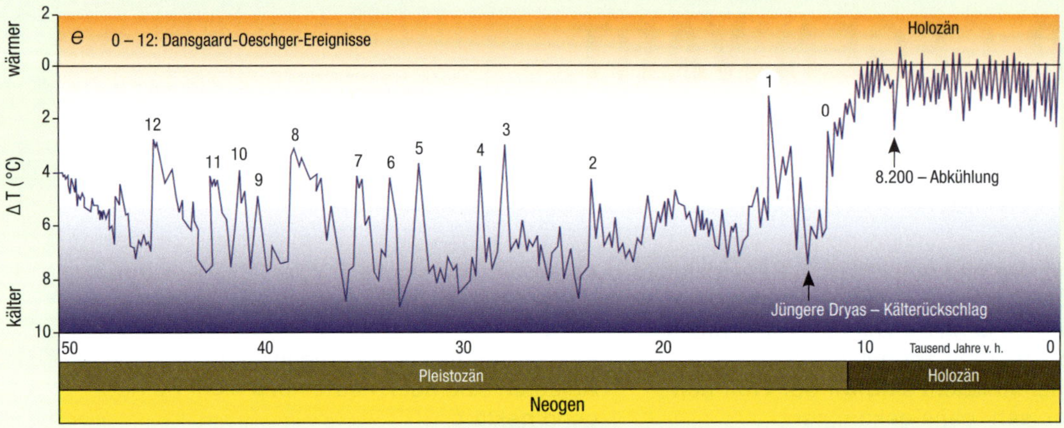

Abb. 37e (vgl. S. 105): Eisbohrkerne aus Grönland zeigen erstaunliche Klimaschwankungen, die Dansgaard-Oeschger-Ereignisse (D/O). Sie bestehen in einer raschen Erwärmung, gefolgt von einer relativ langsamen Abkühlung. Dagegen ist die Jüngere Dryas-Zeit durch einen Kälterückschlag an der Pleistozän-Holozän-Grenze gekennzeichnet, der sich vor 8200 Jahren v.h. in stark abgeschwächter Form wiederholt hat (seitdem nicht mehr). Als Ursache wird ein Erliegen oder eine Abschwächung der thermohalinen Zirkulation im Bereich des ozeanischen Nordatlantikstroms vermutet. Die Meeresströmungen und Windmuster mit den Jetstreams waren möglicherweise wesentlich labiler als heute (Ref. 6). Der El Niño im Pazifik (S. 133) wird oft als Analogie heran gezogen (Abb. nach Bubenzer, Radtke, Ref. 4).

Die Temperaturänderung der Äquatorregion von 30 °C auf 24 – 25 °C machte sich kaum bemerkbar.

Vermutlich waren alle Klimazonen, vom äquatorialen Gebiet über die Subtropen und die gemäßigten Breiten bis hin zum Rand der vereisten Gebiete, jeweils auf schmalere Bänder geographischer Breite zusammengedrückt. Nördlich des Mittelmeeres begann schon bald die Tundra. Dafür war es in Nordafrika feucht und klimagünstig. Insgesamt aber führte die globale Abkühlung mit kühleren Ozeanen zu wesentlich weniger Regenfällen. Die tropischen Regenwälder schmolzen auf winzige Flecken zusammen. Unsere ausgedehnten heutigen Tropenwälder, etwa im Amazonasgebiet, sind mit nur etwa 6000 Jahren noch unglaublich jung. Sie sind erst lange nach der letzten Eiszeit in dieser Form entstanden.

Wenn wir uns mit den Lebensbedingungen in der Eiszeit beschäftigen, so müssen wir unsere nordeuropäischen Vorfahren wirklich bewundern, weil sie mit einfachsten Mitteln einem relativ ungünstigen Klima trotzen konnten. Feuerstellen zum Wärmen, Behausungen in schützenden Höhlen und Zelten und einfache Jagdgeräte sind aus dieser Zeit überliefert. Metalle standen ihnen nicht zur Verfügung, nur scharfe Klingen und Spitzen aus Feuerstein sowie Holz- oder Tierprodukte.

Die Jagd war zum Überleben im kalten Klima unverzichtbar. Leider gab es noch keine Möglichkeiten, die Details der von ihnen miterlebten klimatischen Wandlungen aufzuschreiben, obwohl sie drastische Umschwünge innerhalb weniger Jahrzehnte ertragen mussten. So sind wir auf die Analyse von Pollen, Pflanzen- und Tierresten sowie von Vulkanasche aus den Ablagerungen (Sedimenten) in Seen, Flüssen und Mooren angewiesen. Die verblüffende Genauigkeit der paläoklimatischen Forschungsarbeiten spiegelt sich in diesem Text wider (Ref. 15):

„Vor etwa 15 000 Jahren ging die letzte Eiszeit zu Ende, wobei sich das Eis nach Skandinavien und in die Alpentäler zurückzog. Es folgt eine 3000-jährige Zeit spektakulärer klimatischer Wechsel.

Nach zahlreichen starken Klimaschwankungen, die jeweils nur einige hundert Jahre dauerten, war das Klima in der Jüngeren Tundrenzeit (Jüngere Dryas, 12 950 – 11 800) für 1100 Jahre noch einmal besonders rau, mit sehr kalten Wintern und kühlen Sommern. Dann aber ging die Eiszeit schlagartig zu Ende. Die durchschnittliche Temperatur stieg um mindestens 5 °C, was dem Klimaunterschied zwischen Stockholm und Mailand entspricht. Der Umschwung des Klimas vollzog sich binnen 5, höchstens 15 Jahren.“

Für Klimaforscher ist diese Periode wegen der unglaublich schnellen Klimawechsel eine besondere Herausforderung. So wird die starke Abkühlung in der Jüngeren Dryas mit dem Einströmen von großen Schmelzwassermengen in den Nordatlantik in Verbindung gebracht. Als Konsequenz könnte die thermohaline Pumpe (S. 37) zum Erliegen gekommen sein, und der wärmende Einfluss des Golfstroms in Nordeuropa wäre vielleicht für 1000 Jahre erloschen. Ungeklärt ist, ob diese kalte Periode auch auf der Südhalbkugel zu einer Abkühlung führte. Am Ende dieser Zeit muss in Europa wieder ein stabiles Wettermuster mit warmen Luftströmungen eingesetzt haben.

Der Schlüssel zur Lösung des Rätsels der Klimaschwankungen auf der „seit 50 Millionen Jahren neu geformten Erde“ könnte in einer prinzipiellen klimatischen Labilität auf Grund der gegenwärtigen Konfiguration der Kontinente und Ozeane zu finden sein. Das Klima ist ja nicht nur einmalig aus dem Treibhaus der Saurierzeit in eine ewige Kaltzeit umgeschlagen, sondern die erstaunlich schnellen klimatischen Schwankungen sind ein wesentliches Charakteristikum der Neuzeit. Besonders der Weg von der letzten (Würm-) Kaltzeit in die Gegenwart (Holozän) war von sehr starken Klimaschwankungen gekennzeichnet. Man sieht ausgeprägte rasche Erwärmungen, gefolgt von Abkühlungen, die jeweils einige Jahrhunderte dauerten. Als Ursache wird jeweils eine Instabilität der Zirkulation des Nordatlantikstromes vermutet. Nach dem Kälterückschlag der „Jüngeren Dryas“ begann unsere gegenwärtige Warmzeit, das „Holozän“.

Heute leben wir im Holozän.

Im fünften Kapitel werden wir unsere Zeitschritte wesentlich verkleinern, um auf diese Weise die Entwicklung des Klimas besonders aufmerksam zu verfolgen. Dabei können wir endlich auch auf zuverlässige Thermometerdaten und Wetteraufzeichnungen zurück greifen und sind nicht mehr ausschließlich auf Indizien (indirekte Hinweise) angewiesen.

TAB. 3: DAS KOHLENSTOFF-INVENTAR DER ERDE

In unserer Gegenwart liegt praktisch der gesamte Kohlenstoffvorrat von Erdoberfläche, Atmosphäre und fester Erdkruste (Lithosphäre) gebunden im Gestein vor: Das sind ca. 10^8 Gt C (Es gibt sogar noch weitere $23 \cdot 10^8$ Gt Kohlenstoff in den tieferen Schichten der Erde, die in unserer Bilanz aber unberücksichtigt bleiben). Nur ganz winzige Bruchteile (je etwa 1/100 000) befinden sich noch in der lebenden Biomasse oder als Gas in der Atmosphäre. Auch der uns so mächtig erscheinende Kohlenstoffvorrat in Form von Kohle, Öl und Erdgas macht nur 5/100 000 aus. Erstaunlich ist die Masse des Kohlenstoffs in Form von gefrorenem Methan (CH_4), gebunden in den eisartigen Hydraten (Ref. 2). Die Hydrate lagern in Sedimenten am Meeresboden oder in Dauerfrost-Regionen der Tundra (Permafrostgebiete).

Im Wasser der Ozeane gelöst befindet sich eine bedeutende Menge Kohlenstoff, nämlich 50/100 000 des Bestandes. Dieser Kohlenstoff steht als CO_2 im Gasaustausch mit der Atmosphäre. Wegen der sehr langsamen Umwälzung des Tiefenwassers dauert die Einstellung eines vollständigen Gleichgewichts zwischen den Ozeanen und der Atmosphäre viele Jahrhunderte.

	Kohlenstoff-Vorrat	**Bemerkungen**
Anorganisch im Gestein der gesamten Lithosphäre gebunden	ca. 70 000 000 Gt C	max. 100 000 000 Gt
Organisch gebunden im Gestein in Form von Ölschiefer oder Bitumen	ca. 15 000 000 Gt C	max. 20 000 000 Gt zur Herkunft s. S. 90
Gashydrate in Ozeanen und Tundra	10 000 Gt C	
Kohle, Öl, Erdgas (Fossile Energieträger)	> 5000 Gt C	zur Herkunft s. S. 94, 100
Torf, Humus	1500 Gt C	
Gelöst in den Ozeanen	40 000 Gt C	
Lebende Biomasse	600 Gt C	
C in Form von 400 ppm CO_2 in der Luft	875 Gt C	das sind 3200 Gt CO_2
	Kohlenstoff-Umsatz	**Bemerkungen**
Natürliche Emissionen durch Vulkanismus	0,05 Gt C/Jahr	das sind ca. 0,2 Gt CO_2 pro Jahr
Bindung durch Sedimentation, Verwitterung	0,5 Gt C/Jahr	
Anthropogene, also zusätzliche Emissionen von verbranntem fossilem Kohlenstoff und aus Waldrodungen	10 Gt C/Jahr	das sind 37 Gt CO_2 pro Jahr
Umsatz der Biosphäre (inkl. Ozeane)	60 Gt C/Jahr	Wachstum, Atmung, Verrotten
Gasaustausch zwischen Atmosphäre und Ozeanen	> 90 Gt C/Jahr	vergl. S. 156

Kohlenstoff-Flüsse in Gt/Jahr

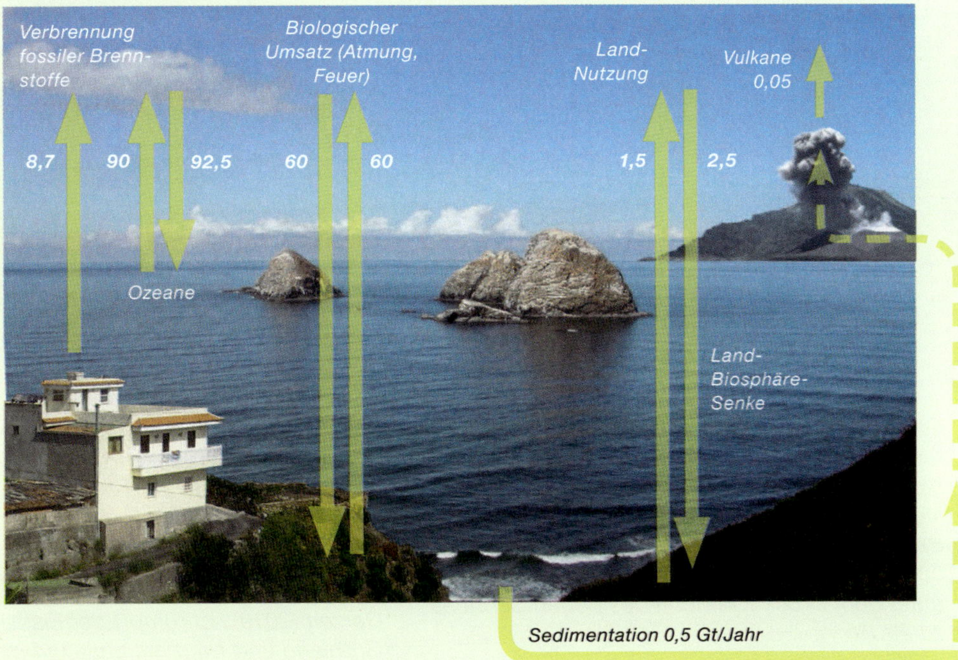

Die geologischen Schätzwerte schwanken je nach Literaturquelle beträchtlich. Ein Fehler von mindestens +/– 10 % muss bei der Biomasse und wesentlich größere Fehler bei den Bodenschätzen akzeptiert werden. Der genaueste Messwert ist natürlich der CO_2-Gehalt der Atmosphäre.

Man erkennt, dass die Verwitterung und Sedimentation das anthropogene CO_2 nicht schnell aus der Luft entfernen wird. ***Auch der gewaltige biologische Umsatz von 60 Gt C/Jahr durch Landpflanzen und Plankton kann das anthropogen freigesetzte CO_2 NICHT binden,*** *denn derzeit wird nirgendwo Kohlenstoff in Form von Biomasse der Atmosphäre langfristig in ausreichend großen Mengen entzogen. Es bilden sich derzeit praktisch keine neuen Kohlelager.*

Heute haben wir ca. 50-mal mehr CO_2 in den Ozeanen gelöst als unsere Luft enthält. Für unser Klima hofft man, dass das gewaltige CO_2-Reservoir der Ozeane das CO_2 in der Luft stabilisiert. Damit würde auch der Treibhauseffekt stabilisiert. Wenn sich allerdings das Fassungsvermögen des großen ozeanischen Reservoirs ändert, weil dessen Temperatur steigt und warmes Wasser weniger CO_2 lösen kann, dann wird die CO_2-Konzentration im kleinen Reservoir der Luft ganz gewaltig beeinflusst. Ein Ausgasen von nur 2 % des ozeanischen CO_2 würde den CO_2-Spiegel in der Luft verdoppeln. Das ist eine sehr unangenehme und bedrohliche Vorstellung, die nur durch die große thermische Trägheit (Wärmekapazität) der Ozeane gemildert wird. Glücklicherweise erwärmen sich die tiefen Ozeane nur sehr langsam.

Es gelten diese Umrechnungen:
1 Gigatonne (Gt) = 1 000 000 000 Tonnen = 1 Petagramm (Pg) = 10^{15} g;
1 Gt Kohlenstoff (C) entspricht 3,67 Gt CO_2

GLETSCHER WELTEN

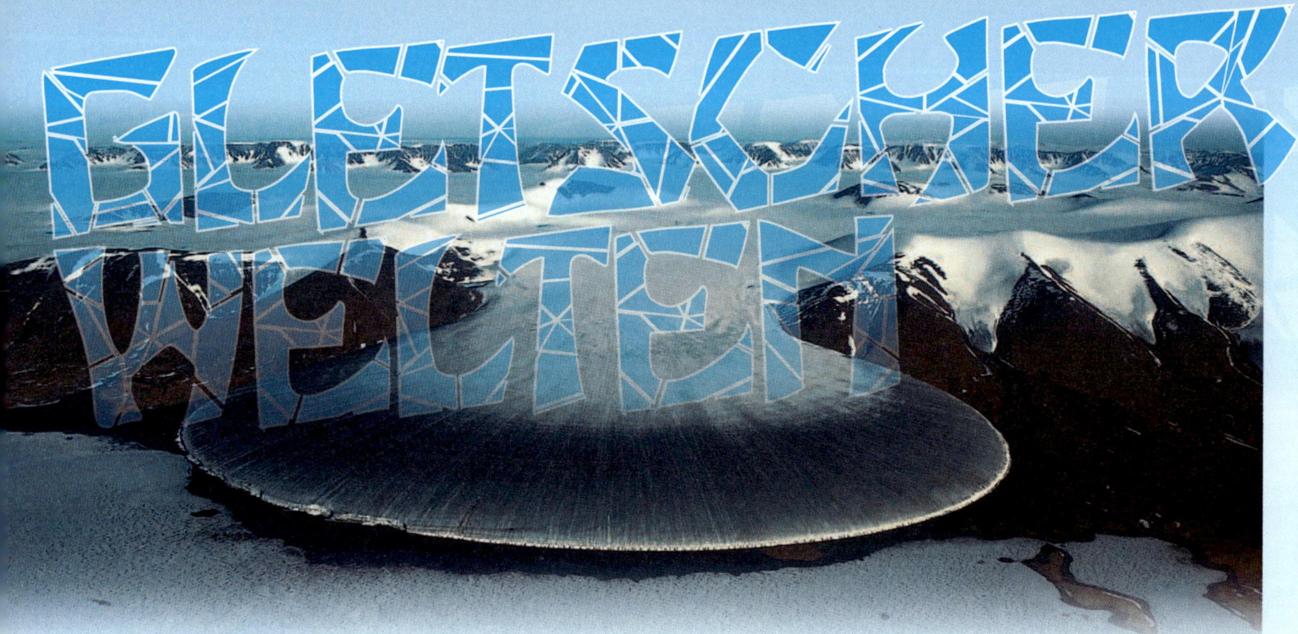

Gletscher leben davon, dass es im Winter ausreichend schneit und dass das Eis im Sommer nicht zu kräftig schmilzt. Deshalb entstehen sie besonders in dem kalten Klima der hohen Breiten (in Polnähe) sowie in der kalten Luft auf hohen Bergen. Der Schnee verwandelt sich unter dem Druck (Gewicht) des neuen Schnees zu Eis.

Gletscher auf dem Festland kriechen unter dem gewaltigen Druck der Eismassen langsam vorwärts, bis sich ihre Ausläufer in einer Zone befinden, wo das Abtauen überwiegt. Wenn oberflächliche Schmelzwasserströme tief unter das Eis vordringen, kann das Kriechen stark beschleunigt werden. Den Rekord hält der Kutiah-Gletscher im Himalaya, der sich in einem Jahr um 12 Kilometer vorwärts schob. Typische Werte für die Eisschilde auf Grönland und der Antarktis betragen um die 100 m pro Jahr.

Die nordischen Eisschilde der vergangenen letzten großen Vereisung (Ende vor 15 000 Jahren) besaßen in Skandinavien eine Dicke von bis zu 3000 m und drückten mit ihrem Gewicht die Landmassen um bis zu 1000 m tief in die zähe Erdkruste. Nachdem das Eis verschwand, stieg Skandinavien bisher um 400 m an und steigt weiter mit ca. 1 cm pro Jahr. Wenn Gletscher in große Höhen (3000 m) anwachsen, erreichen sie höhere und damit kältere Luftschichten. Das ergibt eine selbstverstärkende, positive Rückkopplung und damit eine „Labilisierung", denn auch hier gilt die Umkehrung: Das Abschmelzen wird sich entsprechend beschleunigen, wenn die Eisoberkante in tiefere und wärmere Luftschichten gelangt. Das Grönlandeis könnte in Zukunft davon betroffen sein.

Derzeit (2010) schrumpft der Eisschild auf Grönland und trägt mit etwa 0,4 mm pro Jahr zum Meeresspiegelanstieg bei. Auch die Antarktis verliert gegenwärtig etwas Eis. Bei weiterer Erwärmung ist dort aber ein verstärkter Schneefall und damit ein Anwachsen der Eismasse zu erwarten, denn die Temperatur bleibt in der sehr kalten Antarktis immer weit unter dem Gefrierpunkt.

Wenn Festlandsgletscher und Eisschilde langsam vorwärts kriechen, können sie sich direkt bis an die Wälder und Wiesen vorschieben. Der nordische Eisschild ist auf diese Weise mehrfach bis nach Norddeutschland vorgestoßen. Anschauliche Beispiele dafür bieten auch die Alpengletscher, die noch in der unmittelbaren Gegenwart der „Kleinen Eiszeit" (etwa 1500 – 1850) bis in die Täler vorgerückt sind. Direkt vor diesen Gletschern lagen die bewirtschafteten Bauernhöfe, deren Besitzer für einen Rückzug des Eises beteten. Derzeit (2010) befinden sich die Alpengletscher immer noch in einer sehr kräftigen Rückschmelzphase.

Gletscher am Ozean verhalten sich ganz anders. Weil alle Gletscher „bergab" fließen, erreichen sie irgendwann die Küste. Dort bricht das Meer große Stücke oder ganze Eisberge aus ihnen ab: die Gletscher kalben. Das Kalben ist deshalb a priori kein Hinweis auf das Abschmelzen der Gletscher, sondern ein zwangsläufiger Prozess, der besonders bei zunehmender Vergletscherung auftreten muss. Wenn in der Vergangenheit besonders große Eismassen und Eisberge abgebrochen sind oder wenn ein hinter einer Eisbarriere angestauter Süßwassersee plötzlich in den Nordatlantik ausströmte, dann konnte das den Salzgehalt des Meerwassers so verringern, dass der Nordatlantikstrom möglicherweise für lange Zeiträume beeinträchtigt wurde. Deshalb wird das komplizierte Wechselspiel zwischen Gletschern, Meereis, Süßwasser und den Strömungsmustern im Nordatlantik sehr intensiv von den Klimaforschern untersucht. Derzeit nimmt die nördliche Meereisbedeckung so kräftig ab, dass ein im Sommer eisfreier nordpolarer Ozean in diesem Jahrhundert Wirklichkeit werden könnte (Damit ist kein Anstieg des Meeresspiegels verbunden, denn schwimmendes Eis verdrängt genau so viel Wasser wie es selbst wiegt).

Eine interessante Form des Kalbens beobachtet man ständig in der Antarktis: Dort schieben sich gewaltige Eisschilde vom Land ins Meer, wo sie der Gang der Gezeiten mürbe macht, bis sie abbrechen. Obwohl sich die Antarktis seit 30 Millionen Jahren im Zustand einer kontinuierlichen Vereisung befindet, konnten ihre Eismassen nie nach Südamerika hinüber fließen. Der südliche Ozean hat Südamerika vor den Gletschern aus der Antarktis geschützt, weil die Eisschilde zerbrechen und als Eisberge in wärmere Regionen driften und tauen. Dagegen fehlt den Landmassen in Nordeuropa und Nordamerika ein entsprechender ozeanischer „Schutzgraben". Sie waren den Vorstößen der nördlichen Eisschilde ungeschützt ausgesetzt.

Für die Einleitung von „Geologischen Eiszeitaltern" scheint es notwendig zu sein, dass zumindest eine große Landmasse in der Nähe der Pole vorhanden ist, so dass sich dort eine stabile Schnee- und Eisbedeckung halten kann. Schwimmendes Meereis an den Polen tritt zwar in Kaltzeiten auf, aber allein kann es kein Eiszeitalter auslösen, denn wenn Eisschollen auf dem Meer in wärmere Regionen treiben, schmelzen sie wieder.

Zu den Gletschern in aller Welt gibt es eine wundervolle Website: www.swisseduc.ch/glaciers/

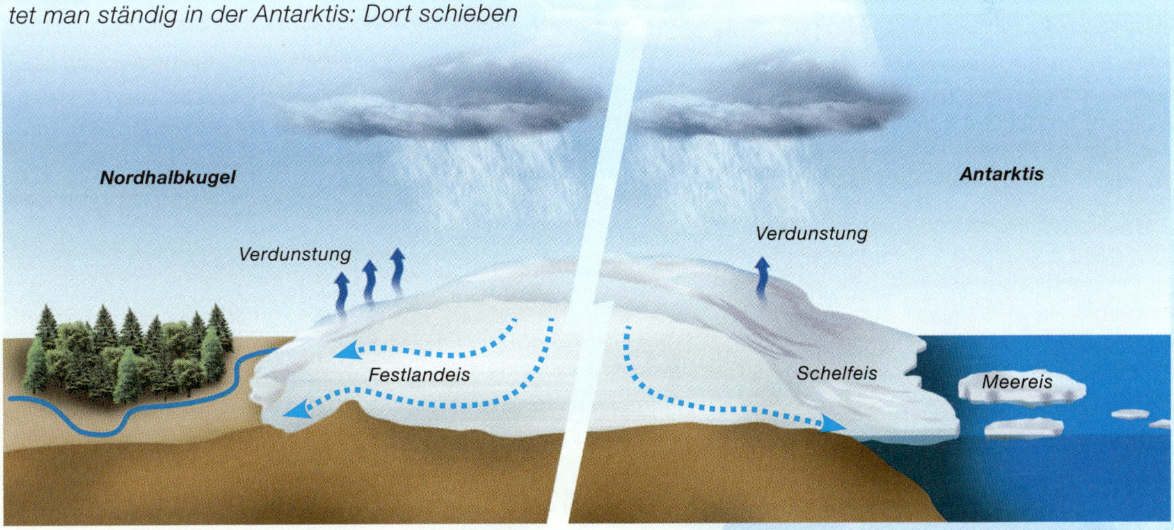

Abb. 41: Nördliche Eisschilde flossen unter ihrem Gewicht aus den arktischen Regionen nach Süden und erreichten dort wärmere Zonen. Der Schneefall kann dabei tausende Kilometer weiter nördlich erfolgt sein. Das Eis der Antarktis dagegen wird nach wie vor von einem tiefen Meer blockiert (nach Ref. 10).

4560
MILLIONEN JAHRE

Wir wollen uns die Entwicklungsgeschichte der Erde „hautnah“ veranschaulichen und benutzen dazu unsere ausgebreiteten Arme als Zeitmaßstab.

Vor 4,56 Milliarden Jahren, an der Spitze des rechten Mittelfingers, entstand die Erde. Zuerst mussten ca. 700 Millionen Jahre verstreichen, bis die Erde erträglich abgekühlt war. In der Nähe des rechten Handgelenks konnte sich flüssiges Wasser bilden und im Laufe von Jahrmillionen entstanden die Ozeane. Im Wasser begann das Leben. Viel später beginnen die Cyanobakterien dann mit der Photosynthese. Von nun an wurde beständig Sauerstoff produziert.

An dieser Situation ändert sich im wesentlichen ca. 3 Milliarden Jahre lang gar nichts – den rechten Arm hinauf und den linken hinunter gibt es immer nur Bakterien und Algen im Wasser, die sich vermehren und Sauerstoff produzieren. Allerdings sind mehrere Eiszeitalter zu vermelden.

In der Nähe des linken Handgelenkes gibt es den großen biologischen Durchbruch. In der „Kambrischen Explosion“ entwickelt sich ein enorm vielfältiges Leben im Wasser.

Auf der linken Handfläche wird endlich auch das Land erobert. Anschließend „laufen die Dinosaurier eine sehr lange Zeit auf dem linken Mittelfinger herum“. Erst dort, wo der Fingernagel beginnt, sterben sie wieder aus.

Die restliche Erdgeschichte von 65 Millionen Jahren muss nun auf dem Fingernagel Platz finden. Es wird dabei langsam kühler und schließlich wechseln sich viele Eis- und Zwischeneiszeiten ab. Wenn wir nur den äußersten Rand unserer Fingernägel betrachten, so entspricht 1 mm bereits 3 Millionen Jahren. So lange dauert das gegenwärtige Eiszeitalter an, in dem wir uns heute noch befinden. In der letzten Kaltzeit reichte die nördliche Eis- und Schneedecke bis Paris, und die Nordsee selbst war eine verschneite trockene Tundra, weil der Meeresspiegel damals ca. 120 m tiefer lag.

Erst vor 12 000 Jahren endete die letzte Kaltzeit, und unsere Warmzeit mit der uns zunehmend vertrauten menschlichen Kulturentwicklung kann endlich einsetzen.

Wie viel Platz auf dem Fingernagel haben die Menschen dafür zur Verfügung?

Sehr wenig.

Das kleine Stückchen, das die Nägel in 40 Minuten wachsen, umfasst bereits die gesamten 12 000 Jahre Entwicklungsgeschichte des modernen Menschen. Ein Strich mit der Nagelfeile – und 12 000 Jahre sind weggeputzt, denn für die Entwicklung des modernen Menschen sind in unserem Maßstab ganze 4/1000 Millimeter reserviert.

(Der Skalenfaktor des Vergleiches beträgt 1,5 m pro 4,5 Milliarden Jahre. Das Wachstum der Fingernägel ist mit 1 mm pro Woche angesetzt. Grafik: Lara Ludwigs)

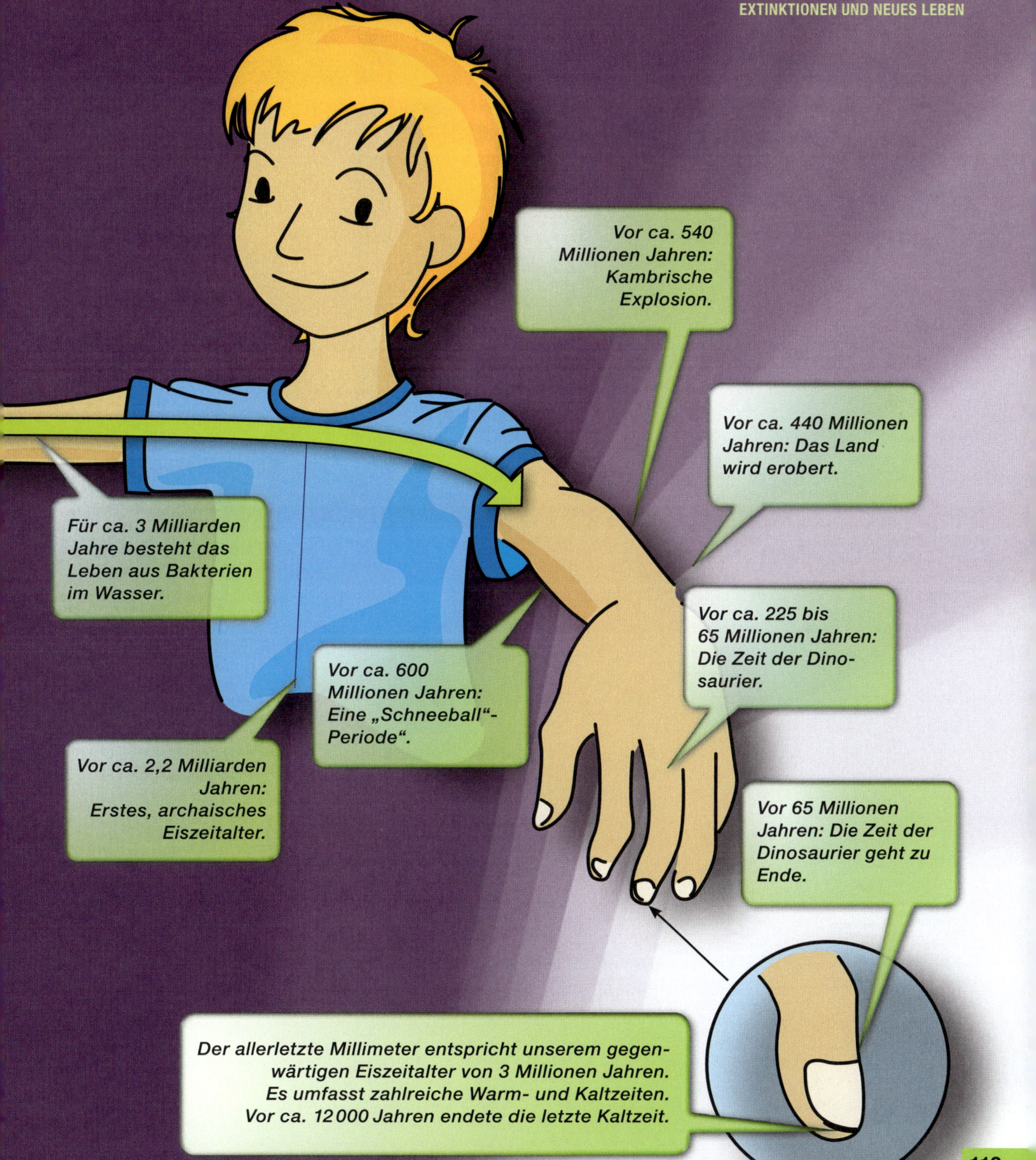
Vor ca. 540 Millionen Jahren: Kambrische Explosion.
Vor ca. 440 Millionen Jahren: Das Land wird erobert.
Für ca. 3 Milliarden Jahre besteht das Leben aus Bakterien im Wasser.
Vor ca. 225 bis 65 Millionen Jahren: Die Zeit der Dinosaurier.
Vor ca. 600 Millionen Jahren: Eine „Schneeball"-Periode".
Vor ca. 2,2 Milliarden Jahren: Erstes, archaisches Eiszeitalter.
Vor 65 Millionen Jahren: Die Zeit der Dinosaurier geht zu Ende.
Der allerletzte Millimeter entspricht unserem gegenwärtigen Eiszeitalter von 3 Millionen Jahren. Es umfasst zahlreiche Warm- und Kaltzeiten. Vor ca. 12000 Jahren endete die letzte Kaltzeit.

Abb. 42

DER WEG IN DIE GEGENWART

5

DIE JÜNGEREN KLIMADATEN

Die Kapitel über die Physik der Atmosphäre und der Rückblick auf die wechselvolle Klimageschichte der Erde haben uns die vielfältigen und bisweilen höchst überraschenden Zusammenhänge des natürlichen Geschehens gezeigt. Nun sind wir mit unseren Betrachtungen fast in der Gegenwart angekommen. Deshalb sind wir nicht mehr auf indirekte Klimazeugen aus Eis, Fossilien, Sedimenten und Gesteinen angewiesen, sondern können auf Berichte und Chroniken oder sogar auf wetterkundliche Aufzeichnungen zurückgreifen. Etwa seit 200 Jahren existieren so vertrauenswürdige Daten, dass sie eine sehr genaue Analyse der jüngeren Klimavergangenheit erlauben. Weil sich in dieser Zeitspanne auch das menschliche Handeln verändert hat, hat man gute Chancen, die menschlichen Einflüsse auf das Klimageschehen von den natürlichen Klimafaktoren zu trennen. Erst wenn dieser Ansatz zum Erfolg führt, kann überhaupt eine Projektion in die Zukunft gewagt werden. Dabei bewegen uns zahlreiche Fragen:

- Wie war das Klima vor Beginn des Industriezeitalters und wie hat es sich seitdem verändert?
- Haben die Menschen das Wettergeschehen und das Klima beeinflusst?
- Wo stehen wir heute?
- Wie wird sich die Menschheit in Zukunft entwickeln und wie wird sie die Schätze der Erde, insbesondere die fossilen Energievorräte nutzen?
- Mit welchen Folgen ist zu rechnen – was wird auf uns zukommen?
- Was kann man heute tun?

Dieser Themenkomplex steht im Zentrum der Kapitel 5 bis 7.

Mit Sicherheit haben die Menschen durch Waldrodungen, Landwirtschaft und Städtebau schon seit Jahrtausenden das regionale Klima deutlich beeinflusst. Trockengelegte Moore, Seen, Staudämme und begradigte Flüsse verändern den Wasserhaushalt. Massive Abholzungen können eine unumkehrbare Erosion auslösen, denken wir dabei an die frühen Kahlschläge im Mittelmeerraum. Das Klima in einer Großstadt unterscheidet sich deutlich vom Klima einer offenen Landschaft und noch mehr vom Klima im Wald. Am deutlichsten wird das am Temperaturgang, an der Luftfeuchtigkeit und an der Luftbewegung. Dennoch kann man sicher sein, dass vor der Industrialisierung noch keine global wirksamen Veränderungen durch menschliches Handeln ausgelöst wurden.

Erst ab etwa 1850 ergab sich eine neue Situation durch die einsetzende Industrialisierung mit der stark anwachsenden Förderung und Verbrennung von Kohle. Wie wir wissen, verteilt sich das frei gesetzte CO_2 in der gesamten Atmosphäre und verbleibt dort für Jahrhunderte. Zusätzlich werden unter anderem auch schwefelige Abgase (SO_2), Rußpartikel und andere Aerosole emittiert. Aerosole sind kleinste Schwebepartikel, die als Kondensationskeime für Wassertröpfchen die Strahlungsbilanz und die Wolkenbildung beeinflussen. Sie wirken durch Streuung abkühlend auf das Klima der Troposphäre. Wie wir in Abb. 49

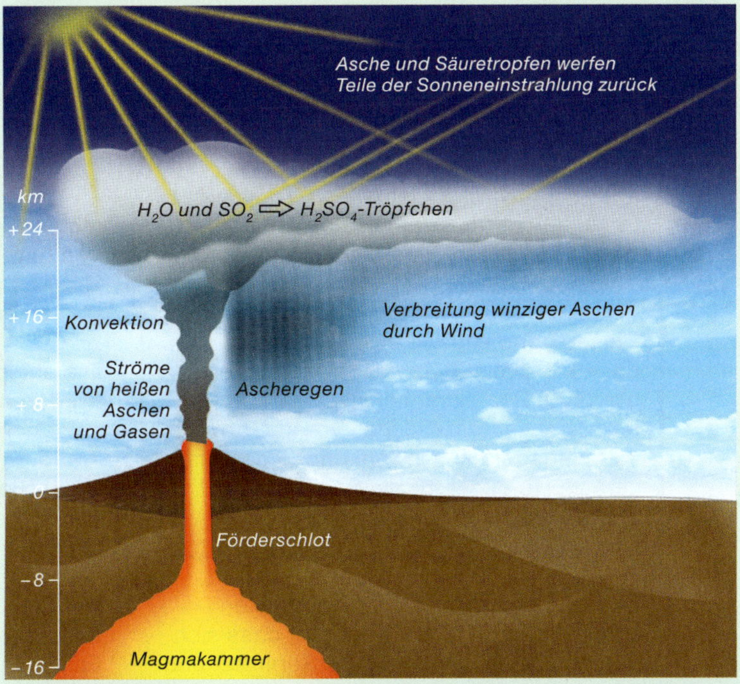

Abb. 43: Im April 1815 explodierte der auch heute noch aktive indonesische Vulkan Tambora. In der Region starben über 70 000 Menschen. Die maximale Konzentration der stratosphärischen Aerosole stellte sich erst nach vielen Monaten ein, weil sich die winzigen klimawirksamen Partikel (Tröpfchen) nur langsam aus den Gasen (SO_2) bilden. Dieser Effekt war so ausgeprägt, dass es im Folgejahr 1816 auf der gesamten Nordhalbkugel zu einem extrem kühlen „Jahr ohne Sommer" kam. Die dadurch bedingten Missernten führten zur schlimmsten Hungersnot des 19. Jahrhunderts und zu weltweit anhaltenden schweren sozialen Krisen (nach Ref. 16).

sehen werden, hat dieser Abkühlungstrend die Erwärmung durch den anthropogenen Treibhauseffekt bisher sehr deutlich gemildert. Auch bei Vulkanausbrüchen werden große Mengen von Aerosolen ausgestoßen – sogar bis weit in die Stratosphäre. Dort verbleiben sie für einige Jahre, vermindern ebenfalls die Sonneneinstrahlung und beeindrucken durch spektakuläre, farbige Sonnenuntergänge. Die Explosion des Tambora im Jahr 1815 ist das einschneidendste derartige Ereignis in der jüngeren Geschichte. Die weit reichende und lang anhaltende Wetterwirksamkeit der Emissionen des Tambora gab einen entscheidenden Anstoß für die Wetterkundler, die globalen Zirkulationsmuster in der Atmosphäre zu erforschen und zu kartieren.

Betrachten wir nun einige langjährige Temperaturaufzeichnungen. Kann man trotz des sehr wechselhaften Schwankungsmusters auch eine gerichtete Veränderung, einen so genannten „Trend" erkennen? Liegt eine langfristige Erwärmung oder Abkühlung vor?

Wir beginnen mit einer Rückschau auf die Temperaturentwicklung in Deutschland seit 1760. Die Abb. 44 zeigt die Jahresmittelwerte, und es ist offensichtlich, dass selbst diese von Jahr zu Jahr um bis zu 4 Grad streuen.

Diese natürliche Variabilität, das „Klimarauschen", überlagert den langfristigen Trend. Um die Daten zu glätten, bildet man Jahr für Jahr 30-jährige „fließende" Mittelwerte, fasst also die 15 Jahre vor und nach einer Jahreszahl zusammen. Das Ergebnis zeigt die blaue Kurve, die aber immer noch sehr deutliche Schwankungen aufweist. Mit Hilfe der Ausgleichsrechnung kann man eine einfache

Parabel an die Daten anpassen und so den „ruhigen Trend“ erkennen (gestrichelte Kurve).

> Dieser Trend enthüllt eine Erwärmung von ca. +1 °C pro 100 Jahre, beginnend etwa um 1900. Das gilt annähernd auch für die jeweiligen jahreszeitlichen Trends, obwohl die überlagerten Schwankungen deutlich veränderte Bilder für die Sommer- und Winterzeiten ergeben.

Wenn man die jahreszeitlichen Grafiken genauer betrachtet, erkennt man, dass sich die Streuung der Daten für die Sommer- und Wintertemperaturen stark unterscheidet. **Die Winterwerte variieren erstaunlich heftig.** Es gab immer wieder Winter, die besonders kalt (bis zu 6 °C kälter als langjährige Winter-Mittelwerte) oder ungewöhnlich warm waren (2 – 3 °C über dem Mittelwert bzw dem Trend). Dagegen zeigen die Sommermonate keine derart extremen Abweichungen vom langjährigen Mittelwert.

Warum? Weil sich die Landschaft in unseren Breiten nur im Winter mit einer stark reflektierenden Schneedecke überziehen kann. Die Variation der Albedo verstärkt die winterlichen Temperaturschwankungen. Zudem ist es typisch für einen strengen Winter, dass stabile Hochs die Westwinddrift der Tiefs blockieren und polare Festlandsluft zuströmen lassen. In milden Wintern dagegen führt die Westwinddrift deutlich wärmere maritime Luftmassen zu uns, und eine stabile Schneedecke kann sich nicht ausbilden.

Es ist übrigens angesichts der oben erwähnten natürlichen Variabilität von bis zu 4 °C außerordentlich bemerkenswert, dass eine langfristig anhaltende globale Klimaänderung von nur 3 – 4 °C bereits den drastischen Unterschied zwischen einer Kaltzeit („Eiszeit“) und einer Warmzeit ausmacht.

Die entsprechende langjährige Statistik für die Niederschläge im Jahresmittel in Deutschland zeigt ebenfalls einen schwach zunehmenden Trend. Er setzt sich zusammen aus einer deutlichen Zunahme im Winter und ständig geringeren Sommerniederschlägen. Für die Bewertung der Niederschlagstätigkeit ist das Auftreten von Extremwerten besonders wichtig, denn Überschwemmungen oder Dürreperioden haben oft hohe Schäden zur Folge. Deshalb werden diese Vorgänge auch sehr sorgfältig von den Versicherungsgesellschaften registriert und statistisch ausgewertet. Dabei zeigt sich tatsächlich, dass insbesondere im Winter eine deutliche Tendenz zu extremeren Niederschlägen festzustellen ist. In der Zeit von 1901 bis 2003 ergab sich an einer Station nahe Limburg (Lahn) eine deutliche Tendenz sowohl zu geringeren als auch gleichzeitig zu wesentlich stärkeren Niederschlägen auf Kosten der mittleren Werte, Abb. 45.

Diese lokalen Niederschlagswerte darf man aber keinesfalls direkt auf andere Regionen übertragen, denn mehr noch als bei der Temperatur ergeben sich sehr starke regionale Unterschiede mit zum Teil sogar umgekehrten Trends. Eine besonders eindrucksvolle Darstellung der Trends der Winterniederschläge in Europa zeigt die Abb. 46. Neben einer Niederschlagszunahme in Deutschland, Skandinavien und Schottland sind deutlich geringere Niederschläge im Mittelmeerraum zu verzeichnen. Das kann eine erhebliche Beeinträchtigung der regionalen Wasserversorgung bedingen.

TEMPERATURTRENDS FÜR DEUTSCHLAND (1761 – 2015)

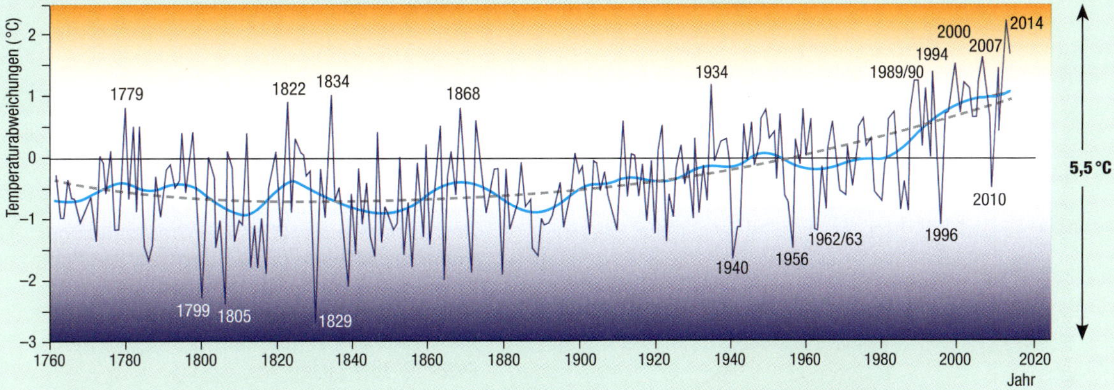

Abb. 44a: Jahresmittel (Flächenmittel für Deutschland) der bodennahen Lufttemperaturen, bezogen auf den Mittelwert von 8,3 °C (Mittelwert der Referenzperiode 1961-1990). Die blaue Kurve zeigt die Glättung durch 30-jährige Mittelung, die gestrichelte Kurve ist eine Anpassung an eine einfache Parabel.

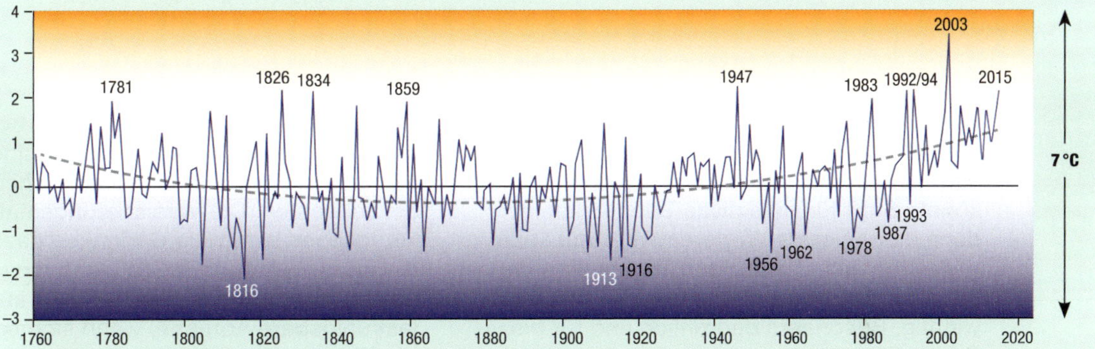

Abb. 44b: Gemittelte Temperaturen der Monate Juni, Juli, August, bezogen auf den Mittelwert von 16,2 °C (Referenzperiode 1961 – 1990). ***Die Temperaturskala ist erweitert auf 7 °C.***

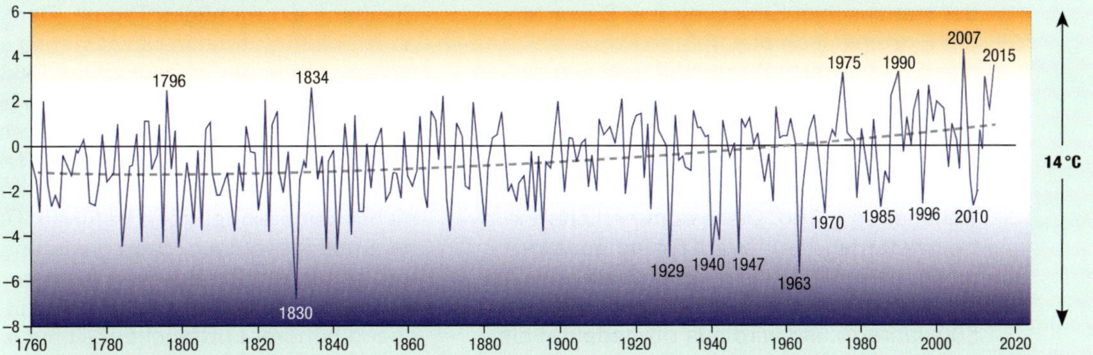

Abb. 44c: Gemittelte Temperaturen für Dezember, Januar, Februar, bezogen auf den Mittelwert von 0,2 °C (Referenzperiode 1961 – 1990). Es fällt auf, dass die Wintermonate sehr starke Temperaturschwankungen aufweisen. Die Erklärung findet sich auf der linken Seite. ***Die Temperaturskala ist erweitert auf 14 °C.*** *(Nach Ref. 1, Daten von J. Rapp und DWD)*

WINTERNIEDERSCHLÄGE NAHE LIMBURG (LAHN)

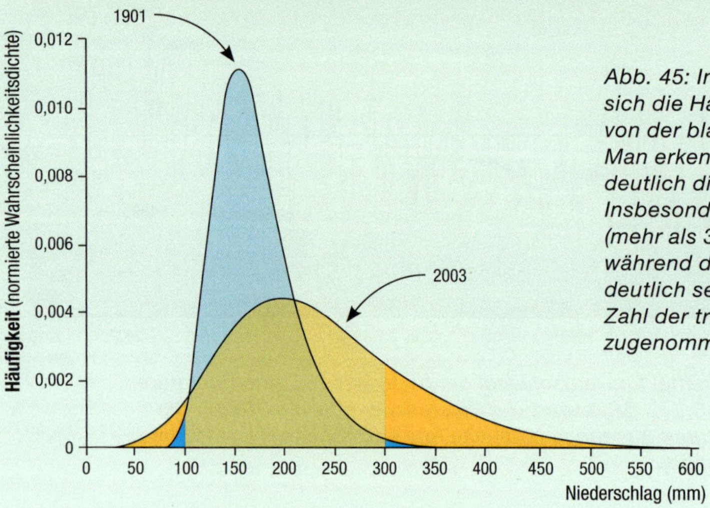

Abb. 45: In der Zeit von 1901 bis 2003 hat sich die Häufigkeitsverteilung allmählich von der blauen zur gelben Kurve verändert. Man erkennt an der breiteren Verteilung deutlich die Zunahme der Extreme: Insbesondere die stärkeren Niederschläge (mehr als 300 mm pro Winter) sind häufiger, während die mittleren Niederschläge deutlich seltener werden. Aber auch die Zahl der trockenen Winter (< 100 mm) hat zugenommen (Ref. 1).

Die globale Klimadatenbasis des letzten Jahrhunderts ist nahezu unerschöpflich und könnte Stoff für viele dicke Bücher liefern, denn die regionale Wetterentwicklung variiert ganz erheblich. Neben den Trends sind dabei vor allem die Abweichungen vom Mittelwert wichtig. Besonders bedrohlich und für die Erinnerung am einprägsamsten sind die Extremwetterlagen mit Unwettern, Stürmen, Überschwemmungen, aber auch Hitzewellen und Trockenheit. Allerdings gibt es gerade bei der statistischen Erfassung und Bewertung der Extreme auch die größten Probleme, weil diese Ereignisse naturgemäß ausgesprochen selten sind. Beispielsweise erwies sich der Hitzesommer 2003 mit Temperaturabweichungen von + 3 °C über dem Mittelwert in Deutschland als der mit Abstand wärmste Sommer seit 1760. Diese sommerliche Extremwetterlage wurde auf Grund der langjährigen Statistik bisher als äußerst unwahrscheinlich bezeichnet („höchstens einmal in 500 Jahren") und wird nun oft gedeutet als ein möglicher Hinweis dafür, dass weitere ungewöhnlich heiße und trockene Sommer folgen könnten. Glücklicherweise sind die Ereignisse mit besonders großen Schäden auch am seltensten. Die Versicherungsmathematiker machen sich viele Gedanken dazu, denn die Erfassung der mit Großschäden verbundenen finanziellen Risiken wird für sie eine fast unlösbare Aufgabe, wenn sich ein noch unbekannter Trend hinter den Fluktuationen verstecken sollte.

Auch Sturmschäden sind in diesem Zusammenhang ein wichtiges Thema. Denken wir an Hurrikan Katrina in New Orleans oder an Orkan Lothar, der in Deutschland extreme Schäden angerichtet hat. Sind das bereits Beweise für einen möglicherweise sogar globalen Trend? Das ist noch völlig offen, denn aus der Statistik der Stürme ergeben sich bisher keine eindeutigen Befunde. Dennoch geht man davon aus, dass die Intensität der tropischen Wirbelstürme anwachsen wird, weil eine erhöhte Lufttemperatur mit entsprechend höherer Luftfeuchtigkeit auch mehr Energie in die Atmosphäre einbringt. Dagegen sollten die Luftdruckgegensätze über Europa bei einer weiteren Erwärmung abnehmen. Deshalb vermuten viele Meteorologen eine Verlagerung der Zugbahnen starker Stürme in Richtung Norden. In Deutschland könnte die Zahl der starken Stürme abnehmen, während England und Skandinavien häufiger betroffen wären.

Von allen Klimadaten hat sich die mittlere bodennahe Lufttemperatur als die statistisch und physikalisch am zuverlässigsten auswertbare Größe erwiesen. Sie steht deshalb auch bei uns im Mittelpunkt aller Diskussionen. Ein globaler Rückblick auf das letzte Jahrhundert zeigt einen Erwärmungstrend im Flächenmit-

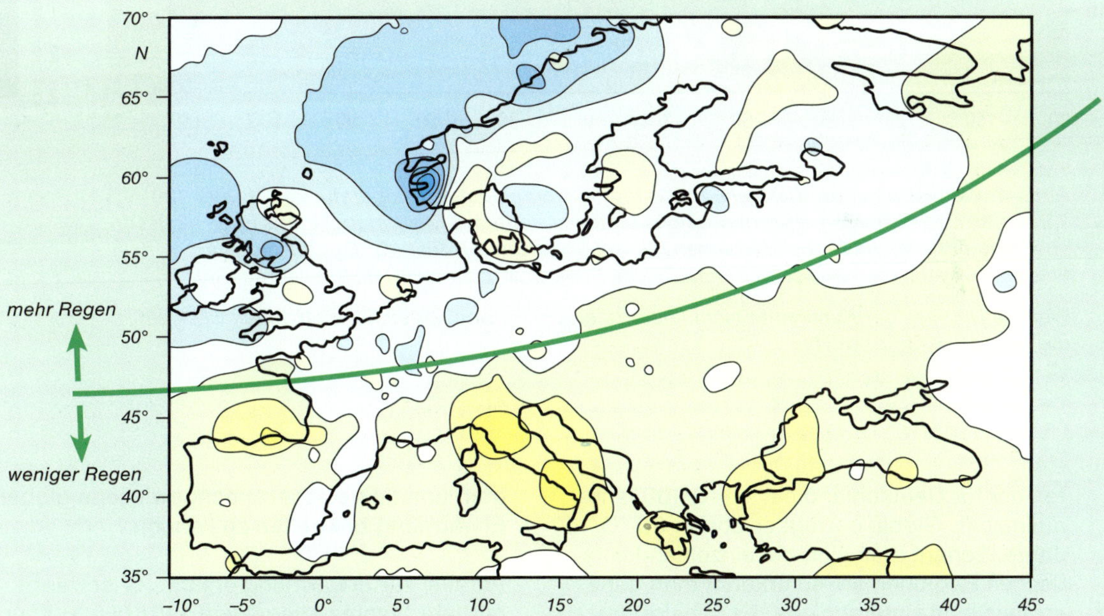

Abb. 46: Gemessene Trends der Winterniederschlagssumme in mm für die Monate Dezember, Januar, Februar. Betrachteter Zeitraum: 1951 – 2000.

Die Farben weiß bis dunkelblau zeigen eine Niederschlagszunahme von 0 bis zu +300 mm. Die Farben hellgelb bis dunkelgelb zeigen eine Abnahme von 0 bis –100 mm.

1 mm entspricht 1 Liter/m² (nach Ref. 1, Schönwiese und Janoschitz, 2008).

GLOBALE TEMPERATURTRENDS DER LETZTEN 100 JAHRE

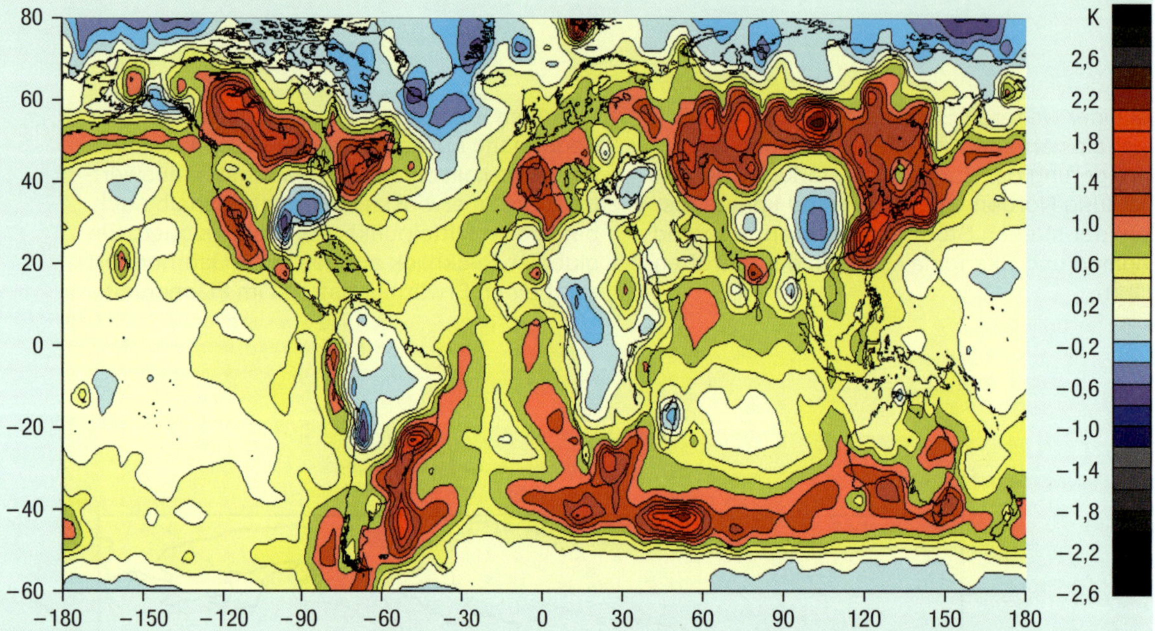

Abb. 47: Weltkarte mit der Darstellung der regional aufgelösten Temperaturtrends über 100 Jahre (1901 – 2000). Man erkennt große Gebiete mit kräftigen Erwärmungen (bis über +2,3 °C), aber erstaunlicherweise auch Regionen mit Abkühlungen (bis fast – 1 °C). Das globale Flächen- und Jahresmittel zeigt dennoch eine Erwärmung um 0,7 °C in 100 Jahren (Ref. 1).

Weil die Umrisse der Kontinente nicht leicht zu erkennen sind, ist es hilfreich, einen Blick auf die Abb. 11, S. 36 zu werfen.

tel, der für Deutschland ca. + 1 °C/100Jahre ausmacht. Global beträgt er etwa + 0,7 °C/100 Jahre. Schaut man sich die einzelnen klimatischen Regionen an, so erkennt man ganz erstaunliche Unterschiede. Es scheint derzeit zwei „Erwärmungsgürtel" zu geben. Ein einheitlicher globaler Trend ist nicht zu erkennen.

Es lohnt sich, die Abb. 47 in Ruhe zu studieren und die unterschiedlichen Regionen zu identifizieren, denn bisweilen werden regionale Abkühlungstrends trickreich herangezogen, um die gesichert nachgewiesene globale Erwärmung bestreiten zu können.

Parallel zur Erwärmung um 0,7 °C ist der mittlere Meeresspiegel von 1901 bis 2000 um 17 cm angestiegen. Der Anstieg um 1,7 mm pro Jahr ist marginal angesichts der Bedrohungen durch Sturmfluten mit Hochwasser und Wellenhöhen von vielen Metern. Auch der derzeitige Anstieg von 3,1 mm/Jahr (S. 142) kann keinesfalls als Ursache für große Überschwemmungen herangezogen werden.

VERSTEHEN WIR DIE DATEN?

Auf den vorhergehenden Seiten haben wir in einer Rückschau die Trends für die gemessenen Temperaturen ohne jede detaillierte Analyse oder Ursachenforschung wiedergegeben. Im folgenden diskutieren wir vor allem die globale mittlere Temperatur, weil dieser Wert am zuverlässigsten ausgewertet und modelliert werden kann. Die regionalen Trends sowie Niederschläge, Wind und Bewölkung sind derzeit viel weniger zuverlässig modellierbar und werden im folgenden nicht näher betrachtet. Wenn man dagegen die ausführlichen IPCC-Berichte zu Rate zieht, findet man auch zu diesen Klimaelementen zahlreiche Informationen (vgl. S. 146).

Die zentrale Herausforderung jeder Modellierung ist es, zuerst die Klimavariationen der Vergangenheit quantitativ zu reproduzieren. Dazu muss man die Beiträge der globalen Klimafaktoren, natürliche und anthropogene, mit den gemessenen Daten in Beziehung setzen und prüfen, in wie weit sich diese Einflüsse aus den Schwankungen des Klimas herausschälen. Am besten wäre es, wenn man alle Klimaeinflüsse erkennen und in den Daten genau erfassen, also von einander trennen könnte, um auf diese Weise das „zufällige Klimarauschen" zu minimieren. Das ist unser Ziel. Erst danach kann man den Einfluss des menschlichen Handelns erkennen und in einem weiteren Schritt auch einen Blick in die Zukunft wagen.

Zuerst wird man mit Hilfe der Klimamodelle prüfen, ob allein die natürlichen Einflüsse ausreichen könnten, um das beobachtete Klimageschehen zu bewirken. Deshalb zeigt die Abb. 48 den gemessenen Temperaturgang seit 1900 und die zusammengefassten Resultate von 23 Modellrechnungen (IPCC 2007), wobei im wesentlichen nur die Einflüsse von Sonnenaktivität und Vulkanismus berücksichtigt wurden. Den umfangreichen Gang der Berechnungen können wir hier natürlich nicht darstellen.

Statt dessen wenden wir uns direkt der entscheidenden Beobachtung zu:

> Der gemessene Temperaturgang bis etwa 1970 ist möglicherweise noch überwiegend durch natürliche Vorgänge erklärlich, aber danach öffnet sich eine Diskrepanz, die sich nur durch den Anstieg der anthropogenen Emissionen erklären lässt.

Wir wollen nun noch genauer auf die Daten schauen und betrachten dazu die Entwicklung der globalen Temperatur-Mittelwerte (Flächenmittel der bodennahen Lufttemperatur) seit 1860. Mit Hilfe statistischer Berechnungen korrelieren wir sie mit den bekannten Messwerten für die Variation der Sonneneinstrahlung, dem Vulkanismus und den pazifischen El-Niño-Oszillationen sowie andererseits mit den anthropogenen Einflüssen durch Treibhausgase und durch Aerosole aus Emissionen in die untere Atmosphäre. Als Quellen

GLOBALTEMPERATUR 1900 – 2012

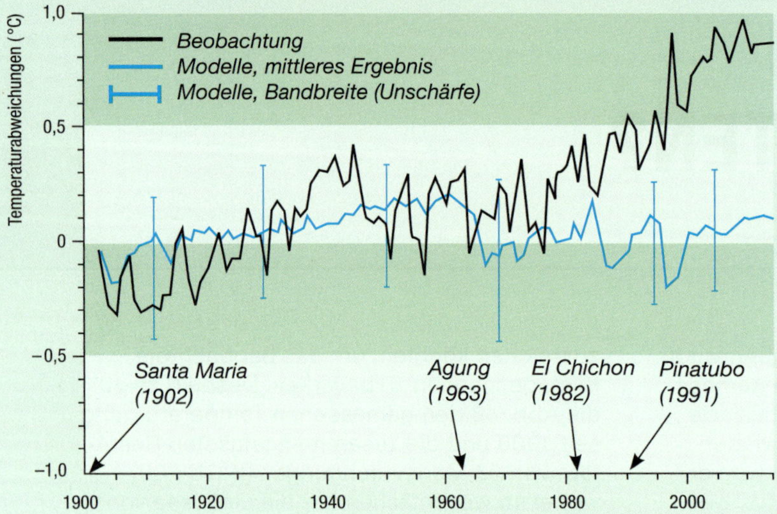

Abb. 48: Die schwarze Kurve zeigt die gemessenen globalen Temperaturänderungen seit 1860 relativ zur Referenzperiode 1880 - 1919. Die blaue Kurve ist das mittlere Ergebnis von 39 Klimamodellrechnungen (nach Taylor et al., 2012; Vergleich nach IPCC, 2014). Bei diesen Rechnungen wurden nur natürliche Einflüsse berücksichtigt, insbesondere die Sonnenaktivität und der Vulkanismus (vgl. dazu auch Abb. 49). Die blauen vertikalen Balken geben die Streuung der Modellrechnungen an. Man erkennt, dass der beobachtete globale Temperaturtrend seit etwa 1970 nicht mehr durch natürliche Einflüsse zu erklären ist.

für die Aerosole kommen die schwefelhaltigen Brennstoffe und die Erzverarbeitung in Betracht, weil beim „Rösten" der Erze ebenfalls viel SO_2 frei gesetzt werden kann.

Das Diagramm Abb. 49 gibt die Resultate wieder. Die Messdaten zeigen einen Anstieg um 0,8 °C für den Zeitraum von 1860 bis 2008. Man erkennt einen Erwärmungstrend, der ungefähr ab 1960 sehr kräftig ansteigt und als Treibhaussignal interpretiert werden kann. Sein Gesamtbeitrag von 1860 bis 2008 macht sogar 1,4 °C aus. Allerdings wirkt dem ein abkühlender Einfluss von Sulfat-Aerosolen entgegen. Er beträgt – 0,5 °C, so dass sich aus dieser Berechnung für den Zeitraum von 150 Jahren ein anthropogener Einfluss von ca. + 0,9 °C (global) ergibt. Auch die großen Vulkaneruptionen sind vermerkt, weil sie jeweils zu einer Abkühlung von bis zu 0,2 °C für einige Jahre beitragen. Die El-Niño-Ereignisse beeinflussen den pazifischen Raum sehr kräftig, sind aber für das Klima in Europa kaum signifikant. Im globalen Jahresmittel schlagen sie noch mit bis zu 0,3 °C zu Buche, obwohl der Effekt immer nur wenige Monate anhält. Sie sind in der Abbildung durch rote Punkte gekennzeichnet. Mehr Informationen zum El Niño finden sich auf S. 132.

Die in Abb. 49 dargestellten Resultate sind sehr vertrauenswürdig, weil sie gut mit den physikalischen Prinzipien und mit den Ergebnissen der großen globalen Klimamodelle (Tabelle 4, S. 141) übereinstimmen. Sie zeigen einen eindeutigen und deutlichen Erwärmungstrend, für den ein zunehmender Treibhauseffekt verantwortlich ist.

GLOBALTEMPERATUR 1860 – 2010

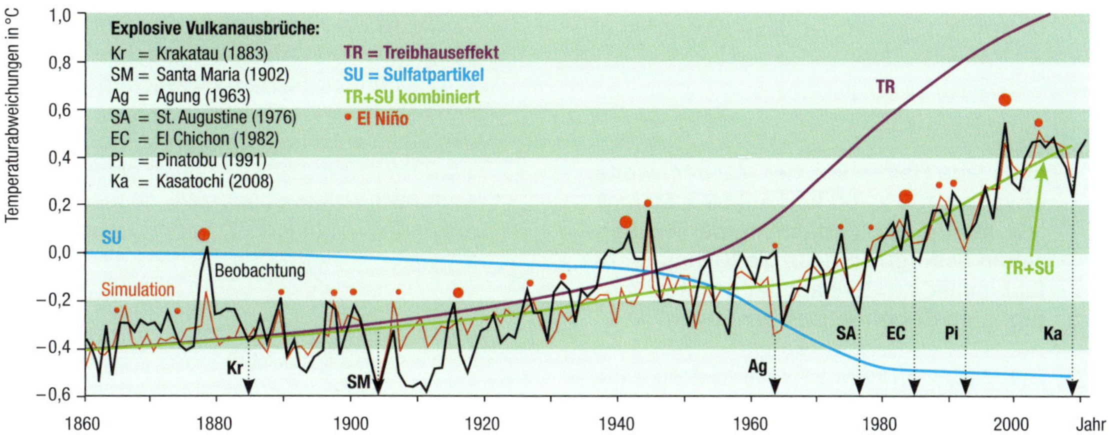

Abb. 49: Die schwarze Kurve zeigt den Verlauf der global gemittelten bodennahen Lufttemperatur seit 1860. Die rote Kurve ist eine statistisch-mathematische Analyse dieser Daten mit Hilfe eines „Neuronalen-Netz-Modells". Dabei wurden die folgenden Einflussgrößen berücksichtigt:
– anthropogene Treibhausgase (TR), erwärmend,
– anthropogene Sulfat-Aerosole (SU), abkühlend,
– El-Nino-Ereignisse, erwärmend
– Vulkaneruptionen, abkühlend
– Sonnenaktivität
Es ist bemerkenswert, dass die Sulfatemissionen den Einfluss der Treibhausgasemissionen sehr deutlich gemildert haben (nach Ref. 1 und Mitteilungen der DMG 1/2009, S. 4).

Deshalb können wir davon ausgehen, dass wir die Entwicklung der mittleren globalen Temperatur der nahen Vergangenheit verstanden haben und sie korrekt mit physikalischen Modellen berechnen können. Das ist unter den Klimawissenschaftlern inzwischen weltweit und allgemein akzeptiert. Nur außerhalb der Fachwelt gibt es noch einige Skeptiker, die den deutlichen Einfluss der Treibhausgase bezweifeln.

Das bedeutet aber keinesfalls, dass die Fachleute für Klimamodellierung nunmehr alle Probleme gelöst hätten. Wie schon der Blick auf die Abb. 46 und 47 zeigt, kann bereits die eminent wichtige Vorhersage für große Regionen oder einzelne Klimazonen, beispielsweise für Nordeuropa, den Mittelmeer- oder den Alpenraum, nicht mehr allein mit Hilfe des globalen Trends für die Temperatur beschrieben werden. Hier sind sehr viel detailliertere Klimamodelle gefordert. Will man versuchen, Aussagen über kleinere Gebiete (wie etwa Norddeutschland) oder gar einzelne Regionen (Allgäu) zu treffen, so stoßen die Modelle schnell an ihre Grenzen. Um die geographische Struktur der Regionen (Berge, Küsten, Seen, Städte) angemessen zu berücksichtigen, muss das regionale Geschehen mit deutlich feinerer räumlicher Auflösung in die grobmaschigen globalen Modelle (S. 141) eingebunden werden. Der Einsatz eines „regionalen Vergrößerungsglases" wird „Nesting" genannt, weil dabei ein feineres Netz mit einer Ortsauflösung von derzeit vielleicht 50 km in das gröbere globale Netzwerk eingefügt wird. Es liegt in der Natur der bisweilen Monate lang laufenden Rechenprogramme, dass jede Halbierung der Maschenweite, etwa von 100 x 100 km^2 auf 50 x 50 km^2, jeweils eine Verachtfachung der Rechenzeiten bedingt, so dass die Klimaforscher fast immer den Einsatz der größten verfügbaren Superrechner benötigen.

Die Modellierungen der Klima-Elemente, die über die mittlere Temperatur hinausgehen, ergeben bisher widersprüchliche oder sehr unsichere Resultate, so dass man den Niederschlag, die Wolkenbildung oder die Windmuster noch nicht im Griff hat. Offensichtlich muss es dann auch noch weitaus schwieriger sein, eine Eintrittswahrscheinlichkeit für deren Extremereignisse, wie Starkregen oder Stürme, abzuschätzen. Hier ist man nach wie vor auf „intelligente Vermutungen" angewiesen. Die Frage, mit welcher Wahrscheinlichkeit ein Starkregen im Bodenseegebiet zusammen mit einer Schneeschmelze in den Alpen zu einer großflächigen Überschwemmung im Gebiet der Rheinanlieger führen wird, muss derzeit offen bleiben.

Wenn wir uns abschließend noch einmal fragen, ob wir die Daten verstanden haben, so können wir zumindest für die mittlere globale Temperatur der letzten 150 Jahre festhalten, dass wir dieses Klimaelement recht genau analysieren und seine Entwicklung beschreiben können. Das ermutigt uns, auch eine Projektion in die Zukunft zu wagen (ab Seite 138).

EL NIÑO

El Niño ist ein wiederkehrendes Wetterphänomen im Pazifik. Es ist als Wechselspiel von Atmosphäre und Ozean inzwischen gut verstanden und wird als Beispiel für großräumige Klimaschwankungen betrachtet (Ref. 1). Im Fall von El Niño handelt es sich um ein Hin- und Herschwingen zwischen zwei ausgeprägten Zuständen, nicht jedoch um ein irreversibles klimatisches Umkippen.

Dabei verändert sich das Luftdruck- und Windmuster zwischen Südamerika und Indonesien in unregelmäßigen Abständen von drei bis acht Jahren. Der Mindestabstand zwischen zwei El Niños beträgt drei Jahre und kennzeichnet die stabile Normal-Wetterlage.

Ursache für die Instabilität und die Oszillationen ist der Energieaustausch zwischen der weiträumigen atmosphärischen Zirkulation (Luftdruck, Windrichtung und Niederschlag) und der Oberflächenschicht des Pazifiks (Wassertemperatur und windgetriebene Strömung). Unterschiede der Wassertemperatur an der Meeresoberfläche lassen die Hoch- und Tiefdruckgebiete entstehen und erzeugen damit die Winde. Die Winde ihrerseits treiben die Meeresströmungen an und verändern damit großräumig die Temperatur an der Meeresoberfläche.

Man kann nicht entscheiden, ob der Ozean oder die Atmosphäre als Auslöser wirkt, denn beide sind Akteure in einem gemeinsamen Geschehen. Weil jeder El Niño bereits Vorgänge auslöst, die ihn nach wenigen Monaten wieder schwächen, überwiegt insgesamt eine negative (stabilisierende) Rückkopplung innerhalb eines Systems mit zwei metastabilen Zuständen.

Ein El Niño bewirkt eine windgetriebene Strömung von warmem Oberflächenwasser bis vor die Küste Perus. Dort wird die Klimawirksamkeit des kalten Humboldtstroms abgeschwächt, und die Temperaturen an der Wasseroberfläche können um bis zu 7 °C ansteigen. Die Wetteränderungen sind erheblich und bewirken feuchtes Wetter an der Westküste von Süd- und Nordamerika sowie trockenes Wetter im

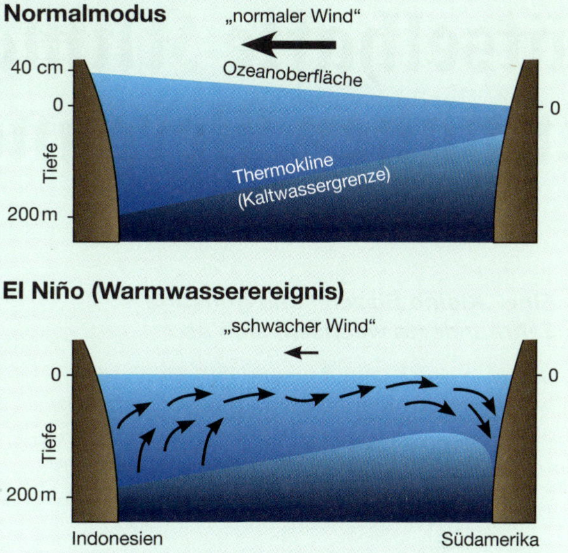

Abb. 50:
a) Normalmodus: Der kräftige Südost-Passat treibt das Wasser des Pazifik nach Westen, so dass dort der Meeresspiegel um bis zu 40 cm ansteigt.
b) El Niño: Der Wind ist nur schwach, das Wasser strömt zurück und der Meeresspiegel gleicht sich aus. Tropisch warmes Wasser erreicht die Küste vor Peru (nach Ref. 1).

Westpazifik. Der El Niño 1982/83 führte zu Überschwemmungen in den Wüsten Perus, dagegen zu katastrophaler Trockenheit in Australien.

Ein El Niño ist für das Klima in Europa kaum relevant. Allerdings werden ähnliche Oszillationen der Luftdruckmuster auch über dem Nordatlantik zwischen Island und den Azoren registriert („Nordatlantik-Oszillationen“, NAO). Sie scheinen das Auftreten von strengen oder milden Wintern in Nord- und Mitteleuropa zu beeinflussen.

Die El-Niño-Oszillationen zeigen, wie die Kopplung zwischen Meeresströmungen und der Atmosphäre zu einer Eigendynamik im Klimageschehen führen kann. Ähnliche Vorgänge im Bereich des Nordatlantikstroms könnten ein großes Rätsel der Vergangenheit lösen: Warum gab es immer wieder sehr schnelle, heftige Klimaschwankungen vom Nordatlantik bis nach Westeuropa? In Eisbohrkernen aus Grönland wurden mindestens 25 solcher rasanten Klima-Umschwünge während der letzten großen Vereisung nachgewiesen (115 000 – 11 000 Jahre v.h.). Sie werden nach ihren Entdeckern als Dansgaard-Oeschger-Ereignisse bezeichnet (vgl. Abb.37e, S. 112, Ref. 1 und wikipedia).

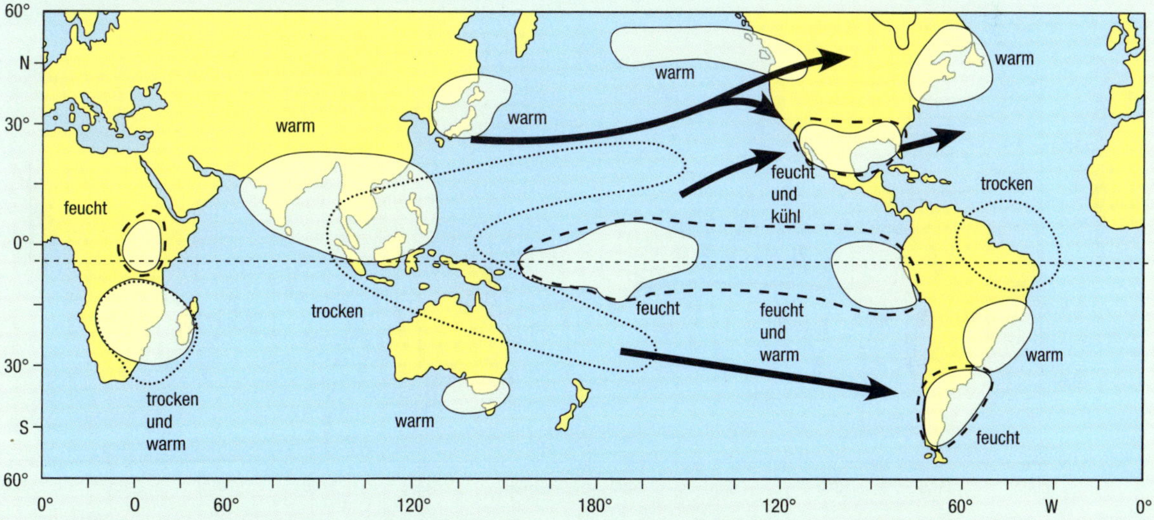

Abb. 51: Typische Temperatur- und Niederschlagsanomalien („feucht“: mit unterbrochenen Linien umrahmte Gebiete; „trocken“: punktiert umrahmte Gebiete; „hell“: warme Gebiete) sowie Hauptstrahlstromrichtungen (Jetstreams) während eines El-Niño-Ereignisses (nach Ref. 5).

Rätselhafte Klimaschwankungen der nahen Vergangenheit

Eine „Kleine Eiszeit" und günstige Jahrhunderte wechseln sich ab

Selbst in den letzten tausend Jahren wurde unser Klima in Europa durch deutlich spürbare natürliche Schwankungen geprägt, die fast bis in unsere unmittelbare Gegenwart reichen. Die Suche nach den Ursachen muss die gesamte Vielfalt der Wetterakteure berücksichtigen.

Wie wir wissen, kann unser Wetter von sehr unterschiedlichen Luftmassen bestimmt werden:

- *die Westwinddrift mit den vielen eingelagerten Tiefs und den weniger zahlreichen Zwischenhochs,*
- *die stabilen Hochdruckgebiete der Subtropenregion (Azorenhoch) und*
- *die polaren Luftströmungen.*

Entscheidend sind außerdem die Sonneneinstrahlung, die Warmwasserheizung durch den Nordatlantikstrom und die abkühlend wirkende Albedo von Schnee und Meereis. Inzwischen ist uns bewusst, dass das komplexe Zusammenwirken der unterschiedlichen Akteure zu fluktuierenden Effekten führen kann. Deshalb bewirken kleine externe Auslöser bisweilen unerwartet starke Reaktionen im Klimageschehen.

Dabei werden vor allem zwei natürliche Auslöser für die erheblichen Klimaschwankungen in den letzten Jahrtausenden betrachtet. Da ist zuerst die Sonne zu nennen, deren Einstrahlung auf die Erde in mehrjährigen Zeiträumen geringfügig, im Promillebereich, variiert. Diese Schwankungen der Aktivität zeigen sich oft auch an den Sonnenflecken, wobei viele Flecken auf eine „unruhige Sonne" mit erhöhter

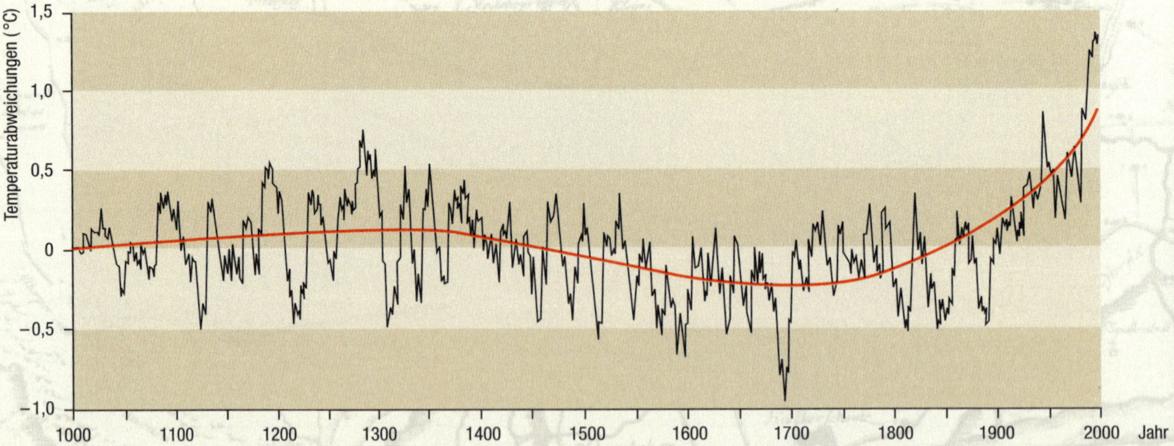

Abb. 52: Rekonstruktion der Jahresabweichungen 1000 – 2006 der mittleren bodennahen Lufttemperatur in Mitteleuropa aufgrund historischer Quellen, übergreifende 11-jährige Mittelwerte und langfristiger Trend (nach Ref. 1 und Glaser und Riemann, 2008).

Abb. 53: Lucas van Valckenborch (1586): Winterlandschaft (Kunsthistorisches Museum, Wien). In der „Kleinen Eiszeit“ waren die Winter deutlich schneereicher und kälter als gegenwärtig.

Abstrahlung hinweisen. Zum zweiten haben wir am Beispiel des Tambora bereits gesehen, dass der aktive Vulkanismus einen deutlichen Einfluss besitzt.

Diese schwachen Auslöser (Trigger) im Zusammenspiel mit der Eigendynamik des Klimas werden für die natürliche Klimaentwicklung der letzten Jahrtausende verantwortlich gemacht. Über die Jahrhunderte betrachtet, zeigt das Klima offensichtlich eine erhebliche Labilität (Empfindlichkeit gegenüber Störungen), die zu deutlich spürbaren Langzeit-Schwankungen geführt hat.

So hat es in Europa und im Mittelmeerraum während der Zeit um Christi Geburt eine relativ lange und ausgesprochen warme Zeit mit günstigen Niederschlagsmustern gegeben, in der Nordafrika als Kornkammer des römischen Imperiums diente. Hannibal konnte mit seinen Kriegselefanten die Alpenpässe überqueren. Die Vegetationsperiode in Mitteleuropa war einige Wochen länger als heute, so dass der Weinbau sogar in England möglich wurde.

Das günstige Klima mit Weinbau in England stellte sich im „mittelalterlichen Optimum“ wiederum ein. Nordafrika litt allerdings in dieser Periode unter großer Trockenheit.

Abb. 54: Die Nordseeküste wurde in der Vergangenheit von mehreren verheerenden Sturmfluten heimgesucht.

Das nebenstehende Bild zeigt die Folgen eines Deichbruchs im Bereich der Weser.

Rätselhafte Kli

Dieses günstige Klima wurde in der Folge durch deutlich ungünstigere Jahrhunderte unterbrochen, stellte sich aber in der Zeit von 850 bis 1200 wieder ein. Dieses „mittelalterliche Optimum“ ermöglichte eine fruchtbare Entwicklung der Landwirtschaft bis nach Grönland.

Allerdings sind auch mindestens fünf verheerende Sturmfluten zu verzeichnen: 1099, 1212, 1218, 1287 und 1362. Ab 1300 kühlten sich die nördlichen Gewässer wieder deutlich ab, das Meereis drang ständig weiter nach Süden vor, und die Siedlungen in Grönland wurden wieder aufgegeben.

Der harte Winter 1322/23 übertraf alles davor und danach bei weitem. Die Kaufleute zogen mit ihren Wagen über das Eis der Ostsee von Rügen aus direkt bis nach Schweden.

Zwischen 1550 und 1770 erreichte die Kälte einen weiteren Höhepunkt. Die Bevölkerung in ganz Europa litt unter langen und schneereichen Wintern. Missernten führten zu Hungersnöten. Wölfe verfolgten die Menschen bis an die Stadttore. Die isländische Schifffahrt war regelmäßig für viele Monate durch große Packeismengen blockiert – eine Situation, die heute nur für wenige Tage im Jahr eintritt. Das polare Meereis drang sogar bis zu den Shetland-Inseln vor.

Das Vorrücken der Eisgrenze verschärfte die Temperatur- und Luftdruckgegensätze in unseren Breiten, und die Sturmhäufigkeit im Atlantik nahm zu (Umgekehrt lässt die derzeitige Entwicklung eine deutlich wärmere Nordpolarregion und ein ausgeglicheneres und milderes Klima für Nord- und Mitteleuropa erwarten). Erst gegen 1880 setzte endlich auf Grund des bekannten Erwärmungstrends auch der von den Anwohnern ersehnte Rückzug der Alpengletscher aus den Tälern in höhere Regionen ein.

Der lange Zeitraum des kälteren Klimas in Mitteleuropa und wohl auch in Nordamerika und Ostasien von ca. 1300 bis 1900 könnte insgesamt als „Kleine Eiszeit“ bezeichnet werden (Ref. 1), obwohl meistens dafür nur kürzere Zeiträume angegeben werden, etwa 1500 – 1800. Es ist bemerkenswert, dass die Alpengletscher noch um 1850 ihre maximale Ausdehnung besaßen und dass erst ab 1900 wieder deutlich wärmere Temperaturen erreicht wurden. Höchst überraschend ist die Rekonstruktion des Temperaturverlaufs dieser Zeit, denn es zeigt sich, dass diese einschneidenden klimatischen Umschwünge nur mit relativ geringen Änderungen der mittleren Jahrestemperaturen verknüpft waren. Leider gibt es aus dieser Zeit noch keine zuverlässigen Thermometerdaten, sondern nur indirekte Rekonstruktionen. Man geht heute von einer Abkühlung von etwa –1 °C für Nordeuropa und im globalen Mittel aus, obwohl regional auch mittlere Jahrestemperaturen berichtet werden, die um –5 °C unter den heutigen Werten lagen.

Es zeigt sich auch hier, dass die Kenntnis der Extremwerte (strenge Winter) und der Klimadetails (kühle und nasse Sommer oder Spätfröste) mindestens so wichtig ist wie die Angabe einer mittleren Temperatur. Daran sollten wir uns erinnern, wenn zukünftige Klimaentwicklungen diskutiert werden.

Abb. 55: Die kalten Winter nach 1550 schlugen sich auch in der niederländischen Malerei nieder. Die dick vereisten Wasserflächen boten bequeme Verkehrswege und Flächen für Märkte und Volksfeste.

KLIMAPROJEKTIONEN – MÖGLICHE ZUKÜNFTIGE KLIMAENTWICKLUNGEN

Klimaprojektionen sind die Resultate umfangreicher physikalisch-mathematischer Modellrechnungen. Sie stellen insbesondere die zu erwartende zukünftige Entwicklung der mittleren Temperatur dar, oft schlicht „Erderwärmung" genannt. Die Komplexität der großen Klimamodelle ist überwältigend. Sie sind immer das Werk eines größeren Teams und einer langjährigen Entwicklung. Deshalb können wir hier nur einige sehr vereinfachte Erläuterungen geben.

Alle Versuche, das Klima der Zukunft abzuschätzen, beginnen mit dem Klima der Gegenwart und setzen in hohem Maße die Stabilität der natürlichen Komponenten voraus. Damit werden die in der Vergangenheit so machtvoll wirksamen natürlichen Klimaänderungen erst einmal als unvorhersehbar ausgeschlossen. Dazu zählen der Einfluss des Vulkanismus und der variablen Sonnenaktivität, die ja unter anderem auch die erheblichen klimatischen Veränderungen der „Kleinen Eiszeit" bewirkt haben.

Allerdings muss der laufende Erwärmungstrend (S. 130, 131) berücksichtigt werden, weil er auf dem aktuellen und dem weiterhin zu erwartenden Anstieg der Treibhausgas-Konzentration beruht. Immerhin haben wir uns wegen der Zeitverzögerungen im Klimasystem bereits mit der gegenwärtigen Treibhausgas-Konzentration eine zukünftige Erwärmung um 0,6 °C „eingekauft", die damit in der gleichen Größenordnung wie der Trend der letzten 100 Jahre liegt.

Wie kann man den zukünftigen Anstieg der anthropogenen Treibhausgase erfassen?

Um das entscheidende menschliche Handeln zu beschreiben, wurden zahlreiche unterschiedliche „Szenarien" entwickelt. Diese Szenarien beinhalten ein Spektrum von Entwicklungsprognosen für alle Länder und Regionen der Erde. Zwangsläufig ergeben sich dabei erhebliche Unsicherheiten: Wie entwickelt sich das Wachstum der Weltbevölkerung, der zukünftige Pro-Kopf-Bedarf an Energie, Nahrung und Alltagsgütern, die Nutzung der Erdoberfläche durch Land- und Wasserwirtschaft und Waldrodung sowie der industrielle und technische Fortschritt? Setzen große Teile der Menschheit weiterhin ungebremst auf fossile Energieträger oder ist ein spürbares Umlenken zu erreichen? Eine knappe Zusammenfassung der „Familienstruktur der Szenarien" findet sich auf S. 49 der Referenz 4*. Aus jedem Szenario ergeben sich dementsprechend charakteristisch unterschiedliche anthropogene Emissionen.

**http://edoc.hu-berlin.de/miscellanies/klimawandel/ Dort den Artikel „Klimamodellsimulationen" öffnen.*

Unvorhersehbar bleiben dennoch alle Entdeckungen und unerwartet erfolgreiche Entwicklungen, aber auch technische Katastrophen, Krisen, Kriege oder gesellschaftliche Revolutionen. Auch diese Ereignisse müssen neben der Sonnenaktivität und den Naturkatastrophen wie Erdbeben und dem Vulkanismus unberücksichtigt bleiben. Daraus folgen selbst beim Einsatz einer weit gefächerten Schar von sorgfältig ausgewählten unterschiedlichen Szenarien noch weitere Unsicherheiten, wenn wir z. B. bis zu 100 Jahre in die Zukunft blicken wollen.

Aus der Auswertung der Szenarien erhält man die zu erwartenden Emissionsraten für Spurengase und Aerosole. Deren zukünftige Konzentration in der Atmosphäre muss nun berechnet werden. Mit den Kenntnissen über die Klimawirksamkeit der Emissionen und über den Einfluss der veränderten Erdoberfläche durch Landwirtschaft, Bautätigkeit, Bewaldung und Bewässerung muss nun das volle Wechselspiel aller Klimaprozesse auf der gesamten Erde, einschließlich der Ozeane und Tiefenströmungen, erfasst und modelliert werden.

Dabei sind die entscheidenden Auswirkungen von klimatischen Wechselwirkungen, Rückkopplungen und Schwellenwerten besonders zu berücksichtigen: Schnee-Eis-Albedo, Wasserdampf und Wolkenbildung, der Austausch zwischen Ozean und Atmosphäre und möglicherweise großräumige Eisabschmelzungen oder die Veränderungen von Meeresströmungen. Eine dadurch ausgelöste unumkehrbare klimatische Eigendynamik (etwa eine „Klimakatastrophe" in Form einer großen Eisschmelze) auf Grund menschlicher Aktivitäten wird ausdrücklich zugelassen und in die Modelle mit einbezogen (Siehe auch das Gespräch ab Seite 184 sowie „Kippelemente im Klimasystem", Seite 144).

Abb. 56: Die Spurengase in der hohen Atmosphäre werden mit Ballonflügen und nun auch mit einem speziellen Hochleistungsflugzeug untersucht. Die Geophysica, hier vor dem Start in Darwin, Australien, erreicht die extreme Höhe von 22 000 m. Die Geophysica kann kontrolliert die Wolkentürme der Tropengewitter ansteuern und vermessen. Das ist mit Ballons nicht möglich. Wissenschaftler des FZ Jülich konnten mit diesen Flügen nachweisen, dass es neben den Vulkanausbrüchen die sehr hoch reichenden Tropengewitter sind, die einen effektiven vertikalen Transport von Spurengasen bis in die Stratosphäre bewirken.

In den großen Klimamodellen wird ein Netz aus kastenförmigen Elementen über die gesamte Erde gelegt, vgl. Tabelle 4. Zur Zeit besitzen die Gitternetze Maschenweiten von ca. 100 km bis zu 500 km und modellieren die Atmosphäre mit bis zu 56 übereinander liegenden Schichten. Die Ozeane werden ebenfalls modelliert und in bis zu 47 (!) Schichten zerlegt. Die Berechnungen „krabbeln" nun Gitternetzpunkt für Gitternetzpunkt über die ganze Oberfläche und schreiten danach um einen Zeittakt in die Zukunft vor. Die Zeitschritte für die atmosphärischen Veränderungen sind typischerweise kürzer als eine Stunde, denn die atmosphärischen Bedingungen verändern sich relativ schnell. Weil die ozeanischen Variationen träger sind als die der Atmosphäre, werden sie mit einer Zeitauflösung von einigen Tagen modelliert. Jede Halbierung der Maschenweite erhöht zwar die räumliche Auflösung, bedingt aber eine Verachtfachung der Rechenzeit. Deshalb stoßen die Klimamodelle fast immer an die Grenzen selbst großer Rechenzentren.

Letztendlich ergibt sich als Resultat dieser aufwendigen Berechnungen eine statistische Aussage über die Langzeit-Entwicklung der mittleren globalen Temperatur: „Wenn ein bestimmtes Szenario die menschlichen Aktivitäten richtig vorhersagt, dann wird sich das Klima so entwickeln, dass die globale Temperatur vermutlich diesen Wert erreichen wird." Erinnern wir uns noch, dass nur 4 bis 5 °C den Unterschied zwischen einer Kaltzeit und einer Warmzeit ausmachten? Deshalb kann ein recht unspektakulärer Temperaturanstieg tatsächlich eine hohe Brisanz entfalten und bereits „eine ganz andere Erde" beschreiben.

Elf der wichtigsten globalen Klimamodelle sind in der Tabelle 4 aufgeführt. Ihre Vorhersage für die Erwärmung bei einer Verdopplung der CO_2-Konzentration ist unabhängig von einem möglichen menschlichen Handlungsszenario und ist deshalb eine relativ vertrauenswürdige Zahl. Man erkennt, dass die Sofortreaktion der unteren Troposphäre, die so genannte transiente Klimasensitivität, wesentlich milder ausfällt als die Gleichgewichts-Sensitivität, weil sich die Trägheit (Wärmekapazität) der Eismassen und der Ozeane schnellen Temperaturwechseln eine Zeit lang entgegen stellt. Daraus erklärt sich, dass wir uns mit der derzeitigen CO_2-Konzentration bereits eine weitere Erwärmung um 0,6 °C „eingekauft" haben (Die aktuellen CO_2-Daten indet man unter www.esrl.noaa.gov/gmd/ccgg/trends, vgl. Abb. 32).

Eine entscheidende Frage bleibt beim Betrachten der Tabelle 4 natürlich noch offen: Wann in der Zukunft wird eine Verdopplung der CO_2-Konzentration zu erwarten sein? Um das herauszufinden, muss auf die erwähnten Szenarien zurück gegriffen werden. Sie reichen vom „Alles so weiter wie bisher" mit deutlichem Wirtschaftswachstum und steigendem Einsatz fossiler Energieträger bis zum Modell einer klimabewussten Weltbevölkerung mit sinkenden Emissionen. Eine knappe Übersicht über die wichtigsten Szenarien findet sich in Ref. 4 („Klimamodellsimulationen").

Die Datensätze der unterschiedlichen Szenarien werden in die Klimamodelle eingegeben, um die zukünftige Klimaentwicklung zu berechnen. Wie vom IPCC vorgeschlagen, nennen wir die Ergebnisse „Klima-Projektionen". Wenn man die Klimamodelle auf charakteristische so genannte Leitszenarien anwendet, wird ein ganzes Feld von Temperaturentwicklungen aufgespannt, und es ergibt sich die wichtige Abbildung 57.

TAB. 4: CHARAKTERISIERUNG UND ERGEBNISSE DER WICHTIGSTEN GLOBALEN KLIMAMODELLE

Auswahl aus insgesamt 30 Modellen, die dem IPCC-Bericht 2014 zugrunde liegen.

Horizontale Auflösung bezüglich der atmosphärischen Modellkomponente

Schichten	*= Anzahl der vertikalen Schichten der atmosphärischen Modellkomponente,*
Top	*= Obergrenze der atmosphärischen Modellkomponente,*
Klimasensitivität (KS)	*= Reaktion der global gemittelten bodennahen Lufttemperatur auf eine Verdoppelung der atmosphärischen CO_2-Konzentration gegenüber dem vorindustriellen Niveau (ca. 1750-1800, ca 280 ppm)*
KS(GG)	*= Klimasensitivität im Gleichgewicht, d.h. nachdem sich alle Komponenten des Klimasystems (insbesondere Atmosphäre und Ozean) angeglichen haben,*
KS(TR)	*= transiente Klimasensitivität, d.h. „Sofort-Reaktion" bei Erreichen der CO_2-Verdoppelung.*

Modell (Name)	Institution, Land	Horizontale Auflösung	Vertik. Schicht.	Top (Grenze)	KS (GG.)	KS (Trans.)
ACCESS1.0	CSIRO, Australien	192x145 km	38	39 km	3,8 K	2,0 K
BNU-ESM	Beijing Normal Univ., China	2,8°	26	43 km	4,1 K	2,6 K
CanESM2	CCC, Kanada	1,8°	35	55 km	3,7 K	2,4 K
CNRM-CM5	CNRM, Frankreich	~ 300 km	31	30 km	3,3 K	2.1 K
GFDL-CM3	GFDL, USA	~ 200 km	48	80 km	4,0 K	2,0 K
GISS-E2-R	GISS, USA	2°x2,5°	40	65 km	2,1 K	1,5 K
HadGEM2-ES	Met.O. Hadley Centre. UK	1,88°x1,25°	38	39 km	4,6 K	2,5 K
INM-CM4	INM, Russland	2°x1,5°	21	30 km	2,1 K	1,3 K
MIROC-ESM	Univ. Tokyo, NIES*, Japan	2,8°	80	88 km	4,7 K	2,2 K
MPI-ESM-MR	MPIM*, Deutschland	1,8°	95	65 km	-	2,0 K
MPI-ESM-P	MPIM*, Deutschland	1,8°	47	65 km	3,5 K	2,0 K

** CCC: Canadian Center for Climate Modelling and Analysis; CNRM: Centre National de Recherches Meteorologiques; CSIRO: Commonwealth Scientific and Industrial Research Organisation; GFDL: Geophysical Fluid Dynamics Laboratory (NOAA); GISS: Goddard Institute for Space Studies (NASA); INM: Russian Institute for Numerical Mathematics; MPIM: Max-Planck-Institut für Meteorologie; NIES: National Institute for Environmental Studies; NOAA: National Oceanic and Atmospheric Administration.*

Die 30 Modelle (IPPC, 2014) liefern für die Gleichgewichtstemperatur KS(GG) eine Spanne von 2,1 - 4,7 °C. Das IPCC schätzt derzeit eine Klimasensitivität KS(GG) von 1,5 - 4,5 °C ab.

In Anbetracht der menschlichen Lebensgewohnheiten und der Lebensdauer von Gebäuden, Industrieanlagen und Prozessen, der Verkehrssysteme und der Infrastruktur zeigen alle Projektionen auf der Basis der sehr unterschiedlichen Szenarien dennoch bis zum Jahr 2030 praktisch denselben Trend. Erst in den späteren Jahrzehnten, in denen zuvorgetroffene Entscheidungen und Maßnahmen allmählich klimawirksam werden können, öffnet sich die Schere zwischen den unterschiedlichen Szenarien immer weiter. Niemand kann heute entscheiden, welche Projektion die Zukunft beschreibt. Auch unvorhersehbare soziale und technische Entwicklungen oder Erfindungen sowie Naturkatastrophen wie Vulkanausbrüche vergrößern die Unsicherheit der Projektionen zusätzlich.

EMISSIONS-ZUKUNFTSSZENARIEN UND ZUKUNFTSPROJEKTIONEN

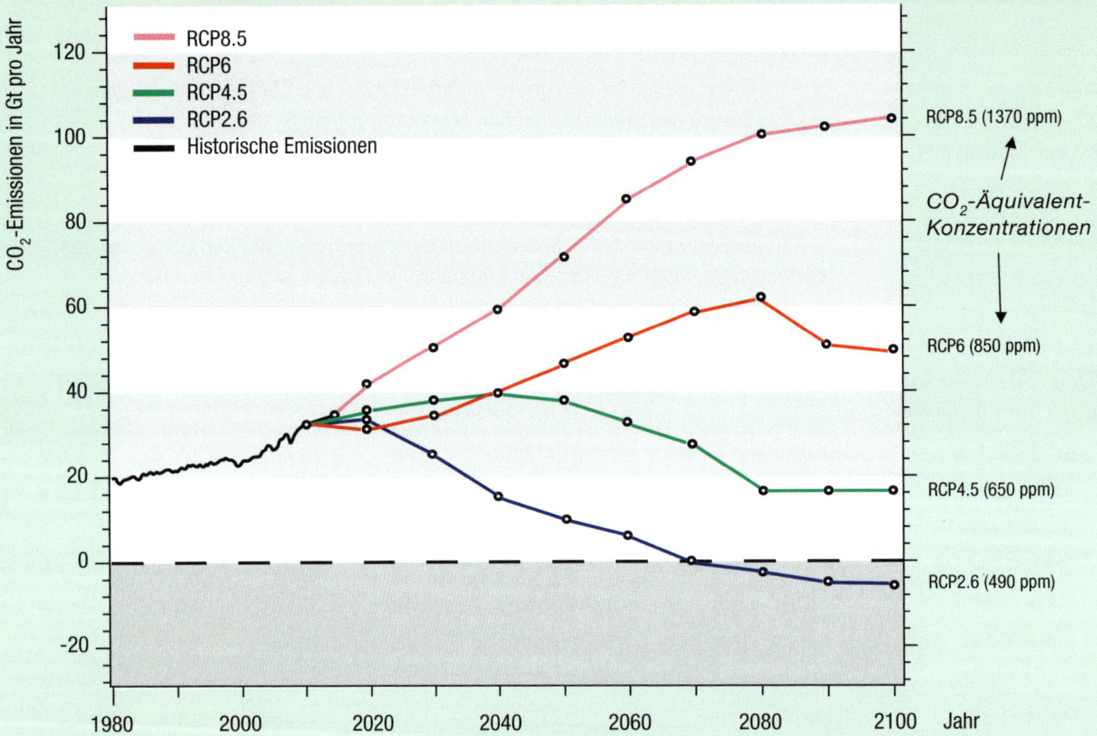

Abb. 57a: Emissionsszenarien klimawirksamer Spurengase und reale Entwicklung seit 1980. Sie geben den im Jahr 2100 möglicherweise erreichten Strahlungsantrieb gegenüber dem vorindustriellen Niveau (ca. 1750) an. Dieser beträgt beim untersten Szenario 2,6 Wm^{-2}, beim obersten 8,5 Wm^{-2} (Danach sind die Szenarien benannt: RCP2.6, usw. RCP, „Representative Concentration Pathway", bedeutet „Repräsentativer Konzentrationspfad"). In der Ordinate dieser Abbildung sind die zugehörigen energiebedingten CO_2-Emissionswerte angegeben (2015: 35,7 (± 1,8) Gt), in der rechten Ordinatenbeschriftung auch die im Jahr 2100 möglichen erreichten zugehörigen äquivalenten CO_2-Konzentrationen, bei denen die Anteile der weiteren klimawirksamen Spurengase Gase als CO_2-Zuschlagswerte eingerechnet sind. Die beim untersten Szenario (RCP2.6) angegebene äquivalente CO_2-Konzentration für das Jahr 2100 ist schon gegenwärtig erreicht, so dass dieses Szenario ab ca. 2070 von negativen Emissionen ausgeht: die CO_2-Senken müssten dann überwiegen. (Quelle: Global Carbon Budget, 2015, ergänzt.)

Das Konzept der Strahlungsantriebe

Bei den neuen IPCC-Szenarien (Abb. 57a und 57b) werden primär Annahmen über die Strahlungsantriebe gemacht. Rückwärtsgerichtet kann daraus auf die Emissionen geschlossen werden. Die solare Einstrahlung und die terrestrische Abstrahlung sind für das Klima grundlegend (Abb. 31). Strahlungsbilanzen bilden die Basis jeder Klimamodellrechnung. Der Strahlungsantrieb ist definiert als die Bilanz aus solarer Einstrahlung und terrestrischer Ausstrahlung. Beispielsweise führt verstärkte Sonneneinstrahlung (z.B. durch Sonnenaktivität) zu einem positiven Strahlungsantrieb und somit zur Erwärmung der Troposphäre, der explosive Vulkanismus jedoch wegen der verstärkten Streuung

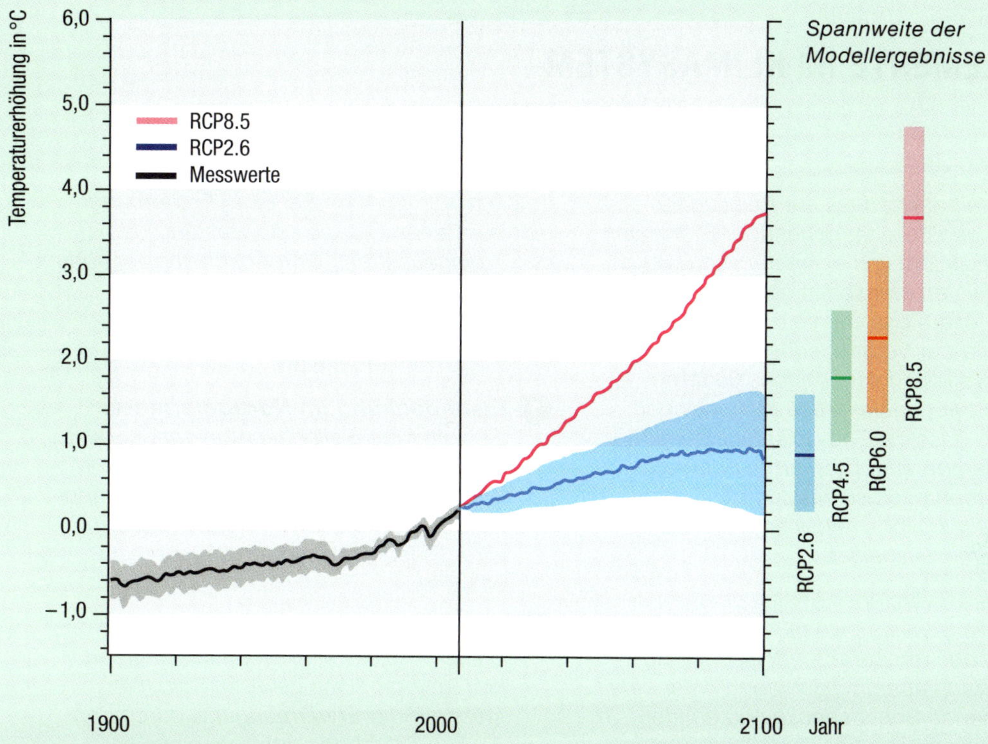

Abb. 57b: Global gemittelte bodennahe Lufttemperaturen relativ zum Mittelwert 1986-2005 und Spannweite der Projektionen bis 2100 unter Verwendung der Szenarien RCP2.6 und RCP8.5, nach IPCC TS1, 2014. Die berechneten Temperaturspannen für 2080-2100 sind rechts angegeben. Sie betragen für RCP2.6: 0,3-1,7 °C, für RCP4.5: 1,1-2,6 °C, für RCP6.0: 1,4-3,1 °C und für RCP8.5: 2,6-4,8 °C. Die entsprechenden Projektionen des global gemittelten Meeresspiegelanstiegs betragen 26-55 cm, 32-63 cm, 33-63 cm, 45-82 cm, nach alternativen Schätzungen sogar bis zu 215 cm (Nature, April 2010, p. 44).

der Sonneneinstrahlung und ihrer verminderten Transmission zu einem negativen Strahlungsantrieb, also zu Abkühlung. Der anthropogene Treibhauseffekt bewirkt einen positiven Strahlungsantrieb. In den Modellrechnungen kommen noch Rückkopplungseffekte hinzu. Sie verstärken oder schwächen den Strahlungsantrieb. Im Fall der RCPs wird nun vorgegeben, welcher Strahlungsantrieb in Watt pro Quadratmeter (Wm^{-2}) im Jahr 2100 gegenüber dem vorindustriellen Niveau (ca. 1750) erreicht wird. Bei RCP4.5 sind das beispielsweise 4,5 Wm^{-2}, bei RCP8.5 dagegen 8,5 Wm^{-2}. Diesen Vorgaben werden dann die atmosphärischen Konzentrationen der „Treibhausgase" zugeordnet, vgl. Abb. 57a. Mit Hilfe der Klimamodelle werden je nach RCP-Vorgabe die Temperatureffekte errechnet, vgl. Abb. 57b. Der seit 1750 bis jetzt anthropogen bewirkte Strahlungsantrieb beträgt laut IPCC (2014) rund +3,3 Wm^{-2}. Die im Industriezeitalter bisher eingetretene global gemittelte Erwärmung liegt bei rund 1 °C (Abb. 48 und Tab.4). Die dadurch bereits angelegte Gleichgewichtsreaktion liegt bei etwa 2-2,5 °C Erwärmung, so dass der Pfad RCP2.6 und die diskutierte 2-Grad-Grenze unrealistisch sind. Wahrscheinlich müssen wir uns auf eine stärkere Erwärmung einstellen.

KIPPELEMENTE IM KLIMASYSTEM

Man könnte hoffen, dass alle Klimazonen eine gewisse Eigenstabilität gegenüber Störungen besitzen. Das Bild von einer stabilen Erde ist bei den meisten Menschen gefühlsmäßig fest verankert. Allerdings könnte uns ein Ausflug in das Klima der Vergangenheit von dieser Wunschvorstellung schnellstens kurieren. Wenn nun der gegenwärtige Klimawandel dazu führt, dass die Entwicklung, insbesondere die Temperatur, bestimmte Schwellenwerte überschreitet, so werden mit Sicherheit erneut Vorgänge mit einer irreversiblen Eigendynamik ausgelöst.

Wie ist das zu verstehen? Es ist eine klimatisch stabile Situation, wenn im Frühling beim Ansteigen der Temperatur der Schnee abschmilzt, dann aber im nächsten Winter eine entsprechende Schneedecke neu entsteht. Im Jahresgang gibt es dabei zwar zwei Zustände (beschneit oder abgetaut), aber auch ein reversibles Hin und Her. Wenn aber Schwellenwerte, etwa die mittlere Temperatur, über- oder unterschritten werden, dann könnte ein Vorgang dominieren. Es käme in der Folge zu einer Selbstverstärkung und könnte für sehr lange Zeiträume kein Zurück mehr geben.

Ein prägnantes, aber noch hypothetisches Beispiel wäre das rapide Abschmelzen des 3000 m dicken Eisschildes in Grönland. Wenn die Eismassen abschmelzen, verschiebt sich deren Oberfläche immer weiter in tiefere und damit wärmere Luftschichten, so dass der Schmelzvorgang zusätzlich beschleunigt wird (Derzeit wird dieser Effekt noch nicht beobachtet).

In der Klimageschichte des Eiszeitalters werden das Eintreten der Kaltzeiten und der besonders rasche Wechsel (das Umkippen) von einer Kaltzeit zu einer warmen Periode mit selbst-verstärkenden Prozessen erklärt, bei denen auch die CO_2-Aufnahme oder Emission durch die Temperaturänderungen der Ozeane beteiligt war (S. 156). Bei einer Erwärmung gibt der Ozean CO_2 ab und verstärkt damit den Treibhauseffekt, eine Abkühlung verläuft unter CO_2-Aufnahme durch die Meere.

Beispiele für mögliche Klima-Umkipp-Vorgänge der Gegenwart:

1. ***Eisbedeckung im Nordpolarmeer:*** *Je weiter die Eisflächen abnehmen, desto leichter erwärmt die Sonne das dunkle Wasser, so dass letztendlich der Nordpol für viele Monate im Jahr eisfrei bleiben wird. Dieser Prozess scheint voran zu schreiten.*
2. ***Abschmelzen der Alpengletscher:*** *Dieser Prozess schreitet mit Sicherheit kräftig voran. Eine gewisse Selbstverstärkung der Erwärmung tritt durch den Albedo-Effekt des dunklen, eisfreien Gesteins ein.*
3. ***Abschmelzen der grönländischen Gletscher:*** *Falls sich die dortige Temperatur im Mittel um 3 °C erhöht, befürchten einige Wissenschaftler ein Abschmelzen innerhalb von vielleicht 300 Jahren und ein Ansteigen des Meeresspiegels um etwa 7 m. Andere Kollegen rechnen mit wesentlich längeren Zeiträumen von einigen Jahrtausenden.*
4. ***Auftauen der Permafrost-Regionen der nördlichen Tundra:*** *Es ist unsicher, wann dieser Prozess ausgelöst werden könnte. Das frei werdende Methan und CO_2 würde eine weitere Erwärmung beschleunigen.*

Weitere Beispiele finden sich in Ref. 1, Seite 457 und im Internet (Suchwort: climate change tipping points)

Bei einem Temperaturanstieg von 4,0 °C rechnet man mit einem Anstieg des Meeresspiegels um ca. 60 cm bis 2100. Vermutlich wird der Temperaturanstieg in den hohen Breiten generell höher ausfallen als am Äquator und sich auch stärker auf die Biosphäre auswirken. Die Ursache dafür liegt in den Schnee- und Eisflächen, die großflächig abtauen könnten und unter anderem eine verstärkte Erwärmung durch den Eis-Albedo-Effekt erwarten lassen. Zusätzlich gibt die nördliche Tundra Anlass zu besonderer Sorge, denn wenn die dortigen Permafrost-Regionen auftauen, wird obendrein viel Methan frei gesetzt, das wegen seines Treibhauspotentials die Erwärmung noch weiter beschleunigen wird. Die meisten Alpengletscher könnten in einigen Jahrzehnten verschwunden sein. Für das gesamte Nordpolarmeer (Arktis) erwartet man, dass die Eisbedeckung im Sommer nahezu völlig verloren geht. Wir erinnern uns, dass der Meeresspiegel davon nicht beeinflusst wird. Aber auch mindestens 1 % der Eismasse von Grönland würde bis zum Jahr 2100 abschmelzen und mit bis zu 10 cm zum Meeresspiegelanstieg beitragen. Die Eisbedeckung der Antarktis dagegen bleibt wegen der Durchschnittstemperatur von derzeit −30 °C in allen Modellrechnungen erhalten und wird vermutlich wegen des verstärkten Niederschlags aus der erwärmten See sogar noch anwachsen. Von Trockengebieten abgesehen, wäre wegen der erhöhten Verdunstung aus den Wasserflächen ein generell feuchteres Klima zu erwarten, vermutlich mit häufigeren Extremwetterlagen und Starkregen.

Die Unsicherheit der Projektionen für die mittlere globale Temperatur im Jahr 2100 umschließt damit eine Spannweite, die im ungünstigsten Fall einem Klimawechsel von unserer Warmzeit in ein „Supertreibhaus“ beschreiben könnte. Das wäre äußerst bedrohlich, aber noch gibt es begründete Hoffnung auf eine wesentlich mildere Entwicklung. Bei unserem heutigen Wissen liegen die zahlreichen, oft vehement vertretenen Prognosen noch immer nahezu gleichberechtigt innerhalb eines Bereiches zwischen einer maximal erwarteten Erwärmung von über 6 °C und niedrigeren Temperaturen mit geringerem Schadenspotential. Wir verzichten deshalb hier auf die Diskussion der möglichen Auswirkungen eines Klimawandels von noch unbekannter Stärke und verweisen dafür auf die ausführlichen englischsprachigen Darstellungen der Arbeitsgruppen WG2 und WG3 des IPCC (S. 146), insbesondere die Technical Summaries (TS), sowie auf das ausführliche Kapitel 4 der Ref. 4 (in deutscher Sprache).

Es ist vor allem den Klimamodellrechnungen und dem IPCC zu danken, dass die Problematik eines anthropogenen Klimawandels inzwischen auch in der breiten Öffentlichkeit erkannt und diskutiert wird. Es ist bemerkenswert, dass die Fachwelt bereits vor dreißig Jahren die heutige Situation mit recht einfachen Berechnungen weitgehend korrekt vorhergesagt hat – damals ohne erkennbare Resonanz in der Öffentlichkeit.

Um eine möglicherweise sehr gefährliche Entwicklung zu vermeiden, gilt es trotz aller Unsicherheiten, die möglichen Handlungsoptionen zu erkennen, sie realistisch zu bewerten und zielgerecht umzusetzen. Wo stehen wir, was sollten wir tun und was können wir realistisch erreichen? Diese Fragen werden im nächsten Kapitel so sorgfältig und genau wie derzeit möglich beantwortet. Zwangsläufig gerät dabei der Energiebedarf einer noch immer anwachsenden Weltbevölkerung in das Zentrum unserer Betrachtungen.

IPCC-BERICHTE – DIE SORGFÄLTIGSTEN ZUSAMMENFASSUNGEN DES DERZEITIGEN WISSENS

Das IPCC (Intergovernmental Panel on Climate Change, kurz „Welt-Klima-Rat" genannt) wurde 1988 von der UNO ins Leben gerufen und genießt hohes Ansehen. Das IPCC wurde kollektiv geehrt durch den Friedens-Nobelpreis 2007. Es fasst die Ergebnisse von tausenden Fachpublikationen kompetenter Wissenschaftler zusammen, die sich der Vergangenheit und Zukunft des Klimas aus den unterschiedlichsten Perspektiven angenommen haben. In Abständen von wenigen Jahren wird der Stand des Wissens in sorgfältigen Berichten von drei Arbeitsgruppen („Working groups, WG") niedergelegt. WG1 befasst sich mit dem Stand der Wissenschaft („Science"), WG2 mit den Auswirkungen des Klimawandels und mit Anpassungsstrategien („Impact, Adaptation and Vulnerability"), WG3 mit der Milderung des Klimawandels durch Reduktion der Emissionen aller Treibhausgase („Mitigation").

Das IPCC verbindet damit rein wissenschaftliche Forschungsergebnisse mit den wünschenswerten politischen Konsequenzen.

Der neueste, fünfte Bericht („AR5", Fifth Assessment Report, Buchpublikation bei Cambridge University Press, 2014) des IPCC ist bereits seit 2013 im Internet über www.ipcc.ch leicht zu erreichen. Er ist gut gegliedert, aber wegen der Vielfalt der Aspekte, Szenarien sowie der möglichen klimatischen, wirtschaftlichen und sozialen Entwicklungen sehr umfangreich. In gedruckter Form umfasst allein der Teil WG1 (wissenschaftliche Arbeitsgruppe) 1535 Seiten und ist nur mühevoll zu lesen. Kompakter und empfehlenswert sind die wissenschaftlichen „Technical Summaries", Umfang 127 Seiten für die WG1. Außerdem gibt es verkürzte „Summaries for Policymakers" (36 Seiten, WG1), bei deren Formulierung aber auch Politiker Einfluss genommen haben. Alle Texte sind in vier Sprachen verfügbar, aber leider nicht auf Deutsch. Jedoch stellt die Deutsche IPCC-Koordinierungsstelle kurze inhaltliche Informationen zur Verfügung (www.de-ipcc.de). Der gewaltige Aufwand der IPCC-Berichte lässt sich daran erkennen, dass allein bei der WG1 rund 860 Autoren und über 1000 Gutachter tätig waren sowie über 9200 Fachartikel berücksichtigt wurden. Auch der Katalog der derzeitigen Emissionen klimawirksamer Spurengase und der möglichen emissionsmindernden Maßnahmen, die im Summary der WG3 dargestellt werden, führt die gewaltige Dimension der Probleme eindrucksvoll vor Augen.

Das IPCC hatte als Grundlage für den 4. Bericht (AR4, 2007) eine umfangreiche Hierarchie von Szenarien entwickelt, um eine breite Ausgangsbasis für die Klimamodellrechnungen zu liefern. Diese Szenarien waren früher an den möglichen sozioökonomischen Entwicklungen bis zum Jahr 2100 orientiert. An deren Stelle sind nun die sog. Repäsentativen Konzentrationspfade getreten, die für das Jahr 2100 einen bestimmten Strahlungsantrieb gegenüber dem vorindustriellen Niveau definieren (Abb. 57a und Abb. 57b). Dabei wird weiterhin mit mehreren Alternativen gearbeitet, da die tatsächliche Entwicklung nicht vorhersagbar ist. Somit sind die darauf aufbauenden Klimamodellrechnungen gegenwärtig die einzige Methode, um mögliche zukünftige Entwicklungen aufzuzeigen: „Wenn-Dann-Projektionen". Dies sowie die physikalische und klimatologische Basis hinsichtlich Daten und Prozessen werden in den WG1-Berichten dargestellt. Die WG2 diskutiert die zahlreichen Konsequenzen (Klimafolgen, Risiken). Dabei kommen zu den Unsicherheiten der Szenarien und der begrenzten Auflösung und Genauigkeit der Modellierung noch die Unsicherheiten der Klimafolgen-Abschätzungen, so dass sich die Spannweiten noch weiter vergrößern. Die WG3 befasst sich mit der Minderung des Klimawandels sowie der Anpassung an den Klimawandel.

Alle Projektionen (Szenario plus Klimamodellrechnung) sind gleichberechtigt, aber bestenfalls nur ein einziges Resultat kann richtig sein – aber welches? Tatsächlich ist keines der Szenarien prinzipiell unrealistisch. Deshalb kann man keinesfalls durch Mittelung der Endergebnisse auf die wahrscheinlichste Vorhersage schließen.

Dazu ein Beispiel: Für 2100 wird auf Grund aller IPCC-Szenarien ein Anstieg des Meeresspiegels von maximal 0,8 m erwartet. Andere Wissenschaftler befürchten dagegen eine sich selbst verstärkende gewaltige Eisschmelze in Grönland mit einem Anstieg des Wasserspiegels um bis zu sieben Metern in 300 Jahren, also 2,3 m pro 100 Jahre. Eine Mittelwertbildung auf einen Kompromisswert von 1,5 m als „wahrscheinlichsten Meeresspiegelanstieg" würde auf einem Denkfehler beruhen, denn das Klima der Erde mittelt keineswegs über unsere virtuellen Modellierungen. Wenn der erste Fall eintritt, könnte man vielleicht sogar auf eine gewisse Klimaverbesserung in Deutschland hoffen. Der zweite Fall dagegen beschreibt eine gewaltige globale Katastrophe mit schweren Überschwemmungen der tief liegenden Regionen. Dabei würden im Endeffekt der Lebensraum und die Ernährungsbasis von vielleicht einer Milliarde (!) Menschen zerstört. Man mag sich die einschneidenden Konsequenzen dieser Klimaprojektion gar nicht ausmalen. Noch ist unser Wissen lückenhaft. Selbst wenn wir die größten Supercomputer einsetzen, ergeben sich große Unsicherheiten.

Dennoch sollten uns die Berichte des IPCC und die virtuelle Welt der bereits jetzt vorliegenden Zukunftsprojektionen intensiv motivieren, alle realen Möglichkeiten zu nutzen, damit das reale Klima möglichst keiner der Horrorvisionen folgt. Viele eindeutige Fakten liegen bereits auf dem Tisch, und die in den Projektionen aufgezeigten Risiken sind bedrohlich. Nur gibt es für die realen Entwicklungen auf der Erde keinen „Computer-Neustart", um nach einem Katastrophenergebnis mit einem neuen Programm wieder ganz von vorne zu beginnen.

WMO

World Meteorological Organization

UNEP

United Nations Environmental Programme

GEGENWART UND ZUKUNFT

6

KÖNIG KOHLENSTOFF – ZU LAND, ZU WASSER UND IN DER LUFT

Im letzten Kapitel haben wir das Klimageschehen im Industriezeitalter mit den modernsten Werkzeugen der Klimaforschung untersucht und sind abschließend mit den Projektionen für die Temperatur bis weit in die Zukunft vorgestoßen. Von den Szenarien und den Klimamodellen haben wir zur Kenntnis nehmen müssen, dass es im globalen Mittel mit Sicherheit wärmer wird. Nur das Ausmaß der Erwärmung ist mit Unsicherheiten behaftet, obwohl das bedrohliche „Schicksalsdiagramm" auf Seite 142 bereits eine eindeutige Botschaft vermittelt. Natürlich fragen wir uns, ob die Annahmen in den Szenarien und die vorgestellten Resultate vielleicht fehlerhaft oder übertrieben und zu pessimistisch sein könnten.

Um hier Klarheit zu schaffen, wollen wir auf den folgenden Seiten versuchen, unsere Welt aus einer gemeinsamen Perspektive von Naturwissenschaft, Technik und Klimaforschung zu betrachten. Wie wir wissen, beruht auch unser eigener Wohlstand derzeit ganz wesentlich auf der Nutzung der fossilen Energieträger Öl, Kohle und Gas. Deshalb wurden diese Bodenschätze über lange Jahrzehnte als großartiges Geschenk der Natur betrachtet. Sie werden so intensiv genutzt, weil sie eine sehr hohe Energiedichte besitzen, gut transportiert und gespeichert werden können, noch immer reichlich verfügbar sind und weil ihr Preis letztendlich günstig ist. Überall, besonders aber in den Industrieländern, wurde über viele Jahrzehnte mit hohem finanziellen Aufwand eine Infrastruktur etabliert, um diese Ressourcen in großem Umfang nutzen zu können. Noch sind diese Energieträger auf dem Weltmarkt preiswert. Auch die Schwellenländer mit ihren Bevölkerungsmilliarden sind auf sie angewiesen, wenn sie ihre Entwicklung vorantreiben und im internationalen Wettbewerb mithalten wollen. Auch deshalb wird seit Jahren ein ansteigender Verbrauch dieser Energieträger und eine zunehmende CO_2-Emission gemessen, welche bisher leider dem ungünstigsten der IPCC-Szenarien (A1FI) entspricht.

Gegenwärtig wird die Suche nach leistungsfähigen und emissionsarmen Alternativen immer dringlicher. Es zeigt sich dabei, dass es zwar viele Alternativen gibt, diese aber meistens deutlich teuerer und oft nicht ausreichend leistungsfähig oder bedarfsgerecht verfügbar sind.

Wie ist es möglich, dass der Kohlenstoff und seine Verbindungen so überragend wichtig und nahezu unersetzlich scheinen?

EIN TIPP:

Die Darstellungen des sechsten Kapitels sind besonders wichtig für das Verständnis der Gegenwart. Sie erläutern die wichtigsten Fakten der globalen Energieversorgung in möglichst einfacher Form.

Bitte schrecken Sie nicht vor den Zahlen und den wenigen chemischen Formeln zurück, sondern versuchen Sie zumindest, dem Gang der Argumente zu folgen.

Das große Bild der globalen Zusammenhänge ist relativ leicht zu verstehen und gewinnt in diesem Kapitel Schritt für Schritt an Klarheit. Dabei ergibt sich eine zuverlässige Faktenbasis, um auf die wichtigen Fragen nach Umfang, finanziellem Aufwand und tatsächlicher Wirksamkeit der wünschenswerten Emissionsminderungen eine Antwort zu finden.

Nun – der Kohlenstoff ist tatsächlich mit so einmaligen Eigenschaften ausgestattet, dass er zum wundersamsten Element der Schöpfung wurde. Deshalb betrachten wir auf den nächsten Seiten die dominante Rolle des Kohlenstoffs in Chemie und Biologie. Im Anschluss tauchen wir noch einmal ab in die Tiefe der Ozeane, um Erstaunliches über diesen Teil des Kohlenstoffkreislaufs zu erfahren. Danach schlüpfen wir in die Rolle eines globalen Buchhalters, der sich um die Kohlenstoff-Bilanz zu kümmern hat. Dann werden die gegenwärtige Energieversorgung und ihre Entwicklungstendenzen betrachtet. Dabei können wir uns kurz fassen, denn dieses Thema wurde in Referenz 2 sorgfältig und verständlich dargestellt.

Mit diesem Wissen ausgestattet, wenden wir uns einer Schlüsselfrage der Gegenwart zu: Welche realistischen Alternativen gibt es zur Verbrennung von fossilem Kohlenstoff und wie kann man zumindest die CO_2-Emissionen mindern?

Letztendlich bietet dieses Kapitel eine solide Basis, um in der gegenwärtigen Diskussion über Energieversorgung, CO_2-Emissionen und Handlungsoptionen einen persönlichen Standpunkt zu finden.

Das Leben und unsere Technik wären ohne Kohlenstoff unvorstellbar.

Wenn man im Chemie- oder Bio-Unterricht abstimmen würde, welche chemischen Elementen für das Leben am allerwichtigsten sind, so wird die Wahl neben H und O sehr schnell auf C fallen. Natürlich sind Wasserstoff und Sauerstoff unentbehrlich, denn ohne Wasser gibt es kein Leben. Aber bei genauerem Hinschauen erkennt man, dass der Kohlenstoff das wundersamste und mit über 1,5 Millionen verschiedenen Verbindungen das bei weitem vielfältigste Element des ganzen Periodensystems ist. So sind Kohlenstoffverbindungen zuständig für die biologische Strukturbildung, für alle biologischen Funktionen und für die Energiespeicherung in der lebendigen Welt. Die gesamte Biologie und die organische Chemie sind primär „Kohlenstoffchemie".

Auch die großartigste und genialste Erfindung aller Zeiten, die Photosynthese, nutzt die verschiedenen Bindungszustände des Kohlenstoffs, um daraus energiereiche Verbindungen aufzubauen. Deshalb beruhen alle Lebensmittel und alle fossilen Energieträger auf Kohlenstoffverbindungen oder auf reinem Kohlenstoff. Bei ihrer Nutzung entsteht fast immer das stabile CO_2-Molekül als Abfall, als unvermeidliche „Asche". Diese „Asche" landet meistens direkt in der Atmosphäre. Ein Mensch atmet etwa 50 Gramm CO_2 pro Stunde aus. Bei Tempo 100 pustet ein durchschnittlicher PKW pro Stunde rund 15 kg „Asche aus dem Auspuff", denn jeder Liter Benzin verwandelt sich in 2,2 kg CO_2. Ein großes Kohlekraftwerk (1 GW el. Leistung) kann pro Stunde über 1000 t „CO_2-Asche" in die Luft blasen.

Wie entfernt die Natur das CO_2 wieder aus der Luft?

Vielleicht erinnern wir uns, dass auf der Erde, im Gegensatz zur Venus, ständig vier bedeutende natürliche Prozesse ablaufen:

- die Photosynthese,
- die Chemie der biologischen Kalkbildung (S. 160)
- die geologische Verwitterung, wie auf S. 92 dargestellt, und
- die Absorption von CO_2 im kalten Wasser der Weltmeere. Darauf werden wir auf Seite 156 noch im Detail eingehen.

Die gegenwärtige Verteilung des Kohlenstoffs auf unserer Erde wurde schon auf Seite 114 gezeigt. Es lohnt sich an dieser Stelle, die sehr unterschiedlichen Kohlenstoffkreisläufe auf Seite 115 zu betrachten. Erinnern wir uns noch daran, dass die natürliche Verwitterung große Kohlenstoffmengen in Sedimenten bindet? Die Subduktion der Meeresböden unter die Kontinentalplatten und der Vulkanismus sorgen anschließend als „Geologischer Thermostat" dafür, dass auf einer geologischen Zeitskala von sehr vielen Jahrtausenden immer flüssiges Wasser auf der Erde vorhanden bleibt.

Die entscheidende Rolle der Photosynthese für der Bildung einer Sauerstoffatmosphäre begann vor ca. 3 Milliarden Jahren. Nach wie vor bilden sich auf diese Weise aus CO_2, H_2O und Lichtenergie Kohlenstoffhydrate wie Glukose oder Zellulose $(C_6H_{10}O_5)_n$ sowie freier Sauerstoff. Derzeit sind etwa 600 Gt Kohlenstoff in den lebenden Pflanzen und Tieren gebunden. Durch Wachstum, Ernte, Verzehr, Atmung und Absterben wird ein Kohlenstoffkreislauf von fast 120 Gt/Jahr aufrecht erhalten. Dieser gegenwärtige „Kreislauf des Lebens“ verändert den CO_2-Gehalt in der Luft nicht nachhaltig. Allerdings kann beim Verrotten von Wurzelmasse oder dem Verbrennen auch Kohlenstoff in Form von Humus oder Holzkohle in den Boden gelangen, so dass dort etwa 1500 Gt C gebunden sind. Es wird gegenwärtig dringend empfohlen, den Humus- und Holzkohlegehalt der Böden weiter zu erhöhen, um dort zusätzlichen Kohlenstoff zu binden und gleichzeitig die biologische Qualität der Böden zu verbessern. Statt dessen gelangt durch das Roden und Abbrennen von Wäldern leider viel zusätzlicher Kohlenstoff aus der Biomasse als CO_2 in die Atmosphäre – wovon letztendlich nur ein gewisser Prozentsatz wieder in neu wachsenden Pflanzen gebunden wird, sofern ein neues Wachstum überhaupt erfolgen kann.

Ganz anders muss man den Kohlenstoff bewerten, den die Pflanzen vor Jahrmillionen der Atmosphäre entzogen haben. Vor 300 Millionen Jahren begann die Bildung der fossilen Energiespeicher, weil absterbende Pflanzen, Wälder und Meeresorganismen unter Luftabschluss und Wärme sich zu Kohle, Öl und Erdgas wandelten. Dabei wurde der beteiligte Kohlenstoff nachhaltig aus der Luft entfernt. Anschaulich gesprochen bildete der fossile Kohlenstoff zusammen mit dem Luftsauerstoff der Atmosphäre eine gewaltige „chemische Batterie“, die viel Energie freisetzt, wenn die beiden Komponenten (C und O_2) miteinander reagieren können.

Könnte man mit zusätzlichen Maßnahmen noch mehr CO_2 wieder aus der Luft abtrennen? Kann man die natürlichen Prozesse beschleunigen oder kann man in großem Stil technische Verfahren einsetzen?

Selbstverständlich denkt man sofort an das Anpflanzen von neuen Bäumen. Das ist wunderschön und immer richtig. Leider kann es den zusätzlichen „uralten“ Kohlenstoff aus den fossilen Lagern nicht für Jahrhunderte binden, weil sich die heutigen Bäume nicht mehr zu Kohle zurück verwandeln. Statt dessen werden sie irgendwann verbrannt oder sie verrotten. Nur zum allergeringsten Teil werden sie zu Baumaterial oder Papier verarbeitet, das möglicherweise längere Zeiten überdauern könnte. Dennoch bewirken neue Waldanpflanzungen, derzeit vor allem auf der Nordhalbkugel, dass vielleicht bis zu 1 Gt Kohlenstoff pro Jahr zumindest für viele Jahrzehnte gebunden wird. Hier gibt es allerdings erhebliche Unsicherheiten in der Bilanzierung.

Als eine großtechnische Alternative wird derzeit ein Verfahren erforscht, das mit CCS abgekürzt wird. CCS bedeutet Carbon Capture and Storage. Dabei soll das CO_2 nach der Verbrennung aufgefangen und außerhalb der Atmosphäre end-gelagert werden. Dazu gibt es unterschiedliche technische Prozessführungen (Ref. 2). Entweder verbrennt man Kohlenstoff in reinem Sauerstoff und bekommt direkt CO_2 oder man muss ein Verfahren zur Abtrennung von CO_2 aus dem Rauchgas (Abluft aus N_2 und CO_2) entwickeln. Beides ist technisch nicht ungewöhnlich schwierig, erfordert aber neue Kraftwerkstechnik und zusätzliche Energie für den Betrieb. Wenn das CO_2 abgetrennt wird, fallen gewaltige Gasmengen an. Jede Tonne Kohlenstoff ergibt 3,67 Tonnen CO_2-Gas, das sind 1900 m^3 Gas bei Atmosphärendruck. Das Gas muss anschließend verflüssigt und mit Pipelines zu entfernten Lagerstätten gepumpt werden. Dort soll es entweder in leere Erdgasfelder oder in tiefe Salzwasserschichten gepresst werden. Auch dafür wird sehr viel Energie benötigt. Im Wasser soll es sich dann lösen und dort für alle Zeiten verbleiben oder Mineralien (Ablagerungen) bilden. CCS kann aller Voraussicht nach nur bei großen Kohlekraftwerken sinnvoll sein, weil dort maximale CO_2-Emissionen (1000 t CO_2 pro Stunde) anfallen. Dass beim Einsatz von CCS wegen des zusätzlichen Energiebedarfs für Abtrennung und Lagerung der Wirkungsgrad der Kraftwerke von derzeit optimalen ca. 45 % auf vielleicht 30% sinken wird, könnte man aus Umweltschutzgründen in Kauf nehmen, obwohl es energietechnisch äußerst schmerzlich ist. Schließlich kämpfen die Ingenieure beim Wirkungsgrad von Kraftwerken um jedes Zehntelprozent. Letztendlich am problematischsten bleibt jedoch die dauerhafte unterirdische Lagerung der gewaltigen CO_2-Gasmengen. Wenn nämlich die unterirdischen Wasseradern das Gas später langsam wieder an die Atmosphäre abgeben sollten, was zur Zeit befürchtet wird, dann wäre dieser teure Prozess völlig kontraproduktiv. Zudem könnte man die Befürchtung hegen, dass sich große Mengen von austretendem CO_2 nicht schnell genug mit der Luft vermischen. CO_2 ist schwerer als Luft. In einer Senke könnte es sich bei Windstille ansammeln. Weil es in hoher Konzentration erstickend wirkt, kann es Lebewesen gefährlich werden (Diese Gefahr ist beim industriellen Umgang mit CO_2, insbesondere bei CO_2-Feuerlöschanlagen, tatsächlich zu beachten). CCS ist deshalb mit Sicherheit noch „Zukunftsmusik" und muss als eine wichtige, aber noch ungelöste Aufgabe bewertet werden.

Auch die natürliche Verwitterung lagert ständig Kohlenstoff in Form von mineralischen Sedimenten im Boden ein, ist aber viel zu langsam, um die gegenwärtigen Emissionen auszugleichen.

UNERSETZLICHER KOHLENSTOFF

Einige Fakten zur Kohlenstoffchemie gehören zum Allgemeinwissen.

C ist ein vierwertiges Element. Aus der gerichteten Natur der vier kovalenten Bindungen ergeben sich die vielfältigsten Strukturbildungsmöglichkeiten in der Biologie und in der Chemie. Alle Strukturen („Zellen") der Pflanzen und Lebewesen werden durch Kohlenstoffverbindungen realisiert. Ein Kohlenstoffatom kann in Verbindungen nominell bis zu 4 Elektronen abgeben. Oder aber es werden kovalente Einfach- und Mehrfachbindungen mit bis zu vier Partnern aufgebaut. Daraus ergeben sich sehr unterschiedliche Konfigurationen. Unterschiedlich sind auch die jeweiligen Bindungsenergien.

Diese Konfigurationen sind für unser Thema relevant:

CO_2

C liegt nominell als 4 + vor, eine sehr stabile Verbindung, die „Asche" jeder Verbrennung. Der Sauerstoff hat die 4 Außenelektronen des C überwiegend an sich gezogen: „Oxidation". Nur 0,001 % des globalen Kohlenstoffs befindet sich als CO_2 in der Erdatmosphäre. (Dagegen liegt fast der gesamte Kohlenstoff der Venus als CO_2-Gas in ihrer dichten und heißen Atmosphäre vor).

$CaCO_3$

C liegt als 4 + vor, ebenfalls eine stabile Verbindung, Kalkstein. Fast der gesamte Kohlenstoff auf unserer Erde (99,93 %) liegt in Gesteinsform vor.

C

C behält seine 4 Elektronen, Oxidationsstufe 0. Beispiele: Kohle, Graphit, Diamant

Diamant besitzt sehr stabile, gerichtete kovalente Bindungen und ist extrem hart.

Prof. Dr. G. Bohrmann präsentiert Brocken von Gashydraten (www.rcom.marum.de)

„–CH_2O–"

C ist hier überwiegend kovalent gebunden. Der Strukturbaustein „CH_2O" wird oft benutzt als sehr vereinfachte Merkformel für das Atomzahlverhältnis auch der langkettigen Kohlenstoffhydrate, wie etwa für Milchsäure ($C_3H_6O_3$), Glukose ($C_6H_{12}O_6$), sowie Stärke oder Zellulose $(C_6H_{10}O_5)_n$. Viele Biomoleküle sind aus Glukose-Bausteinen zusammen gesetzt.

CH_4

Methan (Erdgas, Sumpfgas, Grubengas) ist die einfachste der zahlreichen „Kohlenwasserstoffverbindungen" mit vier kovalenten Bindungen. Sehr hoher Heizwert bei der Verbrennung, weil die Endprodukte (CO_2 und H_2O) sehr stabil sind. Wegen des höchsten Wasserstoffanteils unter allen Kohlenstoffverbindungen erzeugt CH_4 die geringste CO_2-Belastung pro Heizwert unter den fossilen Energieträgern. Allerdings ist jedes freie CH_4-Molekül in der Atmosphäre als Treibhausgas 30-mal wirksamer als ein CO_2-Molekül, so dass alle Methanausgasungen, etwa aus Sümpfen oder den immer unter Wasser stehenden Reisfeldern als hochgefährlich für das Klima gelten. Freies Methan in der Atmosphäre wird erst im Laufe von etwa zehn Jahren unter Lichteinwirkung durch Oxidation zerlegt und damit unschädlich gemacht. Extrem kritisch wären auch mögliche massive CH_4-Emissionen von erwärmten Methanhydratablagerungen aus Permafrost-Regionen der Tundra oder vom Meeresboden. Den erstaunlichen Eigenschaften von Methanhydrat („Brennendes Eis") ist ein spezielles Kapitel in Ref. 2 gewidmet. Es ist sicher, dass es weltweit überaus gewaltige Methanhydratlager gibt (S. 114). Heftige, sich selbst verstärkende unkontrollierte Methanfreisetzungen könnten für rasche Klimaerwärmungen in der Vergangenheit verantwortlich gewesen sein. Ein verantwortungsbewusster, sicherer Abbau von Methanhydrat als Energieträger ist derzeit technisch nicht möglich.

*Die **Photosynthese** kann CO_2 in Glukose und Glukoseprodukte („–CH_2O–") umwandeln und damit Lichtenergie als chemische Energie für Nahrungsmittel oder Brennstoffe speichern.*

*Die **Verkohlung** von Zellulose unter Druck und Wärme entfernt H_2O, so dass reiner Kohlenstoff entstehen kann. Reale, fossile Kohle enthält aber je nach Alter und Entstehung oft noch viel Wasser, dazu Methan („Grubengas") und viele andere Verbindungen.*

*Bei der Bildung von Erdöl und Erdgas, ebenfalls unter Wärmeeinwirkung, entstehen kovalent gebundene **Kohlenwasserstoff-Ketten (C_nH_m)** mit hohem Wasserstoffanteil. Sie sind befreit vom Sauerstoff der organischen Ausgangsstoffe, und ihr spezifischer Heizwert (Energiegehalt) ist deshalb besonders hoch.*

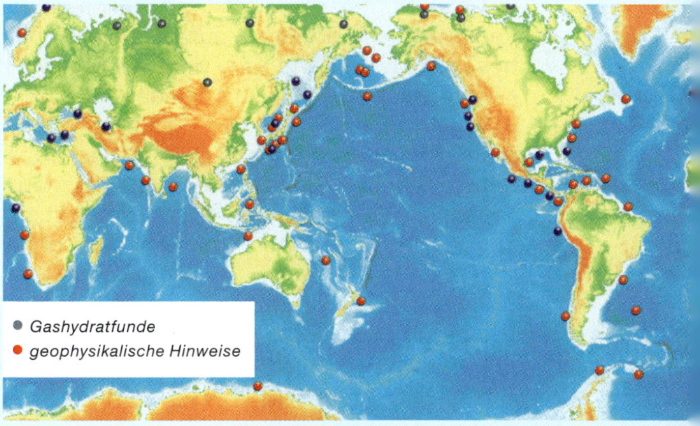

Gashydrat-Vorkommen (G. Bohrmann)

DIE ROLLE DER GEWALTIGEN OZEANE

Über 70 % der Erdoberfläche sind von den Meeren bedeckt. Da ist es kein Wunder, dass die Ozeane für das Klima eine entscheidende Rolle spielen. Die Bedeutung der warmen und kalten Meeresströmungen für den Wärmehaushalt wurde auf Seite 39 erwähnt. Dort wurde auch die wichtige Tiefenwasserbildung und ihre thermohaline Antriebskraft erläutert.

Wenn wir nun die überragend wichtige Kohlenstoffbilanz der Ozeane näher betrachten, müssen wir uns auf einige Überraschungen gefasst machen. Wir wissen ja, dass sich das Leben zuerst in den Meeren entwickelt hat. Wie umfangreich mag nunmehr die gesamte in den Ozeanen lebende Biomasse sein – alle Wasserpflanzen, Plankton, Krebse, Fische, Delphine und Wale zusammen?

Da müsste doch insgesamt deutlich mehr „lebendiger" Kohlenstoff im Wasser zusammenkommen als die 600 Gt C in der Biomasse auf allen Kontinenten, denn schließlich ist das Leben an Land praktisch auf die Oberfläche beschränkt, während es in den Ozeanen viele Kilometer Wassertiefe zu besiedeln gibt.

Außerdem gibt es an Land die riesigen lebensfeindlichen Gebiete wie Wüstenflächen, Felsen und Gletscher und mit der Antarktis sogar einen kompletten Kontinent ganz ohne Pflanzen!

Leider führt uns diese Vermutung völlig in die Irre!

Im Vergleich zum Land sind die Meere nährstoffarm, zu dunkel, kalt und deshalb erschreckend unproduktiv und leer. Das Hauptproblem fast aller Meeresbewohner ist es, in der riesigen „Wasserwüste" ausreichend Nahrung zu finden und dabei nicht selbst gefressen zu werden. Das Leben im Meer ist ziemlich gefährlich und durch Hunger gekennzeichnet. Obwohl viele Fischweibchen im Laufe ihres Lebens Millionen von Eiern legen, sind die Bestände nie explodiert, und heute nehmen sie wegen der Überfischung sogar ständig ab. Insgesamt befindet sich deshalb in den Ozeanen nur etwa 1 Gt „lebendiger" Kohlenstoff, was 0,2 % der Landbiomasse entspricht.

Ganz anders allerdings sieht die Kohlenstoffbilanz aus, wenn man den „toten" Kohlenstoff als im Wasser gelöstes Gas sowie in Form der Kalksedimente ($CaCO_3$) betrachtet. Der größte Beitrag zu den $CaCO_3$-Sedimenten stammt aus der Silikatverwitterung. Zusätzlich sedimentiert auch festes $CaCO_3$ mit den Kalkschalen abgestorbener Meeresbewohner zum Meeresgrund. Die heutigen Kreidefelsen sind dafür erstaunliche Zeugen. Auch „verstorbener" Kohlenstoff aus der Biomasse sinkt ab zum Meeresboden – etwa in Form von Kot und toten Lebewesen. Allerdings müsste ein Taucher bei der Beobachtung dieser Vorgänge ein wenig Geduld mitbringen, denn die Sedimentationsgeschwindigkeit im tiefen Ozean beträgt wenige Millimeter in 1000 Jahren. Nur unter sehr speziellen Bedingungen konnte aus dem „verstorbenen" Kohlenstoff Erdöl und Erdgas entstehen.

Der wichtigste Prozess für die Kohlenstoffbilanz der Meere liegt im Gasaustausch. Die Ozeane nehmen ständig riesige Mengen von Kohlenstoff aus der Atmosphäre auf, denn CO_2-Gas ist gut in Wasser löslich. Je kälter das Wasser und je höher der Druck ist, desto höher wird die Löslichkeit. 5 °C kaltes Wasser kann doppelt so viel CO_2 lösen wie Wasser bei 30 °C. Also nehmen die Ozeane dort, wo sich kaltes Tiefenwasser bildet, CO_2 aus der Atmosphäre mit in die Tiefe.

Das sind vor allem die kalten Regionen des Nordatlantik und der Antarktis.

Weil nun das Tiefenwasser oft Jahrhunderte braucht, bis es sich mit wärmeren Wassermassen vermischt und wieder in Kontakt mit der Atmosphäre kommt, erweisen sich die Ozeane als eine riesige Vorratskammer für CO_2.

Denken wir daran, dass die Ozeane im Mittel fast 4 km tief sind und dass nur eine Schicht von vielleicht 100 m Dicke im direkten Gasaustausch mit der Luft steht. Allerdings muss letztendlich in warmen Regionen auch wieder CO_2 aus dem Wasser an die Atmosphäre abgegeben werden, so dass man für eine Gleichgewichtssituation eine jährliche Austauschmenge, ein ständiges Hin und Her zwischen Ozean und Atmosphäre, von etwa 90 Gt Kohlenstoff (in Form von 330 Gt CO_2) pro Jahr abschätzt.

Die folgende Beobachtung ist für die Entwicklung der CO_2-Konzentration in der Atmosphäre von größter Bedeutung:

Dieser langfristige Gleichgewichtszustand zwischen Ozean und Luft wird durch den gegenwärtigen Anstieg der atmosphärischen CO_2-Menge von 280 ppm (vorindustriell) auf derzeit >400 ppm (2016) deutlich gestört. Man schätzt, dass von den derzeitigen menschengemachten Emissionen, das sind derzeit etwa 10 Gt C pro Jahr, fast die Hälfte von den Ozeanen und der Biosphäre (Pflanzen) aufgenommen wird, wobei mindestens 2,5 Gt auf die Ozeane entfallen. Deshalb verbleiben derzeit „nur“ ca. 5 Gt C pro Jahr zusätzlich in der Atmosphäre. Diese 5 Gt C pro Jahr entsprechen einem weiteren Anstieg des CO_2 in der Luft um 2 ppm/Jahr.

Deshalb eröffnet sich aus dem ständigen Gasaustausch mit dem Ozean, gemeinsam mit den Pflanzen, wahrscheinlich die derzeit größte Chance für eine gewisse Stabilisierung des Weltklimas.

Eine erstaunliche Behauptung!

Um diese überraschende Aussage zu verstehen, müssen wir uns die gegenwärtige Situation sorgfältig und etwas genauer vor Augen führen:

- Wie wir wissen, liegt der atmosphärische CO_2-Level heute etwa 120 ppm über dem für viele Jahrtausende geltenden Wert von etwa 280 ppm.
- Deshalb ist das Austauschgleichgewicht zwischen Luft und Ozeanen (plus Biosphäre) derzeit nachhaltig gestört und die Aufnahme übersteigt die Abgabe netto jährlich um ca. 5 Gt C (in Form von 18 Gt CO_2). Also: Aufnahme 95 Gt C, Abgabe an die Luft nur 90 Gt C).

Wir machen nun ein superoptimistisches Gedankenexperiment.

Stellen wir uns vor, dass wir durch drastische Einsparungen, Effizienzverbesserungen und neue Techniken die globalen CO_2-Emissionen halbieren könnten auf etwa 5 Gt C pro Jahr. Das ist zwar kurzfristig leider unmöglich und auch auf langer Zeitskala extrem schwer, aber nicht völlig absurd. Dann würden die Ozeane bei einem atmosphärischen CO_2-Pegel von angenommen 400 ppm vermutlich einige Jahrhunderte lang in jedem Jahr weiterhin mit derselben Rate CO_2 aufnehmen und in die Tiefsee abtransportieren können.

- Gleichzeitig aber bliebe die CO_2-Konzentration in der Luft konstant auf einem erträglichen Level von etwa 400 ppm, denn die nunmehr halbierten Emissionen würden ja vollständig vom Meerwasser und der Biosphäre aufgenommen. Weil die CO_2-Kapazität der Ozeane mit derzeit 36 000 Gt C so gewaltig ist und weil die überwiegenden Wassermassen sehr kalt sind und tief unterhalb der Atmosphäre lagern, würde nämlich der erhöhten CO_2-Aufnahme für eine sehr lange Zeit noch keine erhöhte CO_2-Abgabe vom Ozean an die Luft gegenüber stehen.
- Zweifellos ist diese Überlegung mit manchen Fragezeichen zu versehen. Besonders die drastische Absenkung der globalen Emissionen ist derzeit reines Wunschdenken, aber wir erkennen hier einen wesentlichen Aspekt: Tatsächlich könnte sich die CO_2-Aufnahme durch die Meere (plus einem nicht genau bekannten Anteil durch die Biosphäre) als der einzig machtvolle Prozess heraus stellen, der das weitere Ansteigen des CO_2 in der Atmosphäre einigermaßen begrenzen könnte. Der Kohlenstoffkreislauf der Biosphäre allein wird, etwa mit Hilfe von neu gepflanzten Bäumen, mit Sicherheit nie entscheidende zusätzliche Kohlenstoffmengen langfristig binden können. Auch die den Kohlenstoff bindenden geologischen Prozesse sind viel zu langsam im Vergleich zu den derzeitigen CO_2-Emissionen.
- **Es scheint, als befänden wir uns ohne den Beitrag der Ozeane tatsächlich in einer Situation, in der sich das fossile CO_2 immer weiter in der Atmosphäre ansammeln müsste. Vermutlich bieten die Ozeanen derzeit den leistungsfähigsten „Luftreinigungsprozess", der tatsächlich Jahr für Jahr viele Milliarden Tonnen von überschüssigem CO_2 aus der Luft entfernen kann.**

Am Schluss dieses Kapitels wollen wir uns noch einmal an eines der Rätsel der Eiszeiten erinnern: Wie passen die CO_2-Konzentration in der Luft mit dem Temperaturgang im Detail zusammen?

In einer kalten Periode betrug der CO_2-Level der Luft etwa 200 ppm, in den warmen Perioden etwa 280 ppm. Die Differenz von 80 ppm atmosphärischem CO_2 entspricht 175 Gt Kohlenstoff in der Luft (etwa 640 Gt CO_2).

Diese Zahlen wollen wir in Relation setzen zu unseren heutigen Emissionen.

- Nur 175 Gt zusätzlicher Kohlenstoff in Form von CO_2 in der Luft entsprachen dem Unterschied zwischen einer Warmzeit und einer weitgehenden Vereisung. Bei der jetzigen Emissionsrate von 10 Gt C pro Jahr entspricht das nur 18 Jahresportionen – eine erschreckende und sehr verstörende Erkenntnis.

Wenn die Daten aus den Eisbohrkernen stimmen, wovon wir ausgehen können, und wenn die modernen Emissionsdaten stimmen, was mit Sicherheit der Fall ist, **dann haben wir gerade berechnet, dass innerhalb der Lebenszeit eines 18-jährigen Jugendlichen bereits so viel CO_2 anthropogen in die Luft emittiert wurde, wie es dem Wechsel von einer Eiszeit zu einer Warmzeit entsprochen hat.** Auch wenn die Ozeane plus Biosphäre davon die Hälfte wieder aufnehmen, so verlängert sich die Zeitspanne doch nur von 18 auf 36 Jahre – auch das ist extrem kurz.

Diese Beobachtung ist tatsächlich sehr schwer zu „verdauen" und wird in ihren Konsequenzen vermutlich am besten auf S. 143 veranschaulicht.

Nun wollen wir noch überlegen, woher das CO_2 damals, beim Wechsel von einer Vereisung zu einer Warmzeit, überhaupt kommen konnte.

- 175 Gt Kohlenstoff entsprechen 29 % der derzeitigen Land-Biomasse. Das ist ein sehr hoher Anteil. Leider hilft diese Erkenntnis unserem Verständnis von den Eiszeiten nicht weiter, denn aus der Landbiomasse kann dieser Kohlenstoff nicht stammen. Im Gegenteil, in allen Warmzeiten wird es viel mehr Vegetation und Wälder als in den Kaltzeiten geben. Also wird in Warmzeiten mehr Kohlenstoff in den Pflanzen gebunden, und der CO_2-Spiegel in der Luft müsste geringer sein. Die Messungen an den Eisbohrkernen zeigen aber einen höheren CO_2-Spiegel in den Warmzeiten. Wir müssen also nach einer anderen leistungsfähigen Quelle für die 175 Gt Kohlenstoff suchen.
- 175 Gt Kohlenstoff entsprechen andererseits nur 0,4 % des gelösten Kohlenstoffs in den Ozeanen – das ist ein ziemlich winziger Anteil. Es scheint, als seien nur die Ozeane in der Lage, eine ausreichend leistungsfähige Quelle für zusätzliches CO_2 zu bieten, denn die beobachteten klimatischen Wechsel, insbesondere die Erwärmungen, verliefen immer relativ schnell. Ähnliche Argumente kann man auch für die Übergänge zur Vereisung anführen, denn dabei wird eine entsprechende CO_2-Menge relativ zügig aus der Atmosphäre entfernt. Wie hat das im Detail funktioniert? Das ist noch unbekannt. Es gibt derzeit noch keine ausreichend fundierten Modelle für das zeitliche Verhalten des Gasaustausches zwischen Atmosphäre und Ozeanen, die diese an sich recht plausible Vermutung untermauern können. Kritiker dieser Hypothese erinnern daran, dass die relevanten Vorgänge in den Ozeanen vermutlich viel zu langsam ablaufen, weil die Ozeane mit ihren 1,35 Milliarden km^3 Wasserinhalt eine enorme Wärmekapazität und eine entsprechend große thermische Trägheit besitzen.

So bleibt noch sehr viel zu tun, um die entscheidende Rolle der Ozeane für den CO_2-Austausch und die Entwicklung des Weltklimas im Detail zu entschlüsseln.

CO_2 UND DAS IONENGLEICHGEWICHT IM MEERWASSER

Wer seine Kenntnisse in physikalischer Chemie auffrischen will und keine Angst vor Pufferungskurven hat, kann in diesem Abschnitt lernen, dass der pH-Wert des Meerwassers in ähnlicher Weise abgepuffert ist wie im Blut und deshalb längst nicht so heftig auf eine CO_2-Einleitung reagiert wie Süßwasser.

Zuerst betrachten wir aber Leitungswasser (pH = 7), das wir mit einer CO_2-Patrone zu Sprudel verwandeln können, weil sich CO_2-Gas sehr gut im Wasser löst. Mit den Wassermolekülen reagiert ein kleiner Teil der CO_2-Moleküle zu einer schwachen Säure und ergibt einen pH von 4 bis 5:

$$CO_2 + H_2O \Leftrightarrow H^+ + HCO_3^- \Leftrightarrow 2\,H^+ + CO_3^{2-}$$

Wir schreiben abgekürzt H^+ für die Bildung eines H_3O^+-Ions. Die entstehenden H_3O^+-Ionen sind für die saure Reaktion verantwortlich. Allerdings liegt im Sprudelwasser das Gleichgewicht sehr weit links, denn Sprudel ist nur schwach sauer. Immerhin hat sich der pH-Wert von 7 um bis zu 3 Einheiten verschoben. In unserem Trinksprudel gibt es viel gelöstes CO_2-Gas (99 %), relativ wenig Hydrogencarbonat (HCO_3^-) und fast keine Carbonat-Ionen (CO_3^{2-}).

Weil die physikalische Chemie von CO_2 in H_2O so interessant ist, machen wir einen kleinen Ausflug in eine Tropfsteinhöhle. Dabei lernen wir ein überraschendes Paradox kennen:

Bei Einleiten von CO_2 in Süßwasser entsteht potentiell sofort neue Säure. Wenn aber dieser Prozess im Kalkgestein abläuft, wandeln sich wegen der Pufferung Carbonationen (CO_3^{2-}) zu Hydrogencarbonat (HCO_3^-) um. Kalkstein ($CaCO_3$) wird im Kontakt mit Wasser auf diese Weise in lösliches $Ca(HCO_3)_2$ umgewandelt und allmählich aufgelöst. So haben sich die typischen Höhlen im Kalkgestein gebildet. Dabei löst sich das $CaCO_3$ um so schneller auf, je mehr CO_2 vom Wasser aufgenommen wird: die Kohlensäure greift offensichtlich ihr eigenes Salz wieder an. Eine ungewöhnliche und bemerkenswerte Reaktion. Auf die ökologische Bedeutung dieser Rückreaktion vom Carbonat zum Hydrogencarbonat kommen wir noch zurück.

$CaCO_3$ wird erneut gebildet, wenn das CO_2 wieder ausgeschieden wird. Das geschieht sehr deutlich im Wasserkocher oder bei der Bildung von Tropfsteinen.

Bewegen wir uns nun vom Süßwasser ins Meer. Die Ozeane enthalten im Mittel 3,5 Gewichts-% Salze, vor allem als Na^+, K^+, Ca^{2+}, Mg^{2+}, Cl^-, SO_4^{2-}. Sie bewirken, dass das Meerwasser immer schwach basisch ist. Dazu kommen verschiedene Ionen der „Kohlensäure“, so dass insgesamt eine basische Pufferlösung mit einem pH von 7,9 bis 8,5 entsteht.

Bei der Aufnahme von zusätzlichem CO_2 laufen im Meerwasser ähnliche Reaktionen wie beim Sprudel ab, aber die zu erwartende Säurebildung wird entscheidend gepuffert durch die vorhandenen Carbonat-Ionen und die Alkalinität der gelösten Salze (Jetzt wäre es an der Zeit, ein Chemiebuch aufzuschlagen und die Pufferungskurven der Kohlensäure zu betrachten). Man kann an den Pufferungskurven der Kohlensäure erkennen, dass das sehr basische CO_3^{2-} (Carbonat) bei steigender H^+-Konzentration Hydrogencarbonat (HCO_3^-) bildet. Das Einleiten von frischem CO_2 erzeugt zwar primär neue H^+-Ionen. Aber zusammen mit der Pufferungsreaktion ergibt sich die folgende, auf den ersten Blick sehr ungewöhnliche Bilanzgleichung:

$$CO_2 + H_2O + CO_3^{2-} \Leftrightarrow 2\,HCO_3^-$$

Danach scheinen beim Einleiten von frischem CO_2 in Meerwasser gar keine zusätzlichen

H_3O^+-Ionen zu entstehen. Das wäre zwar allzu schön, denn dann würde das Meerwasser auch nicht saurer. Wenn man aber die Pufferungskurven genauer betrachtet, erkennt man, dass die Rückreaktion des Carbonats CO_3^{2-} zum Hydrogencarbonat HCO_3^- den pH-Wert optimal leider nur in einem Bereich von pH 9,5 – 11,5 stabilisieren kann, so dass die Pufferwirkung bei einem pH von 8 deutlich schwächer ausfällt.

Die gezeigten Ionenreaktionen von CO_2 mit Wasser sind für die Löslichkeit von CO_2 in Wasser entscheidend. In Form von CO_2, HCO_3^- und CO_3^{2-} sind im Meerwasser normalerweise etwa $2{,}23 \cdot 10^{-3}$ mol C/kg gelöst.

Damit erhalten wir eine wichtige Kennzahl für die globale Kohlenstoffbilanz:

Weil die Meere ca. $1{,}35 \cdot 10^{21}$ kg H_2O enthalten, kommen wir insgesamt auf 36 000 Gt an gelöstem, anorganischem „toten" Kohlenstoff (ohne die gewaltigen Sedimente).

Wenn sich nun weiterhin langfristig viel zusätzliches atmosphärisches CO_2 in den Ozeanen löst, so ist wegen der suboptimalen Pufferung leider eine Verschiebung des pH um – 0,1 oder sogar mehr zu befürchten. Das Meer würde dadurch etwas weniger basisch. Dieser Vorgang wird oft bereits „Versauerung" genannt. Man befürchtet, dass sich dadurch die Bedingungen für die Entwicklung und Stabilität der Kalkskelette der ozeanischen Lebewesen verschlechtern. Im schlimmsten Fall könnte das allmähliche Einsetzen der oben erläuterten Rückreaktion sogar dazu führen, dass die empfindlichsten der biologischen Carbonatgerüste (Kalkstrukturen) Hydrogencarbonat bilden und sich dabei auflösen. Dazu zählen kalkbildende Algen und vielleicht manche der wundervollen großen Korallenbänke. Nicht nur der Klimaschutz, auch der Schutz der Meereslebewesen verlangt deshalb nach einer Verringerung der CO_2-Emissionen.

PUFFERUNGSKURVE DER KOHLENSÄURE

Abb. 58

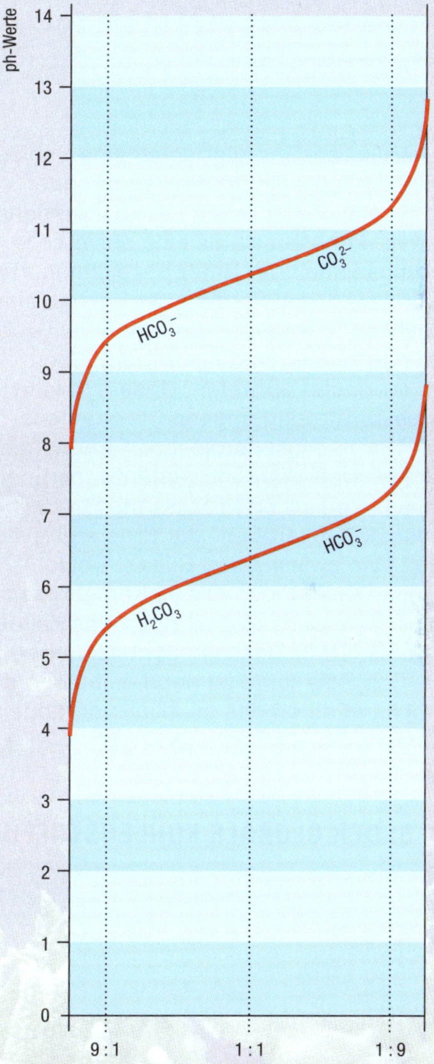

DIE BILANZ DES KOHLENSTOFFS IN DER GEGENWART

Die „verfügbare Energie" spielt eine Schlüsselrolle für Technik und Wohlstand, aber auch für alle biologischen Lebensfunktionen. „Energie" könnte man als eine universelle Währungseinheit der Natur bezeichnen, denn die verschiedenen Formen der Energie sind weitgehend in einander umwandelbar, wobei allerdings immer „Umtausch- und Wechselkursverluste" auftreten. Unsere fossilen Energievorräte sind angesparte Sonnenenergie (Strahlungsenergie aus Kernenergie) in „Kohlenstoff-Währung" (chemische Energie aus biologischen Prozessen). Für das „Kohlenstoff-Sparbuch" der Erde ergibt sich derzeit eine zwiespältige Bilanz. Obwohl die Zeiten des billigen Öls nicht mehr lange andauern werden, so geht doch das Zeitalter des Kohlenstoffs deshalb nicht schnell zu Ende. Das Sparkonto ist noch nicht leer, denn das Öl kann durch das reichlich vorhandene Gas leicht ersetzt werden. Glücklicherweise ist Erdgas wegen des höheren Anteils an Wasserstoff sogar der klimafreundlichste fossile Energieträger. Mit weitem Abstand am größten sind jedoch die Vorräte an Stein- und Braunkohle.

Einerseits könnte das die energiehungrige Menschheit begrüßen. Andererseits liegt darin bekanntlich die Gefahr für die Atmosphäre. Vor Jahrmillionen, als ein üppiger Pflanzenwuchs sehr viel CO_2 aus der Luft entnahm (später bildete sich daraus die Kohle), herrschte ein feucht-heißes Treibhausklima mit sehr hohem Kohlenstoffgehalt in der Atmosphäre (bis über 2000 ppm). Die Erde war damals ganz ohne Gletscher. Wenn wir diesen Kohlenstoff jetzt massenhaft verbrennen, bewegen wir uns wieder zurück in diese Richtung. Es gibt deshalb keinen Zweifel

TAB. 5: DER GLOBALE KOHLENSTOFFUMSATZ IN DEN ENERGIETRÄGERN

Energieträger	Jahresförderung	sichere Reserven	schwierige Reserven	sichere Reichweite
Kohle	~ 4,6 Gt C	über 700 Gt C	über 4000 Gt C	Jahrhunderte
Öl	~ 3,6 Gt C	140 Gt C	405 – 750 Gt C	über 40 Jahre
Gas	~ 2,1 Gt C	108 Gt C	240 – 540 Gt C	über 60 Jahre

Die Summe der Jahresförderungen ergibt eine Emission von ca. 10,3 Gt C pro Jahr. Zusammen mit den Brandrodungen (1,3 – 2) Gt C erhält man eine ***Gesamtemission von bis zu 12 Gt C /Jahr****.*

Diese Abschätzungen und Umrechnungen wurden benutzt:
1 Barrel Rohöl: *159 Liter ~ 116 kg Kohlenstoff,* ***1 m^3 Erdgas:*** *0,84 kg ~ 0,6 kg Kohlenstoff,*
1 kg Kohle: *~ 0,6 kg Kohlenstoff,* ***1 kg CO_2*** *≙ 0,273 kg Kohlenstoff,*
1 Gt *= 1 Milliarde Tonnen = 10^9 t = 10^{12} kg*

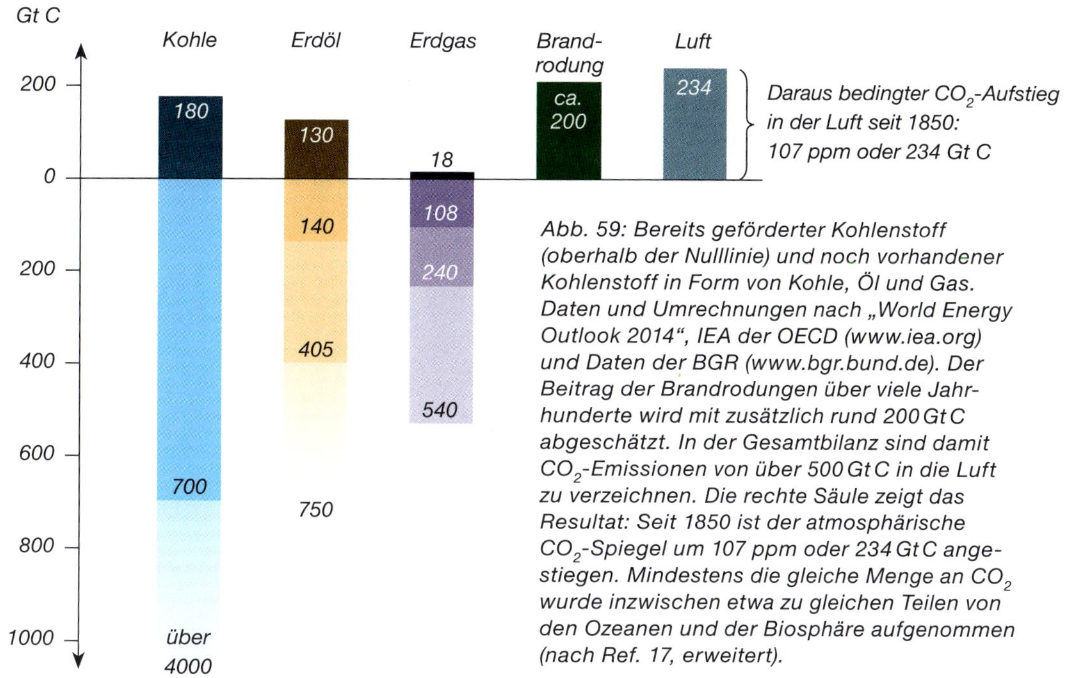

Abb. 59: Bereits geförderter Kohlenstoff (oberhalb der Nulllinie) und noch vorhandener Kohlenstoff in Form von Kohle, Öl und Gas. Daten und Umrechnungen nach „World Energy Outlook 2014", IEA der OECD (www.iea.org) und Daten der BGR (www.bgr.bund.de). Der Beitrag der Brandrodungen über viele Jahrhunderte wird mit zusätzlich rund 200 Gt C abgeschätzt. In der Gesamtbilanz sind damit CO_2-Emissionen von über 500 Gt C in die Luft zu verzeichnen. Die rechte Säule zeigt das Resultat: Seit 1850 ist der atmosphärische CO_2-Spiegel um 107 ppm oder 234 Gt C angestiegen. Mindestens die gleiche Menge an CO_2 wurde inzwischen etwa zu gleichen Teilen von den Ozeanen und der Biosphäre aufgenommen (nach Ref. 17, erweitert).

mehr daran, dass die Menschheit es leicht schaffen könnte, die Atmosphäre mit über 1000 ppm CO_2 anzureichern – was sicherlich eine Schreckensvision darstellt!

Machen wir also einen „Kassensturz" und betrachten in Tab. 5 nüchtern die fossile Bilanz. Um das Kohlenstoffinventar vergleichen zu können, haben wir die Statistiken der Energie- und Rohstoffagenturen herangezogen. Die neuesten Daten sind aus dem Jahr 2014, die CO_2-Messungen von 2016 (www.mlo.noaa.gov). Tonnen Kohle, Barrel Öl und Kubikmeter Gas rechnen wir direkt in Gigatonnen Kohlenstoff (Gt C) um.

Wir erhalten eine Gesamtemission bis zu 12 Gt C/Jahr. Weil 1 ppm CO_2 in der Luft 2,2 Gt C entspricht, müsste das atmosphärische CO_2 in jedem Jahr um 5,4 ppm ansteigen. Nur die große CO_2-Aufnahme durch die kalten Ozeane und ein nicht genau bekannter Anteil durch die Aufnahme in die Biosphäre begrenzen den gemessenen Anstieg derzeit auf rund 2 ppm/Jahr. Das Gesamt-CO_2 in der Atmosphäre machte für 2016 im Jahresmittel 400 ppm oder 874 Gt C in Form von 3206 Gt CO_2 aus.

> Abb. 59 zeigt, dass die fossilen Reserven noch immer ein Vielfaches der atmosphärischen Kohlenstoffmenge betragen. Vom Standpunkt des Klimaschutzes muss man deshalb feststellen: Es gibt auf der Erde noch viel zu viel fossilen Kohlenstoff, den man in Zukunft verbrennen könnte. Darin liegt eine große Gefahr. Wir dürfen keinesfalls hoffen, dass sich das Klima in einer uns angenehmen Weise selbsttätig stabilisiert, weil die „fossilen Vorräte" demnächst zu Ende gehen. Zusätzlich könnten die Ozeane ihr Verhalten bei einer weiteren Erwärmung sogar umkehren und wieder CO_2 abgeben. Dann hätten wir die Beiträge aus den Meeren zusätzlich zu befürchten, und das würde uns zurückversetzen in das Treibhausklima der Dinosaurierzeit.

REALITÄTEN DES ENERGIEBEDARFS UND DER ENERGIEVERSORGUNG

Ganz ohne Frage möchten alle vernünftigen Menschen eine für uns lebenswerte Erde bewahren – mit einem angenehmen Klima und erfolgreicher Landwirtschaft, möglichst ohne zusätzliche Unwetter und Überflutungen als Folge der menschlichen Aktivitäten und der anthropogenen Emissionen.

Ist das zu schaffen?

Im Rückblick erkennt man, dass die Menschheit tatsächlich bereits bewiesen hat, dass sie auf bestimmten Gebieten unglaublich erfolgreich sein kann. Das könnte uns Mut machen:

- Die Medizin hat eine Vielzahl von Seuchen und Leiden erfolgreich bekämpft oder sogar völlig ausgerottet
- Die Technik hat das Leben (Alltag, Arbeit, Landwirtschaft) für viele Menschen enorm erleichtert
- Die Menschen konnten sich in nie gekannter Weise vermehren:
  1850: 1,2 Milliarden Menschen
  1950: 2,5 Milliarden
  2016: 7,5 Milliarden
- Landwirtschaft, Technik, Pflanzenschutz (Chemie) und Züchtung (auch die Gentechnik zählt dazu) haben die fast unvorstellbare Leistung vollbracht, diesen unglaublichen Bevölkerungszuwachs ohne entsprechende Vermehrung der Anbauflächen zu ernähren. Die Zahl der heute hungernden Menschen beruht nicht auf einem globalen Mangel an Lebensmitteln, sondern ist vor allem die Folge von Kriegen, Konflikten, Ausbeutung und Gewalttaten.
- Der Lebensstandard in Europa und Nordamerika, Japan, Australien und einigen weiteren hochentwickelten Ländern sowie in vielen Ölförderländern hat sich in nie zuvor gesehenem Maße verbessert.
- Allerdings gibt es derzeit über 5 Milliarden weitere Menschen, die einen derartigen Wohlstand erst noch erreichen wollen, wobei rund eine Milliarde Menschen keinen Zugang zu einer modernen Energieversorgung haben.

Die Konsequenzen für die globale Energieversorgung sind nahezu überwältigend, denn auch wenn die Industriestaaten zunehmend schonender mit fossilen Energieträgern umgehen, so verlangt das kräftige Wachstum in den sich entwickelnden Ländern (z. T. über 10 % pro Jahr) wegen ihrer viel größeren Bevölkerungszahl insgesamt eine Steigerung der Weltenergieversorgung um circa 1,7 % pro Jahr. Hinter dieser vielleicht gering erscheinenden Steigerung versteckt sich eine riesige technische Anstrengung und tatsächlich eine komplette Bedarfsverdopplung bis 2050.

In den hochentwickelten Ländern wird der Wohlstand derzeit durch einen Pro-Kopf-Bedarf an Primärenergieträgern von etwa 5 bis 10 kW Gesamtleistung ermöglicht. Darin sind

PRIMÄRENERGIEBEDARF UND WOHLSTAND

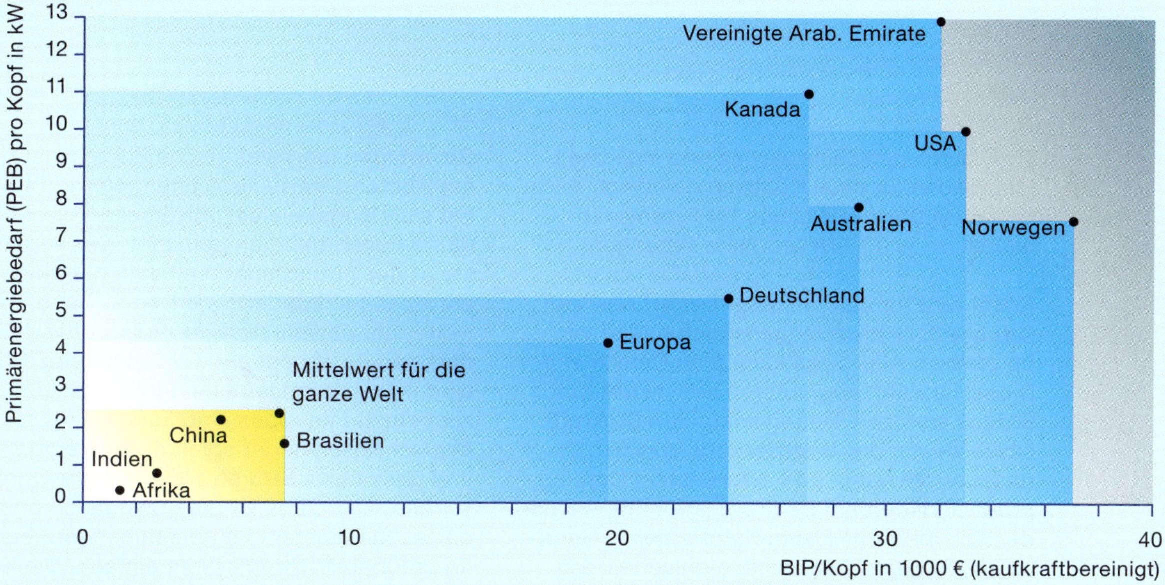

Abb. 60: Die vertikale Achse zeigt den Primärenergiebedarf pro Kopf (2010) in einigen Ländern. Horizontal ist die Produktivität („Brutto-Inlands-Produkt, BIP") aufgetragen. Das BIP pro Kopf ist ein übliches Maß für den Wohlstand eines Landes. Über 5 Milliarden Menschen leben „in dem gelben Rechteck" und möchten ihre Lebensbedingungen verbessern.

der gesamte private und industrielle Wärmebedarf, alle Treibstoffe und die elektrische Energie enthalten. China und Indien sowie viele arme Länder müssen sich zum Teil noch mit weniger als ca. 1 kW pro Kopf begnügen. Ihre Industrien befinden sich allerdings in einer höchst dynamischen Phase mit hohen Zuwachsraten. Genau wie die Industriestaaten benötigen sie dabei eine ausreichende Versorgung mit Treibstoffen, Elektrizität, Wärme und Rohstoffen. Dazu stehen ihnen keine anderen Techniken zur Verfügung als die, welche wir heute besitzen. Ob wir von Deutschland oder vom Rest der Welt sprechen – mit wenigen Ausnahmen wird etwa 80 % der Energieversorgung derzeit durch fossile Energieträger gedeckt. Als Konsequenz ergeben sich entsprechend hohe CO_2-Emissionen. Laut IEA (wwww.iea.org) scheinen diese Emissionen seit 2013 zumindest nicht weiter anzusteigen.

Die Bereitstellung der zusätzlich benötigten Energie für die sich entwickelnden Nationen ohne eine Erhöhung der Emissionen stellt die derzeitig entscheidende Herausforderung für die Ingenieure, Wissenschaftler und Techniker in aller Welt dar. Sie sind dabei auf die Unterstützung der Bevölkerung und der Politik angewiesen.

Schauen wir in einem knappen Überblick auf die gegenwärtige Situation.

Kohle ist relativ preiswert und weltweit besonders reichlich verfügbar. Deshalb werden global im Wochenrhythmus neue große Kohlekraftwerke in Betrieb genommen, und der Welt-Kohlebedarf wächst ständig. Die Zunahme des globalen Kohleverbrauchs wird überwiegend für die Stromerzeugung benötigt und ist zu

85 % durch den chinesischen und indischen Mehrbedarf für neue Kraftwerke bedingt. Allein im Jahr 2006 sind in China 174 Kraftwerksneubauten je 0,5 GW ans Netz gegangen.

Erdöl wird für den Treibstoffbedarf des Verkehrssektors noch lange entscheidend wichtig bleiben. Allerdings kann man Benzin und Diesel für Fahrzeugmotoren sehr leicht durch Erdgas ersetzen. Dagegen können Biokraftstoffe wegen des Wettbewerbs zum Ernährungssektor nur in sehr begrenztem Umfang produziert werden. Besonders wichtig werden deshalb moderne Biokraftstoffe der 2. Generation, die ausschließlich biologische Reststoffe nutzen.

Erdgas ist ein besonders umweltfreundlicher Energieträger mit der geringsten CO_2-Emission pro Wärmeeinheit (0,2 kg CO_2 für 1 kWh Wärme). Die Erdgasförderung wird in den nächsten Jahrzehnten immer wichtiger werden, weil Erdgas für Heizung, Verkehr und Kraftwerke eingesetzt werden kann.

Strom (genauer: elektrische Energie) ist die mit Abstand wertvollste Energieform. Strom hat sich längst als ein universeller Alleskönner überall unentbehrlich gemacht. Deswegen steigt der Strombedarf selbst in den hoch entwickelten Ländern wie Deutschland noch weiter an, obwohl dort der Primärenergiebedarf bereits abgesenkt werden konnte. Strom wird in vielen Industrieländern sogar ein zunehmend knappes Gut. Für die Entwicklung der Schwellenländer spielt die ausreichende und gesicherte Stromerzeugung eine Schlüsselrolle. Allerdings ist die Erzeugung von bedarfsangepasster und ausreichender Leistung an „sauberem Strom" nicht einfach. Die Kohleverbrennung in 50 000 Kraftwerken weltweit liefert derzeit den Löwenanteil, ist aber relativ schmutzig. Staub- und SO_2-Abscheidungsanlagen sind nicht überall Standard, und vor allem kann die massenhaft anfallende „CO_2-Asche" (ca. 1 kg CO_2 pro kWh Strom) überhaupt noch nicht im großtechnischen Maßstab abgetrennt und dauerhaft gespeichert werden. Wasser, Wind und Kernenergie sind

MONTREAL 1987 – EIN MEILENSTEIN FÜR DEN SCHUTZ DER ATMOSPHÄRE

Die wissenschaftliche Erforschung der Atmosphäre konnte zeigen, dass die auf der Erde ganz ungefährlichen Halogenverbindungen (FCKWs) in der Stratosphäre unter UV-Bestrahlung Chloratome abspalten. Anschließend bewirken die freien Chloratome eine katalytische Zerlegung von Ozon-Molekülen (O_3), wobei jedes Cl-Atom immer wieder neue O_3-Moleküle angreift. Diese Reaktionen zerstören die Ozonschicht. Deshalb wurde im Jahr 1987 in Montreal ein internationales, völkerrechtliches Abkommen geschlossen, das die Herstellung der FCKW-Verbindungen kontrolliert und ihren Einsatz unter Strafe stellt. Staaten, die sich nicht an dieses Abkommen hielten, hatten Sanktionen (Strafen) zu erwarten. Das Abkommen von Montreal war äußerst erfolgreich, und die Ozonschicht erholt sich seitdem. Politik, Naturwissenschaft und Technik konnten gemeinsam einen gangbaren Weg finden und gesetzlich verankern. Aber als letztendlich entscheidend für das Gelingen der Schutzmaßnahmen für die Ozonschicht erwiesen sich die erfolgreichen

zwar emissionsfrei, aber die Wasserkraftwerke sind nicht mehr wesentlich vermehrbar. Auf den zahlreichen Windkraftparks ruht eine hohe Erwartung, weil sie bezahlbar sind. Allerdings liefern sie ihre Leistung unregelmäßig und nicht bedarfsgerecht, so dass sie spezielle Anforderungen an die Netze und an umfangreiche, schnell regelbare Ersatzkapazitäten (Gaskraftwerke) stellen. Diese technischen Herausforderungen werden derzeit intensiv bearbeitet und sind in dem Buch STROM erläutert (Ref. 20).

PRIMÄRENERGIEVERBRAUCH IN DEUTSCHLAND 2015 NACH ENERGIETRÄGERN

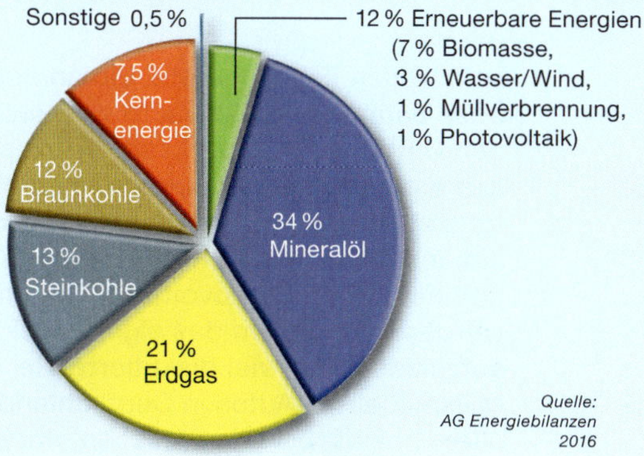

Quelle: AG Energiebilanzen 2016

Abb. 61

Die Kernenergie ist zwar emissionsfrei, aber global gesehen muss ihr Beitrag eher gering bleiben. Nach der Tsunami-Katastrophe von Fukushima ist der Widerstand gegen diese Technologie weiter gewachsen. Frankreich und die Schweiz produzieren ihren Strom fast CO_2-frei mit Kernenergie und Wasserkraft. Der deutsche Energiemix (für Primärenergie) ist in Abb. 61 dargestellt. Bei der deutschen Stromproduktion 2016 haben die Erneuerbaren Energien bereits einen Anteil von 33 % erreicht.

Werfen wir noch einen kurzen Blick auf den Einsatz von Strom im Verkehrssektor:
Aus Umweltschutzgründen wird in vielen Industriestaaten die Entwicklung von Elektroautos gefordert und vorangetrieben. Deren Batterien müssten dann aus dem Netz aufgeladen werden, und ein erheblicher Strombedarf müsste zusätzlich gedeckt werden. Derzeit verbraucht eine deutsche Durchschnittsfamilie etwa dreimal mehr Energie für ihr Auto (in Form von Kraftstoffen) als für ihre

Anstrengungen der Ingenieure und Techniker zur Herstellung und zum Einsatz alternativer Betriebsstoffe (chlorfreie Kältemittel) für Klimaanlagen und Kühlschränke.

Eine analoge Vorgehensweise zur strikten internationalen Ächtung der Verbrennung von fossilem Kohlenstoff ist zur Zeit unmöglich, denn die Dimensionen der globalen Energieversorgung sind unvergleichlich gewaltiger als die der Klimaanlagentechnik, und es gibt bei weitem noch nicht genug leistungsfähige Alternativen als Ersatz für die fossilen Energieträger. Selbst das moderate Ziel, den Bedarf an fossilen Brennstoffen zu halbieren, scheint noch in weiter Ferne zu liegen. Deshalb ist derzeit ein sparsamer, ja sogar möglichst geringer Einsatz von fossilem Kohlenstoff die beste Möglichkeit, um die Emissionen zu begrenzen.

heimischen Elektrogeräte. Ein an der Steckdose betanktes Elektroauto wird erst dann für den Umweltschutz wirksam, wenn sein Strom aus erneuerbarer Produktion stammt. Hier tut sich ein großes Potential für die Zukunft auf, insbesondere wenn verbesserte Batterien und heimische Photovoltaik-Anlagen genutzt werden können, um das eigene Elektro-Auto aufzuladen. Das viel diskutierte Ziel von einer Million Elektro-Autos in Deutschland lässt allerdings bisweilen vergessen, dass eine perfekte Elektromobilität bereits seit langem von den Bahnen praktiziert wird. Mit Hilfe ihrer Oberleitung haben die Bahnfahrzeuge eine direkte Verbindung zur Stromversorgung und können auf kostspielige Batterien verzichten. Hier bietet sich ein großes Verbesserungspotential auch im Frachtbereich. Die Schweiz erweist sich mit großartigen, leistungsfähigen Neubauten (Basistunneln) und CO_2-freier Stromversorgung als ein globales Vorbild.

Die Speicherung von Strom mit Hilfe von Batterien (Akkus) ist noch immer relativ teuer. Obendrein sind Akkus schwer und voluminös. Ein Liter Dieselkraftstoff enthält 10 kWh an chemischer Energie, die ein moderner Motor mit 40 % Wirkungsgrad in mechanische Antriebsenergie verwandeln kann. Um die entsprechenden 4 kWh an elektrischer Energie für den Antrieb eines E-Autos zu speichern, werden 30 kg an Lithium-Ionen-Akkus benötigt. Der typische Akku eines E-Autos besitzt eine Kapazität von rund 20 kWh, wiegt mehr

VON RIO ÜBER KYOTO NACH PARIS 2015

1992: *Bei der UN-Konferenz über Umwelt und Entwicklung in Rio de Janeiro wird das Rahmenübereinkommen der UN über Klimaänderungen (engl. Framework Convention on Climate Change, FCCC) beschlossen. Es sieht eine Stabilisierung der atmosphärischen Treibhausgaskonzentrationen auf einem Niveau vor, das „eine gefährliche Störung des Klimasystems verhindert", enthält aber keinerlei quantitative und zeitliche Zielsetzungen.*

1995: *In Berlin beginnt die jährliche Reihe der Vertragstaatenkonferenzen (engl. Conference of Parties, COP), die zu Konkretisierungen des FCCC führen sollen.*

1997: *Bei der 3. Vertragstaatenkonferenz in Kyoto (COP3) einigen sich die wichtigsten Industriestaaten auf das Ziel, für eine Gruppe von Treibhausgasen (CO_2, CH_4, N_2O und einige fluorhaltige Gase) die weltweiten Emissionen bis spätestens 2012 um 5,2 % zu reduzieren (Referenzjahr: 1990). Nach einem differenzierten Länderschlüssel sollen dabei die EU 8 % (Deutschland 21 %, durch die Stilllegung veralteter Anlagen in den neuen Bundesländern weitgehend erreicht), Japan 6 % und die USA 7 % beitragen. Da die USA bald danach aus diesem „Kyoto-Protokoll" ausgetreten sind und sich die Schwellenländer China und Indien sowie die Entwicklungsländer bisher nicht daran beteiligen, sind derzeit lediglich ca. 30 % der globalen CO_2-Emissionen durch das Abkommen erfasst. Das Abkommen war seit 2005 in Kraft.*

2003: *Der „Wissenschaftliche Beirat Globale Umweltveränderungen" (WBGU) der deutschen Bundesregierung empfiehlt, das Kyoto-Protokoll zu verschärfen: Reduktion der Emission der „Kyoto-Gase" um 20 % bis 2020. Bis 2050 hält er eine globale Reduktion der*

als 140 kg und erlaubt damit nur ca. 150 km Fahrstrecke. Die letzten technischen Entwicklungen werden in dem Buch MOBILITÄT (Ref. 21) sorgfältig erläutert. Gegenwärtig werden große Anstrengungen unternommen, um die Produktionskosten der Akkus zu senken.

Alles deutet darauf hin, dass die Kohlenwasserstoffe wegen ihrer hohen Energiedichte sowie der einfachen Transport- und Speicherfähigkeit für den Schwerlastverkehr und insbesondere für den Flugverkehr unverzichtbar bleiben werden. Auch deshalb ist die CO_2-neutrale Produktion von synthetischen Kraftstoffen eine wichtige Vision für die Zukunft. Die Bücher STROM und MOBILITÄT gehen ausführlich darauf ein (Ref. 20, 21, 2).

ausreichend verfügbar *(bedarfsgerecht abrufbar)*

sicher *(ungefährlich bei Gewinnung und Einsatz)*

preiswert *(bezahlbar)*

umweltschonend *(bei Gewinnung und Einsatz)*

Abb. 62: Es gibt derzeit keine Energietechnik, die alle vier Forderungen gleichzeitig befriedigen kann. Nur ein „Selbstversorger“ mit Brennholzwäldchen und eigenem Acker könnte sich noch in diesem magischen Quadrat konfliktfrei orientieren. Allerdings lebt der überwiegende Teil der Erdbevölkerung inzwischen in großen Ballungsräumen und Megastädten. Daraus ergeben sich große Herausforderungen für gesunde Lebensbedingungen und die Energieversorgung.

CO_2-Emission um 45 – 60 % für angebracht.

2007: *Das IPCC (WG3, „Mitigation“) nennt für 2050 ein Reduktionsziel von 50 – 85 %.*

2010: *In der 15. Vertragsstaatenkonferenz (COP15) in Kopenhagen (2009) und der 16. in Cancun (2010) wurde eine konsequentere Umweltpolitik im Sinn von IPCC und WBGU nicht erzielt.*

2015: *Auf der 21. UN-Klimakonferenz in Paris verabschiedeten Vertreter aller 195 Nationen am 12.12.2015 eine Resolution, die den Anstieg der globalen Mitteltemperatur auf maximal 2 °C im Vergleich zur vorindustriellen Zeit begrenzen soll. Dieses ambitionierte Ziel wird voraussichtlich nur dann erreicht werden können, wenn wesentliche Vorräte an fossilen Energieträgern nicht gefördert werden, sondern in der Erde verbleiben. Die diskutierten Zahlen für den gewünschten Förderverzicht liegen für die Kohle bei bis zu 80 % der Reserven, bei Öl und Gas um die 50 % (vgl. S. 163 und 143).*

Das Pariser Agreement wird sehr unterschiedlich bewertet. Es enthält u.a. die Forderung, individuelle nationale Ziele festzuschreiben (INDCs, Intended National Determined Contributions). Darüber hinaus wird es von vielen Protagonisten als eine wichtige Basis gesehen, um drastische Maßnahmen, wie etwa einen schnellen und vollständigen Ausstieg aus der Kohleförderung zu verlangen.

ZUKÜNFTIGE ENERGIEVERSORGUNG UND EMISSIONSSZENARIEN

In vielen Ländern werden inzwischen Anstrengungen unternommen, um die CO_2-Emissionen zu mindern. In Deutschland hat sich dafür der Name Energiewende eingebürgert. Windkraftanlagen und Photovoltaik-Flächen gehören hierzulande bereits zum vertrauten Bild. Längst ist offensichtlich, dass es keine umfassende geniale Einzellösung geben kann, sondern dass die Energiewende überall auf der Welt auf eine Vielzahl von Techniken setzen muss, um die Abhängigkeit von fossilen Energieträgern Schritt für Schritt zu vermindern. Seit 1998 wuchs die globale CO_2-Emission um ca. 0,8 Gt CO_2 pro Jahr an, also jährlich um mehr als 2 %. Im Jahr 2013 wurden ca. 32 Gt CO_2 emittiert, entsprechend 8,7 Gt Kohlenstoff. In den Jahren 2014 und 2015 stiegen die Emissionen laut IEA zum ersten Mal nicht weiter an, obwohl ein geringes Wirtschaftswachstum zu verzeichnen war.

Wegen der hohen Abhängigkeit von der Kohleverbrennung stehen die CO_2-Emissionen durch die Stromproduktion besonders im Fokus. Als erstaunlicher Fortschritt auf diesem Feld hat sich inzwischen die industrielle Lernkurve der Photovoltaik-Zellen-Herstellung herausgestellt, denn der Preis der PV-Zellen ist innerhalb von 15 Jahren auf ein Zehntel gesunken. Deshalb ist die PV-Stromproduktion inzwischen ohne jede Förderung wirtschaftlich – doch nach wie vor ist PV-Strom nur bei Sonnenschein verfügbar. Es wäre wundervoll, wenn auch die Speichertechniken einen vergleichbaren Fortschritt erzielen könnten. Die Vielzahl der technischen Entwicklungen und Maßnahmen macht es unmöglich, an dieser Stelle ausführlich darüber zu berichten. Wir verweisen auf die neuen Bücher STROM und MOBILITÄT sowie auf ENERGIE (Ref. 20, 21, 2).

Im Folgenden stellen wir ein oft zitiertes Szenario aus dem Jahr 2004 vor, in dem ein sorgfältig durchdachter, quantitativer Ansatz zur Emissionsminderung vorgeschlagen wurde. Das Szenario der Wissenschaftler aus Princeton zeigte mit großer Eindringlichkeit, dass „der Teufel nicht in den technischen Details steckt", sondern fast ausschließlich in dem überwältigend großen Umfang der Aufgabe. Alle vorgeschlagenen Maßnahmen wären in kleinerem Umfang ohne weiteres realisierbar, doch in globalem Maßstab nehmen sie gewaltige Dimensionen an.

Letztendlich möchten alle Zukunftsmodelle erreichen, die globale Nutzung von Kohle und Erdöl drastisch zu reduzieren. Oft genug wird nur eine entsprechende Forderung aufgestellt, ohne einen gangbaren Weg aufzuzeigen. Steve Pacala und Robert Sokolow haben deshalb mit ihrem Szenario versucht, mögliche technische Schritte mit Hilfe verfügbarer Technologien vorzuschlagen und vor allem quantitativ durchzurechnen (Science, vol.35, p.968,2004). Ihre Argumente sind noch immer aktuell und lehrreich.

Im ersten Schritt gehen wir von den bekannten Emissionen im Jahr 2008 aus und runden ab auf 8 Gt fossilen Kohlenstoff pro

Jahr. Die Brandrodungen werden also nicht in diese Bilanz einbezogen. Anschließend prognostizieren wir ein sehr realistisches Referenzszenario: Wegen der Weltwirtschaftsentwicklung bei einem unveränderten Energiemix (80 % fossile Energieträger) erwarten wir eine Verdopplung der Emissionen bis etwa 2050 auf 16 Gt C pro Jahr. Eine Rezession oder eine globale Wirtschaftskrise würde diese langfristige Entwicklung nicht entscheidend verändern, sondern nur um sehr wenige Jahre hinauszögern.

Wir formulieren nun ein zuerst relativ bescheiden erscheinendes Ziel:
Wir wollen die ständige Zunahme der globalen CO_2-Emissionen stoppen!

Dazu fordern wir, die CO_2-Emissionen nicht ständig ansteigen lassen, sondern bei 8 Gt/Jahr einzufrieren, also zu deckeln!

In der Folge sollte dann die effektive Treibhausgaskonzentration in der Atmosphäre hoffentlich nicht mehr so schnell weiter ansteigen.

Unser gemeinsames und wirklich eher bescheidenes Ziel ist demnach eine globale Wirtschaftsentwicklung bei unveränderten Emissionen. Dabei müssen wir akzeptieren, dass die bevölkerungsreichen Schwellenländer ihre wirtschaftliche Entwicklung energisch voran treiben wollen. Auf diesem unabweisbaren Entwicklungsbedarf fußt unser Referenzszenario, im Einklang mit fast allen Prognosen. In der Vergangenheit ist der Weltenergiebedarf jeweils um 1,5 – 2 % pro Jahr angewachsen, während das Wirtschaftswachstum sogar rund 3 % betrug. Ein jährliches Wachstum von 1,7 % bewirkt eine Verdopplung in 41 Jahren, ein schwächeres Wachstum verschiebt den Zeitpunkt der Verdopplung nur um wenige Jahre.

Bei unverändertem „Energiemix" bedingt der in diesem Szenario prognostizierte Energiebedarf für das Jahr 2050 auch verdoppelte Kohlenstoff-Emissionen von nunmehr 16 Gt/Jahr. Dabei wird bereits stillschweigend vorausgesetzt, dass die verheerenden Brandrodungen der Tropenwälder endlich beendet werden.

Die Emissionen aus der Nutzung der fossilen Energieträger sollen nun durch vielfältige Maßnahmen soweit abgemildert werden, dass die Gesamtemissionen den Wert von 8 Gt nicht mehr überschreiten. Die dafür vorgeschlagenen Maßnahmen müssten möglichst bald beginnen und dem wachsenden Energiebedarf und dem Wirtschaftswachstum angepasst ständig erweitert werden, so dass ab etwa 2050 mindestens 8 Gt C pro Jahr im Vergleich zum Referenzszenario „eingespart" werden können. In eine noch fernere Zukunft soll nicht mehr projiziert werden, denn schon der Blick 40 Jahre voraus ist ein unsicheres Unterfangen, weil niemand die Entwicklungen, Erfindungen und Entdeckungen der Zukunft vorhersagen kann.

Wir betrachten nun 16 beispielhafte Einzelmaßnahmen (Einzelszenarien), die jeweils eine Emissionsminderung um etwa 1 Gt C pro Jahr bewirken könnten. Wenn alle Szenarien nur zur Hälfte realisiert würden, hätte man bereits 8 Gt C eingespart – aber auch das könnte schwierig werden.

Man könnte sich nämlich zur Veranschaulichung vor Augen führen, dass der gesamte deutsche Beitrag etwa 2,5 % der globalen CO_2-Emissionen ausmacht. Wenn man die globalen Emissionen begrenzen und den zunehmenden Energiebedarf emissionsfrei decken will, dann muss alle 18 Monate (verteilt über die ganze Erde) eine zusätzliche, brandneue „nicht-fossile Energiewirtschaft" aufgebaut werden. Diese muss den gesamten derzeitigen deutschen Bedarf an Öl, Gas, Kohle durch emissionsfreie Technik ersetzen. Dieser Prozess muss sich im Rhythmus von 18 Monaten wiederholen. Jedes Mal muss die gesamte deutsche Industrie, die Infrastruktur für Verkehr und aller Wohnraum ganz neu errichtet werden – aber nun ganz und gar ohne CO_2-Emissionen!

Weil diese Problemlage ungewohnt und überwältigend ist, wiederholen wir die entscheidende Kernaussage noch einmal:

Etwa 8 dieser 16 vielfältigen und zum Teil sehr einschneidenden Maßnahmen sind notwenig, um den Anstieg (1,7 % pro Jahr) der Emissionen zu stoppen. Die Emissionen werden dadurch nur begrenzt, bleiben aber immer noch so hoch wie 2009. Wegen der CO_2-Aufnahme durch Ozeane und Biosphäre würde der jährliche CO_2-Anstieg dann vermutlich weiterhin bei 2 ppm/Jahr liegen, so dass man bis 2050 auf einen CO_2-Spiegel von vielleicht „nur" 470 ppm CO_2 in der Luft kommt. Die schlimmsten Befürchtungen der Klimaprojektionen könnten auf diese Weise vermutlich vermieden werden.

Jede der 16 Einzelmaßnahmen spart in jedem Jahr etwa 1 Gt C an Emissionen ein und müsste bis 2050 realisiert sein. Letztendlich ist natürlich die Gesamtsumme aller, auch der nur teilweise realisierten Beiträge, entscheidend und sollte 8 Gt erreichen. Es wird dabei immer die gesamte Erde betrachtet. Bitte beachten Sie die Referenzdaten auf S. 176.

1 VERKEHR

Derzeit gibt es ca. 500 Millionen Autos. 2050 rechnet man weltweit mit 2 Milliarden PKW. Diese dürfen dann nur noch etwa 4 Liter/100 km verbrauchen.

2 VERKEHR

Jedes dieser Autos sollte nur noch halb so viel wie derzeit benutzt werden. Zielvorgabe: max. 8000 km/Jahr. Statt dessen sind die öffentlichen Transportmittel und Telearbeitsplätze zu fördern, um den Berufsverkehr zu vermindern.

3 GEBÄUDE

Die Beheizung und Klimatisierung aller Gebäude sowie alle Hausgeräte müssten um 25 % effizienter werden: „Überall Wärme und Strom sparen!" Bei diesem Vorschlag ergeben sich recht günstige Renditen für die Investitionen. Die Umsetzung wird sehr stark von den zu erwartenden Energiekosten motiviert.

4 GASKRAFTWERKE

880 Großkraftwerke (je 1 GW) werden mit Erdgas statt Kohle betrieben, denn Gaskraftwerke sind wesentlich CO_2-ärmer. Das wertvolle Erdgas wird als „Klimaretter" zunehmend begehrt, knapp und teurer werden. Es ist universell verwendbar und auch als Ersatz für Öl vorgesehen.

ABKÜRZUNGEN:

CCS
Carbon Capture and Storage, d. h.: CO_2-Abtrennung und unterirdische Verpressung, vgl S. 153 und Ref. 2

CSP
Concentrating Solar Power, d. h.: Dampfkraftwerke werden mit Sonneneinstrahlung betrieben, vgl. Ref. 2

H_2
Wasserstoff, als Energieträger eingesetzt.

PV
Photovoltaik, Solarzellen zur Stromerzeugung.

5 KRAFTWERKE

Verbesserung des Wirkungsgrades aller Kohlekraftwerke auf 60 %. Der derzeitige Wirkungsgrad liegt weltweit eher bei 30 %. Mit Hilfe neuer Werkstoffe wäre ein solcher Wirkungsgrad eventuell erreichbar, obwohl derzeit die modernsten Neubauten nur etwa 50 % erreichen können.

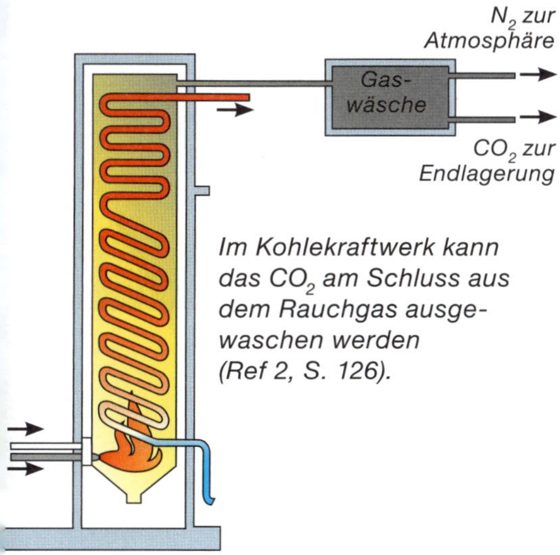

Im Kohlekraftwerk kann das CO_2 am Schluss aus dem Rauchgas ausgewaschen werden (Ref 2, S. 126).

6 CCS

Das CO_2 von 440 modernen Kohlegroßkraftwerken (je 1 GW) wird abgeschieden und unterirdisch gespeichert. Derzeit (2010) sind zwei kleine CCS-Pilotanlagen in Deutschland in Betrieb. Eine kommerzielle Nutzung in einer Großanlage an einem Großkraftwerk ist durchaus vorstellbar, wurde aber weltweit noch nicht realisiert. Zur Endlagerung von CO_2 s. S. 154.

7 H_2 – WIRTSCHAFT

Inzwischen wird eine Wasserstoffwirtschaft favorisiert, welche die naturgemäß fluktuierende Stromproduktion von Sonne und Wind einsetzt, um mit Hilfe der Elektrolyse Wasserstoff aus Wasser zu produzieren. Der produzierte Wasserstoff kann für den Verkehr genutzt werden, besonders effizient für Elektrofahrzeuge mit Brennstoff-Zellen.

8 CCS UND SYNTHETISCHER KRAFTSTOFF AUS KOHLE

Kohle soll in großem Stil zu Benzin hydriert und das massenhaft anfallende CO_2 abgetrennt und verpresst werden. Die Produktion von mehr als 1 Gt Benzin pro Jahr ist vorgesehen. Das ist, wenn überhaupt, nur für sehr kohlereiche Länder wie Südafrika sinnvoll, weil dort bereits heute Benzin konkurrenzfähig in großem Stil aus billiger Kohle hergestellt wird – allerdings unter extrem hoher CO_2-Emission. Ohne CCS deshalb total kontraproduktiv.

9 WIND

663 000 moderne, besonders große Windkraftanlagen (je 3 MW nominell) sind in windgünstigen Lagen, also möglichst nahe der Küste, neu zu errichten. Das sind 25-mal mehr Anlagen als es derzeit in Deutschland gibt.

10 KERNENERGIE

Die Studie schlägt vor, 170 moderne Kernkraftwerke neu zu errichten, wobei jedes KKW zwei Blöcke mit einer Leistung von je 1,3 GW haben sollte. Jedes KKW entspräche damit dem inzwischen stillgelegten KKW Biblis. Gegenwärtig sind die Perspektiven für einen spürbaren Ausbau der Kernenergie nicht zu erkennen, denn nur wenige Länder planen KKW-Neubauten.

11 PV

Die Autoren konnten im Jahr 2004 nicht wissen, wie drastisch die Produktionskosten der PV-Anlagen sinken würden. Es ist inzwischen zu erwarten, dass die PV insbesondere im Sonnengürtel der Erde spürbar zur Emissionsminderung beitragen kann.

12 WIND UND ELEKTROAUTOS

Noch einmal über 1 Million Maxi-Windkraftanlagen (je 3 MW) sind nötig und werden installiert, um die Batterien von vielen Elektroautos aufzuladen. Auch hier sind inzwischen deutliche Fortschritte zu beobachten.

13 CSP

440 CSP-Großkraftwerke je 1 GW sind im Sonnengürtel der Erde neu zu bauen. Eine zusätzliche Infrastruktur für die Gleichstrom-Hochspannungsübertragung zu den weit entfernten Verbrauchern, etwa von Afrika bis nach Europa, wird benötigt.
Inzwischen wird erwartet, dass PV-Großanlagen bessere Marktchancen besitzen als CSP-Kraftwerke.

14 BIOSPRIT

Etwa 1/6 der gesamten landwirtschaftlichen Anbaufläche müsste für Biosprit genutzt werden. Das bedeutet aber einen sehr starken Konflikt zur Lebensmittelproduktion, der noch wesentlich verschärft wird durch den weltweit ansteigenden Bedarf an Fleischprodukten. Heute wird diese noch im Jahr 2004 aufgelistete Möglichkeit strikt abgelehnt, denn heute (2010) leiden bereits über eine Milliarde Menschen an Unterernährung und Hunger. Nur moderne Biokraftstoffe der 2. Generation, die vor allem Abfälle nutzen, bleiben auch in Zukunft höchst wünschenswert. Welche Produktionsmengen dabei erreicht werden können, ist noch offen.

15 WALD

Sowohl: Totaler Stopp des Waldverlustes, der über 70 000 km^2/Jahr ausmacht. Geschätzte Jahresbilanz heute: Über 120 000 km^2 Rodungen stehen Neuanpflanzungen von max. 50 000 km^2 gegenüber. Und gleichzeitig: Wiederaufforstung von 3 Millionen km^2 Waldfläche. Das ist die achtfache Fläche der gesamten Bundesrepublik. Diese gewaltige Fläche würde dann allerdings für viele Jahrzehnte ausreichen, um jährlich 1 Gt C in Form von Holz zu binden, bis sich viel später wieder ein Gleichgewicht aus Wachstum und Verrotten einstellt. Weil auch ein totaler Rodungsstopp notwendig wird, erscheint uns dieser Vorschlag als unrealistisch. Wertvolles Land wird immer knapper.

16 PFLUGTECHNIK

Genereller, weltweiter Stopp des Tiefpflügens, um den Kohlenstoff des Humus im Boden zu erhalten. Zusätzlich sollte in großem Maßstab Holzkohle untergepflügt werden. Holzkohle bindet wertvolle Mineralien und speichert den Kohlenstoff für Jahrhunderte im Boden.

Wie kommt man zu den Zahlenwerten, die den 16 dargestellten Sparmöglichkeiten zu Grunde liegen?

Wir beginnen mit einer wichtigen Vorbemerkung: Die anschauliche, aber immer unpräzise Behauptung, eine Technik „erspare" bestimmte CO_2-Emissionen, benötigt zumindest eine Angabe darüber, was tatsächlich ersetzt wird.

Wir nehmen als Maß für eine zukünftig mögliche „Emissions-Ersparnis" den Verzicht auf zukünftige Neubauten von hochmodernen Kohle-Großkraftwerken an. Wenn wir „alte Dreckschleudern" als Maßstab wählen würden, könnten wir natürlich mit viel höheren Emissions-Ersparnissen glänzen. Beispiel: Bereits 400 000 (statt 663 000) neue Maxi-Windkraftanlagen ersparen 1 Gt C pro Jahr, wenn sie uralte Kohlekraftwerke ersetzen. Aus diesem Grund ist der Umfang einer „Ersparnis" fast immer eine sehr willkürliche Größe, die leicht manipuliert werden kann. Alle Verkäufer lieben es, die schlechteste Alternative zum Vergleich heranzuziehen.

Eine korrekte Argumentation geht von einem zu deckenden Mehrbedarf an Energie aus und vergleicht Neubauten unterschiedlicher, hochwertiger Technik.

Für die **Verfügbarkeit** der Kohle-, Gas- und Kernkraftwerke setzen wir einen typischen Wert von 95 % an. Für die weiteren Verfügbarkeiten gilt im deutschen Jahresmittel:

Windstrom: bis zu 21 % der installierten Kapazität (Nennleistung) wegen der windschwachen Zeiten. Offshore sind bis zu 40 % möglich.

Photovoltaik: nur etwa 10 % der Nennleistung („peak power") wegen der schwankenden Beleuchtungsstärke durch Sonnenstand, Wolken und Nachtzeiten.

Referenzwerte

1 modernes **Kohlekraftwerk** mit einem sehr gutem Wirkungsgrad von 46 % emittiert 1 kg CO_2 für jede erzeugte kWh an elektrischer Energie. Es emittiert bei einer Leistung von 1 GW pro Stunde 273 t C oder $2{,}4 \cdot 10^6$ t C pro Jahr.
Somit emittieren 440 Kohle-Großkraftwerke (je 1 GW, 95 % verfügbar) 1 Gt C pro Jahr. Sie liefern rechnerisch 418 GW an das Netz. (Kosten für 1 Kohlekraftwerk (1 GW): ca. 1 Milliarde Euro; 440 Kraftwerke also 440 Milliarden Euro)

1 modernes **Kernkraftwerk** mit 2 Blöcken à 1,3 GW (vergleichbar mit „Biblis") liefert 2,6 GW elektrische Leistung.
170 Kernkraftwerke (2,6 GW, 95 % verfügbar) erzeugen 418 GW und „ersparen" 1 Gt C pro Jahr.
KKW-Kosten für 1 GW: ca. 2 Milliarden Euro; 170 große KKW mit 418 GW: 884 Milliarden Euro. Die Kosten für Wiederaufarbeitung und Endlagerung können derzeit in Deutschland nicht beziffert werden.

Der jährliche Brennstoffbedarf eines Kernkraftwerks von 2,6 GW beträgt 50 t angereichertes Uran, was mit rund 6,2 Millionen t Kohlebedarf für Kohlekraftwerke und anschließender Emission von 6,2 Millionen t C verglichen werden muss.

1 moderne große **Windkraftanlage** (3 MW, max. Höhe der Rotorblattspitze: 150 m) liefert im Jahr 0,63 MWJahre an „Strom", das sind

Die derzeit höchste Windkraftanlage (FL 2500) steht nördlich von Cottbus. Ihr Turm hat eine Nabenhöhe von 160 m und übertrifft damit die 157 m der Türme des Kölner Doms. Der Rotor mit 90 m Durchmesser erreicht eine Höhe von 205 m und überstreicht eine Fläche von 6300 m² – das entspricht tatsächlich einem „senkrecht in dieser Höhe aufgespannten Fußballfeld"!

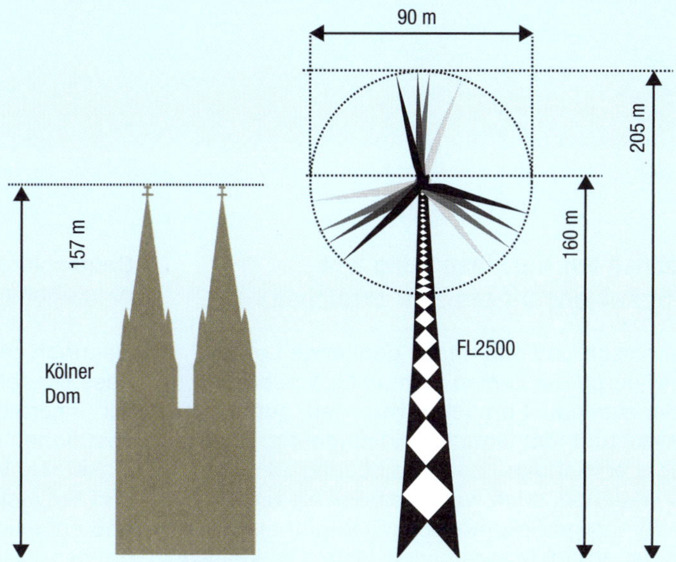

21 % der Nennkapazität, und kostet ca. 3 Millionen Euro.

663 000 Windräder (3 MW Nennleistung) liefern im Jahr 418 GWJahre „Strom", die nominelle Ersparnis beträgt dann 1 Gt C. Das sind 30-mal mehr Windtürme als derzeit insgesamt in Deutschland aufgestellt sind (derzeit ca. 22 000, oft wesentlich kleinere Anlagen). Investitionskosten für 663 000 Anlagen (3 MW): etwa 2000 Milliarden Euro.
ABER: Wegen der Flautenzeiten müssen zusätzlich schnell reagierende Gaskraftwerke entsprechender Leistung gebaut werden. Das erhöht die Kosten wesentlich und führt obendrein zu erheblichen CO_2-Emissionen.

1 Photovoltaik(PV)-Dachanlage von 100 m² gibt maximal ca. 10 kW elektrische Leistung ab (Kosten: ca. 20 000 Euro). In Deutschland (2016) sind Photovoltaik-Solarzellen für ca. 40 GW Spitzenleistung installiert, die naturgemäß nur bei voller Sonneneinstrahlung ereicht werden kann. Sie liefern zusammen etwa 4 GW-Jahre an elektrischer Energie – das entspricht einer 10 %-Nutzkapazität.
Auch hier müssen entsprechende Ersatzkraftwerke (Gaskraftwerke) für dunkle Stunden zusätzlich vorgehalten werden. Allerdings bedingen die notwendigen Ersatzkraftwerke wiederum CO_2-Emissionen.

Gaskraftwerke sind so teuer wie Kohlekraftwerke gleicher Leistung, emittieren aber nur etwa die Hälfte an CO_2 pro erzeugter kWh elektrischer Energie.

Man erkennt die gewaltigen Unterschiede in den Investitionskosten, die durch die Brennstoffkosten derzeit nicht kompensiert werden, obwohl Sonne und Wind kostenlos sind.

1 kg CO_2 entspricht 0,273 kg Kohlenstoff;
1 Jahr = 8760 Stunden;
1 GWJahr = 8,76 TWh.

Ausführliche Informationen zu den Themengebieten Stromversorgung, Energiewende und Verkehr finden sich in den neuen Sachbüchern STROM und MOBILITÄT (Ref. 20, 21).

Können wir die Einsparung von 8 Gt Kohlenstoff pro Jahr erreichen?

Technisch und quantitativ denkende Leser sind durch die Zahlen vermutlich erschreckt oder zumindest ernüchtert worden, denn Physik und Mathematik sind eindeutig: Eine leicht erreichbare, perfekte Lösung ist nicht zu erkennen, auch wenn es noch weitere, andersartige Sparmöglichkeiten gibt als die 16 Hauptpunkte auf unserer Liste. Denken wir an die Nutzung von Geothermie (Erdwärme), die Kernfusion (noch im Entwicklungsstadium) und besonders alle nur denkbaren Möglichkeiten zum sparsamen Umgang mit Energie und Rohstoffen. Auch die vorsichtige Nutzung und das Recycling von Gebrauchsgütern sind wichtig, denn in jedem Produkt steckt ein verborgener Anteil von Energie, die zuvor für die Ausgangsmaterialien, die Produktion und den Transport aufgewendet werden musste. Immerhin sollen ja bis 2050 mindestens Einsparungen von 8 Gt C pro Jahr erreicht werden. Intelligenz, Sorgfalt und Sparsamkeit sind deshalb allerorten nachdrücklich gefordert.

Nun sind die vielen Zahlen nicht jedermanns Sache. Wer von den Daten irritiert und verunsichert wurde, der könnte sich die Problematik des Energiebedarfs der ständig anwachsenden und aufstrebenden Erdbevölkerung vielleicht so veranschaulichen:

Wenn ganz Deutschland von heute ab vollständig und für immer auf Benzin, Öl, Gas und Kohle verzichten würde, was natürlich einen katastrophalen Zusammenbruch der Versorgung und sicherlich sogar eine große Hungersnot bedeuten würde, so würde der derzeitige Anstieg des CO_2 in der Luft nur um ca. 18 Monate verzögert – mehr wäre durch dieses gewaltige Opfer nicht gewonnen, denn Deutschland ist mit 1,2 % der Weltbevölkerung eben nur ein sehr kleiner Teil der Welt.

Dennoch zeigt diese Liste mit großer Klarheit, dass wir sehr genau darauf achten sollten, wie wir unsere begrenzten Mittel für zukünftige Investitionen möglichst sinnvoll und zielführend einsetzen. Verbesserungen durch Forschung und Entwicklung sind allenthalben möglich und angesichts des Umfangs der zukünftig notwendigen Investitionen auch besonders erfolgversprechend.

Mit Sicherheit können wir in Deutschland dem Klima der Erde keinen besseren Dienst erweisen, als optimale (Energie-) Technik zu entwickeln und die aufstrebenden Länder mit ihren Bevölkerungsmilliarden damit zu beliefern. In diesen Ländern wird letztendlich über die Zukunft des Klimas entschieden werden.

Dass unsere Produkte zu möglichst günstigen, konkurrenzfähigen Preisen angeboten werden müssen, ist offensichtlich, und es erscheint geradezu geboten, den Export von CO_2-sparender Technologie nach Kräften zu fördern und zu erleichtern. Das gilt für die Massenproduktion einfacher Solarkocher für ländliche Regionen ebenso wie für neue Transport- und Verkehrssysteme oder Großkraftwerke für die ständig wachsenden Megastädte.

Grundfalsch dagegen wäre es, alle energieintensiven Industrien aus Deutschland zu verbannen, um mit der nationalen CO_2-Bilanz protzen zu können. Die entsprechenden Produktionen würden in Länder mit geringeren Umweltstandards verlagert, und dem globalen

Klima würde damit vermutlich nur geschadet – von den Folgen für unsere Wirtschaft abgesehen. Hierin liegt eine gewisse Gefahr des von der Politik neu etablierten europäischen Handels mit CO_2-Emissionsrechten.

Die vielfältigen Warnungen vor dem globalen „Klimaproblem“ sind ein wichtiger Weckruf.

> Dabei bleibt es aber eine oft vergessene und sehr unbequeme Wahrheit, dass unser Wohlstand ganz entscheidend auf einer zuverlässigen Energieversorgung beruht. Deren Zukunftsfähigkeit wird entscheidend durch Ausbildung, Forschung und Entwicklung gesichert. Deshalb müssen unsere Studenten und Absolventen motiviert werden, sich dieser Aufgaben anzunehmen. Die Liste der energierelevanten Themen und Herausforderungen ist lang, wichtig und spannend.

Ausbildung und Studium in Deutschland müssen mit Nachdruck auf die energierelevanten Themen ausgerichtet werden, denn ohne qualifiziertes Fachwissen sind die Fragen der Zukunft nicht zu lösen.

Jeder Ingenieur, der den Wirkungsgrad eines Kraftwerks auch nur um einen halben Prozentpunkt weiter verbessert, macht sich um die Atmosphäre, die Erde und unsere Zukunft nachhaltig verdient.

Das Spektrum der interessanten und zukunftssicheren Arbeitsplätze auf dem Energiesektor ist weit und sehr beeindruckend.

Umweltschutz, Vermeidungskosten und Marktwirtschaft

Der Umweltschutz ist ein typischer Bereich, in dem es um den Erhalt und die Nutzung eines „gemeinsamen Gutes“ (Eigentum der Allgemeinheit) geht: Saubere Luft, sauberes Wasser, gesunde Flora und Fauna und eine schöne Landschaft sollen von allen genutzt und für alle erhalten werden. Häufig werden die berechtigten Bedürfnisse für Wohnungsbau, Industrie, Landwirtschaft und Verkehr (Straßen, Bahnlinien) damit konkurrieren. Hier müssen Staat und Gesellschaft mit Hilfe der Gesetzgebung regulierend eingreifen, denn Umweltschutz ist keine Ware, für die es eine Börse, einen Markt oder einen Marktpreis gibt.

Uns bewegt an dieser Stelle die Belastung oder Verschmutzung der Atmosphäre (ein gemeinsames Gut) durch vielfältige individuelle Emissionen. Wer Auto fährt, Zement kauft oder Strom nutzt, hat davon seinen direkten, persönlichen Nutzen, aber er trägt auch zwangläufig zu den CO_2-Emissionen bei.

Wie kann man erreichen, dass möglichst viel CO_2 „eingespart“ wird, ohne dass man Autos, Zementfabriken und Kraftwerke allzu willkürlich mit hohen Steuern belegt? Wie kann man herausfinden, wie teuer oder rentabel es wäre, ein alternatives, CO_2-minderndes Kraftwerk zu errichten und zu betreiben?

Überraschender Weise kann an dieser Stelle die „Intelligenz des Marktes“ tatsächlich für den Umweltschutz eingesetzt werden. Am Markt regeln Angebot und Nachfrage die Preise, und der Wettbewerb belohnt die effektivsten der Marktteilnehmer. Die günstigsten Produzenten und Verkäufer, aber auch die klügsten Käufer und Verbraucher kommen dabei zum Zuge.

Wer fossilen Kohlenstoff einsparen will, kann das auf verschiedene Weise tun: sparsamer heizen, weniger Auto fahren, den Stromverbrauch drosseln. Er kann aber auch investieren, um sein Haus oder seine Fabrik zu modernisieren und dann mit geringerem Energieeinsatz auszukommen. Wie kann ein Privatmann oder ein Firmenchef optimal CO_2-Emissionen vermeiden? Welche Investitionen werden sich rentieren, welche sind vergleichsweise viel zu teuer?

Ein Zementproduzent könnte Investitionen vornehmen, um 1 t CO_2 einzusparen. Auch ein Kraftwerksbetreiber, ein Chemiebetrieb, ein Verkehrsbetrieb, eine Fluggesellschaft oder ein Privatmann könnten entsprechende Maßnahmen durchführen. Der Effekt für die Atmosphäre wäre in jedem Fall derselbe. Im privaten Sektor wären manche Entscheidungen relativ schmerzlos (am Wochenende auf den PKW verzichten), andere aber wären sehr unangenehm (auf warmes Wasser oder den Strom vollständig verzichten). Im industriellen Sektor sind solche Überlegungen noch weitaus komplizierter. Die Firmen stehen im Wettbewerb. Die unternehmerischen Entscheidungen haben weit reichende Konsequenzen für Umsatz, Gewinn und Arbeitsplätze. Eine effektive Regelung durch Gesetze und Vorschriften kann es in diesem komplizierten wirtschaftlichen Spannungsfeld nicht geben – eine globale Planwirtschaft ist unvorstellbar und wäre auch kein gangbarer Weg. Statt dessen zielen die Planer auf die eingespielten Mechanismen der Marktwirtschaft: Wenn die Emissionen Geld kosten würden, so könnte derjenige Gewinne machen, der die höchsten Emissionsreduktionen („CO_2-Ersparnisse") pro investiertem Euro erzielt.

Weil ein großer Markt immer über die effektivsten Mechanismen verfügt, um die kostengünstigsten Verfahren zu ermitteln, ist es prinzipiell eine geniale Idee, die CO_2-Emissionen mit einem Preis zu versehen und mit einem internationalen Markt zu verkoppeln.

Für notwendige Emissionen wird nun von allen Verursachern ein noch zu ermittelnder „Marktpreis" verlangt, der an den Staat zu zahlen ist. Die Kosten für betriebsnotwendige Emissionen stehen damit gleichrangig neben den Rohstoffkosten und den Betriebskosten. Wer preiswert anbieten will, senkt seine Emissionen nach Möglichkeit und damit seine Kosten. Darüber hinaus aber, und das ist der Clou, kann er nicht benötigte Emissionsrechte verkaufen an solche Firmen, die dringend zusätzliche fossile Energieträger einsetzen müssen, um ihre Produktion aufrecht zu erhalten.

Dazu wurden die „Verschmutzungsrechte" (EUA-Zertifikate – European Union Allowances) erfunden und 2005 eingeführt. Sie beinhalten amtliche Genehmigungen für CO_2-Emissionen und können gekauft und verkauft, also frei gehandelt werden. Auf diese Weise soll sich für die Zertifikate ein Marktpreis einpendeln. Die Menge der erteilten Zertifikate wird begrenzt und soll im Laufe der Jahre verringert werden. Der Umfang der tatsächlichen Emissionen wird kontrolliert, Übertretungen werden hart bestraft. Die EUA für 1 t CO_2-Emission kann beispielsweise 30 bis 50 Euro kosten. Wenn man das auf die Brennstoffkosten umrechnet, erhöht sich dadurch der Preis für einen Liter Heizöl oder Diesel um 7 – 12 Cent. Der Zertifikatehandel umfasst inzwischen 45 % des CO_2-Ausstoßes der EU.

Wir fassen die erhofften Vorteile zusammen:
1. Die Firmen (Zement- und Stahlwerke, Elektrizitätswirtschaft, ...) werden versuchen, ihre Emissionen zu begrenzen, weil das für sie bares Geld bedeutet.
2. Leicht erzielbare CO_2-Einsparungen an einer Stelle können schwer vermeidbare CO_2-Emissionen an anderer Stelle kompensieren.
3. Insgesamt soll auf diese Weise maximal CO_2 mit dem geringsten Kapitaleinsatz eingespart werden.
4. Die Kosten (die jeweiligen „Grenzkosten“) der CO_2-Einsparungen können am Marktpreis der Zertifikate abgelesen und damit objektiviert werden. Eine faire Kostenermittlung für die CO_2-Emissionen ist nämlich auf eine andere Weise kaum möglich.
5. Im Gegensatz zu einer wesentlich einfacheren Kohlenstoff-Besteuerung werden ausschließlich die anfallenden Emissionen berücksichtigt. Das ist vom Gesichtspunkt der Logik völlig richtig, aber leider mit viel zusätzlicher Bürokratie verbunden. Allerdings verzichtet die Bürokratie dabei auf jede planwirtschaftliche Regulierung der Produktionsprozesse.
6. Wenn es allerdings zukünftig gelänge, den fossilen Kohlenstoff auch ohne Emissionen zu nutzen (CCS, S. 153), dann ist eine Emissionsbuchhaltung sogar wesentlich gerechter als eine Kohlenstoff-Besteuerung.

Bis zu diesem Punkt ist die Logik eines globalen Zertifikatehandels recht überzeugend.

Problematisch bleibt natürlich der Umfang der Zuteilungen und damit die Anzahl der am Markt verfügbaren Zertifikate. Zu viele Zertifikate lassen den Preis verfallen, zu wenige Zertifikate erdrosseln die Wirtschaft. Ein weiteres Problem ergibt sich aus der Tatsache, dass es derzeit noch keinen globalen Markt für Verschmutzungsrechte gibt, sondern nur EU-weite Regelungen sowie viele berechtigte Ausnahmen. Deshalb funktionieren die Marktmechanismen nur eingeschränkt, insbesondere auch, weil das Ziel ja eine globale Emissionsminderung sein muss. Eine mögliche und in gewissem Umfang wahrscheinliche Verlagerung von Emissionen aus Deutschland in Schwellenländer, in denen es noch gar keine Emissionsbegrenzung gibt und die obendrein viel geringere Umweltstandards haben, wäre natürlich besonders kontraproduktiv. Wenn unsere Zementwerke nach Nordafrika und unsere Chemieindustrie an den Golf auswandern, dann ist damit weder dem Klima noch unseren Arbeitsplätzen gedient. Es muss auch befürchtet werden, dass sich Länder mit besonders schwacher Wirtschaftskraft durch den Verkauf von zugeteilten Zertifikaten nur eine neuartige Einnahmequelle verschaffen wollen. Die an diesem Themenkomplex interessierten Leser möchten wir auf die verständlichen Erläuterungen in Ref. 17 verweisen.

Auch der viel zitierte „Stern-Report“ aus dem Jahr 2006 (im Internet unter „Stern Report“ oder „Stern Review“ zu finden) fordert einen umfassenden, globalen Markt für Verschmutzungsrechte. In diesem Bericht wird ein gewaltiger Bogen bis in das Jahr 2100 geschlagen, und es werden wesentlich über die Verschmutzungszertifikate hinaus gehende ökonomische Folgerungen gezogen. Auf der

Basis der IPCC-Szenarien und Klimamodelle werden die Temperaturprojektionen diskutiert und die dadurch bedingten weltweiten Schäden mit ihren ökonomischen Konsequenzen abgeschätzt. Dazu zählen die zu erwartenden Schäden durch zusätzliche Stürme und Überschwemmungen, Ernteausfälle, Krankheiten und Todesfälle. Die finanzielle Bilanz all dieser anthropogen verursachten Schäden wird zum Weltsozialprodukt (WSP) in Beziehung gesetzt (Das Weltsozialprodukt ist der Gesamtwert der global produzierten Güter und Dienstleistungen und beträgt derzeit etwa 30 Billionen Euro pro Jahr, das sind 4300 Euro pro Jahr und Kopf der Weltbevölkerung). Wenn 1 % dieser Summe eingesetzt würde, das sind 300 Milliarden Euro pro Jahr, könnten effektive Emissions-Vermeidungsmaßnahmen realisiert werden. Damit könnte man von der derzeit beobachteten, sehr ungünstigen Entwicklung umsteuern zu einer viel günstigeren Entwicklung und die zu erwartende Schadensbilanz enorm verringern. Stern erwartet, dass der „ungebremste" Klimawandel Schäden und Kosten von 5 % bis zu 20 % des WSP verursachen wird. Wenn man aber heute reagiert und ab sofort 1 % des WSP in Klimaschutzmaßnahmen investiert, so berechnet Stern zukünftige finanzielle Ersparnisse von mindestens 4 % des WSP. Den Schäden von 5 % des WSP werden dabei die Investitionskosten in den Emissionsschutz von 1 % des WSP gegenüber gestellt.

Weil die Geldwerte der in ferner Zukunft erwarteten Schäden zwangsläufig auf weitgehenden Annahmen beruhen, sind die Zahlen des Reports mit hohen Unsicherheiten behaftet und entsprechend umstritten.

Unstrittig dagegen muss die Schlussfolgerung bleiben, dass wir heute den Energiebedarf und die Emissionen senken müssen, um die Folgekosten nicht ungebremst den zukünftigen Generationen aufzubürden.

DAS GESPRÄCH

Lara Ludwigs und Sonja Gröntgen, zwei Schülerinnen des Gymnasiums Haus Overbach in Jülich, und Dr. Ernst Dreisigacker, Geschäftsführer der Wilhelm und Else Heraeus-Stiftung in Hanau, sprechen mit dem Klimatologen Christian-Dietrich Schönwiese über seine persönlichen Erfahrungen und über seine Sicht der gegenwärtigen Situation der Klimaforschung.

Herr Professor Schönwiese, die Klimaforschung hat Hochkonjunktur. Wie oft halten Sie zur Zeit Vorträge über den Klimawandel?

Im Durchschnitt einmal pro Woche.

Was ist die „Take-home-message" Ihrer Vorträge?

Mehreres:

- *Das Klima zu verstehen ist alles andere als einfach.*
- *Klimawandel in Zeit und Raum gibt und gab es schon immer, aber je nach zeitlicher Größenordnung aus den unterschiedlichsten Gründen.*
- *Im Industriezeitalter dominiert der Klimafaktor Mensch.*
- *Daraus resultiert eine besondere Verantwortung für unser Tun.*

Welche Fragen werden Ihnen am häufigsten gestellt?

Meistens Verständnisfragen, wie zum Beispiel: „Wie kommt man zu globalen Mittelwerten der Temperatur?" oder „Wie funktionieren Klimamodelle und wie verlässlich sind sie?" oder „Welche Rolle spielen Sonnenaktivität und Golfstrom?" Ich werde aber auch relativ häufig gefragt: „Was sollten wir tun?"

Und wie kommt man zu einer mittleren globalen Temperatur der Atmosphäre?

Allgemein gesagt geht es um die Errechnung räumlicher Mittelwerte, und das ist in vielen wissenschaftlichen Disziplinen Routine. Sie werden durch jede Grafik-Software geliefert, die Isolinien, also Linien gleicher Werte, erzeugen kann. Ein alltägliches Beispiel sind die Isobaren, die Linien gleichen Luftdrucks auf der Wetterkarte. In der Klimatologie geht man so vor, dass man zuerst aus den räumlich unregelmäßig vorliegenden Messdaten durch Interpolation Daten erzeugt, die sich auf ein regelmäßiges Gitter beziehen. Solche Datengitter braucht man ständig auch für die Wetter- und Klimamodellrechnungen. Dann kann man in einem zweiten Schritt sehr einfach arithmetische Mittelwerte bilden. Wichtig ist dabei allerdings, dass die räumlichen Unter-

schiede ausreichend berücksichtigt werden. Da sie beispielsweise beim Niederschlag viel größer sind als bei der Temperatur, müssen beim Niederschlag sehr kleinräumige Gitter verwendet werden. Bei den Jahresdaten der Temperatur reichen in einigermaßen guter globaler Verteilung grob geschätzt 100 Stationen, was seit ungefähr 1850 gut erfüllt ist.

Temperatur, Niederschläge, Windverhältnisse und Luftdruck sind statistisch gut erfasst. Sie selbst sind Experte auf diesem Gebiet. Kann man auf dieser Grundlage auch Klimavorhersagen gewinnen?

Allein auf der Grundlage der Klimadaten-Statistik der Vergangenheit kann das nicht gelingen. Man braucht dazu zusätzlich aufwändige physikalische Klimamodelle. Zudem sind „Klimavorhersagen", ähnlich den „Wettervorhersagen", prinzipiell nicht möglich, weil wir bei vielen natürlichen Einflüssen, zum Beispiel dem Vulkanismus, und auch beim Menschen nicht genau wissen, wie er sich in der Zukunft verhalten wird. Bei der Frage, wie sich der Klimafaktor „Mensch" in Zukunft auswirken wird, geht man daher von alternativen Annahmen aus, den Szenarien. Dabei lässt man die natürlichen Klimavariationen ganz außer Acht und spricht von bedingten Klimaprojektionen. Die statistisch erfassten Messdaten werden als Anfangszustand für die Modellrechnungen benötigt.

Wir sind also auf die sehr komplexen Klimamodelle angewiesen, die der Laie als „Schwarze Kästen" empfindet und denen er misstraut. Was steckt in den Schwarzen Kästen?

Das ist eine durchaus problematische Frage. Selbst die direkt damit befassten Fachleute haben vor den großen Modellen erheblichen Respekt, denn immerhin muss mit ihrer Hilfe das energetische und dynamische Geschehen auf der ganzen Erde nachgebildet werden.

Der dafür benötigte Aufwand ist gigantisch, wie man an den Rechenzeiten von mehreren Monaten pro Simulation erkennen kann – und das selbst auf den größten Rechenanlagen der Welt! Das gilt zumindest für die räumlich einigermaßen gut auflösenden gekoppelten globalen Atmosphäre-Ozean-Modelle. Im Kern bestehen sie aus physikalischen Gleichungssystemen, die alle wichtigen Zustandsgrößen erfassen und die Schritt für Schritt gelöst werden. Das kann für Klimaentwicklungen der Vergangenheit geschehen oder in Richtung Zukunft.

Man startet bei den bekannten messtechnisch erfassten Anfangszuständen. Die Berechnungen benutzen ein Daten- und Gitterpunktsystem von global derzeit circa 500 – 100 km Maschenweite und circa 20 – 50 „Schichten" von der bodennahen Atmosphäre, der Troposphäre, bis hinauf zur Stratosphäre. Dabei sind diese Schichten eigentlich die Flächen gleichen Luftdrucks. Dazu kommt die Dynamik der tiefen Ozeane. Die gewaltigen Rechenzeiten gehen auch darauf zurück, dass es sich um Differentialgleichungen handelt, die iterativ, das heißt in schrittweiser Näherung gelöst werden müssen.

Obwohl alle diese Modelle zunächst im so genannten Kontrollexperiment daraufhin getestet werden, ob sie das derzeitige Klima korrekt wiedergeben, können sie die Klimavergangenheit oder die Zukunft immer nur näherungsweise abbilden. Im Einzelnen müssen ihre Vor- und Nachteile daher sehr genau gesehen und interpretiert werden.

Wenn man die „Klimaprognosen" betrachtet, erkennt man eine beträchtliche Unsicherheit. Das liegt natürlich an den Annahmen darüber, wie sich die Weltbevölkerung, die Wirtschaftsstrukturen und die Energieversorgung entwickeln werden. Aber: Kommt nicht auch weitere Unsicherheit, womöglich der größere Teil, daher, dass es so viele verschiedene Klimamodelle gibt? Wozu braucht man so viele konkurrierende Klimamodelle?

Ganz offensichtlich ist vor allem das zukünftige menschliche Handeln entscheidend für den zu erwartenden Klimawandel. Die Entwicklung von Weltbevölkerung, Energiebedarf und Energiebereitstellung wird durch die unterschiedlichen Familien von Szenarien beschrieben. Das große Ausmaß dieser Unterschiede spiegelt unsere weitgehende Unkenntnis der Zukunft wider.

Aber auch die Klimamodelle sind unsicher. Wären sie perfekt, was sie übrigens nie sein werden, dann müssten sie alle für ein spezielles Szenario auch genau dieselbe Projektion liefern. Das ist offenbar nicht der Fall. Um nun die Modellunsicherheiten abschätzen zu können, ist es sinnvoll, mit physikalisch „unterschiedlich gestrickten" Modellen zu arbeiten. So ist die Behandlung der Wolken, aber auch die räumliche Auflösung von Modell zu Modell unterschiedlich. In der Gewissheit, dass kein Modell perfekt ist, aber in der Hoffnung, dass die unterschiedlichen Ergebnisse für identische Szenarien die Wahrheit mit einschließen, benötigt man aus statistischen Gründen eine hinreichend große Anzahl von Modellen. Im letzten Bericht des IPCC waren das 23 Modellrechnungen für den erwarteten Anstieg der global gemittelten Lufttemperatur bis zum Jahr 2100. Gerade für die Zukunft geben Klimatologen daher nie genaue Zahlen, sondern stets nur Bandbreiten der Projektionen an.

Derzeit ist aber die Streuung der Projektionen durch die Verwendung der unterschiedlichen Modelle deutlich geringer als die Streuung durch die unterschiedlichen Szenarien.

Alle Modelle reproduzieren den bereits erfolgten Temperaturanstieg seit Beginn der Industrialisierung, und sie sagen einen weiteren Anstieg in den nächsten Jahrzehnten voraus. Gibt es wissenschaftliche Methoden, mit denen man diesen berechneten Temperaturanstieg von natürlichen Fluktuationen unterscheiden und zweifelsfrei auf menschliche Aktivitäten zurückführen kann?

Ja, und dafür gibt es zwei Wege.

Zum einen kann man mit Hilfe der üblichen aufwändigen physikalischen Klimamodelle auch die Effekte aller natürlichen Vorgänge simulieren, die neben dem Klimafaktor „Mensch" von Bedeutung sind. Das sind vor allem die Sonnenaktivität und der Vulkanismus. Um das Zusammenwirken aller wichtigen menschlichen Einflüsse und der natürlichen Vorgänge zu simulieren, müssen diese Modelle jedoch drastisch vereinfacht werden. Schließlich dürfen wir nicht vergessen, dass zu den menschlichen Einflüssen nicht nur die Treibhausgase, sondern unter anderem auch Partikelemissionen, Landnutzung und Waldrodung zählen.

Der zweite Weg ist der statistische, der allein auf Beobachtungsdaten beruht. Man betrachtet die resultierende Wirkung und setzt sie in Beziehung zu den unterschiedlichen, bekannten Einflussgrößen wie Sonnenaktivität, Vulkanismus und Treibhausgase. Die dabei zumeist betrachtete Wirkungsgröße ist die Temperatur. Dadurch werden die Zusammenhänge zwischen den Ursachen,

die Einflussgrößen genannt werden, und den Wirkungen, wie Temperaturänderungen, formal abgeschätzt. Das geschieht mit Hilfe von Korrelations- und Regressionsrechnungen, noch besser aber mit Hilfe der so genannten neuronalen Netze, die eine relativ aufwändige statistische Alternative dazu darstellen.

Kommt man auf beiden Wegen, dem physikalischen und dem statistischen, zu ähnlichen Ergebnissen, kann man von einer gewissen gegenseitigen Verifikation sprechen. Und das ist zumindest bei der großräumig gemittelten Temperatur der Fall, natürlich immer in der Bandbreite der Modellunsicherheiten.

Gibt es dieselbe Gewissheit auch im Fall der anderen wichtigen Größen Niederschläge und Wind?

Leider nein! Zum einen sind die physikalischen Klimamodelle hinsichtlich der Niederschläge und des Windes viel unsicherer als bei der Temperatur. Zum anderen liefern die statistischen Modelle in diesen Fällen nicht genügend so genannte erklärte Varianz. Damit bezeichnet man die Treffsicherheit bei den statistisch reproduzierten Variationen der Zielgrößen Niederschlag und Wind. Anders gesagt: Ist diese Varianz relativ klein, dann ist der Unterschied zwischen den tatsächlich beobachteten und statistisch reproduzierten Variationen der Zielgrößen relativ groß. Man kann das auch so sehen: In diesen Fällen spielen chaotische Vorgänge eine relativ große Rolle. Das Verhalten der Temperatur ist dagegen langfristig-klimatologisch weitgehend determiniert und somit weniger vom Chaos-Problem betroffen.

An welchen Stellen müssen die heutigen Klimamodelle weiter entwickelt und verfeinert werden?

Im wesentlichen an vier Stellen:

- Zum einen müssen die physikalischen Prozesse noch besser erfasst werden. Das betrifft besonders die Wolken- und Niederschlagsbildung, Aerosolverteilung und Meereisbedeckung.
- Zum zweiten müssen neben Atmosphäre, Ozean und Erdoberfläche auch die Eisbedeckung und insbesondere die Vegetation in die Modellierung interaktiv einbezogen werden. Damit sind die wichtigen Wechselwirkungen, zum Beispiel zwischen Vegetation und Klima, gemeint.
- Zum dritten muss die räumliche Auflösung weiter erhöht werden. Damit die Rechenzeit nicht völlig aus dem Ruder läuft, kann man die interessierenden Regionen wie

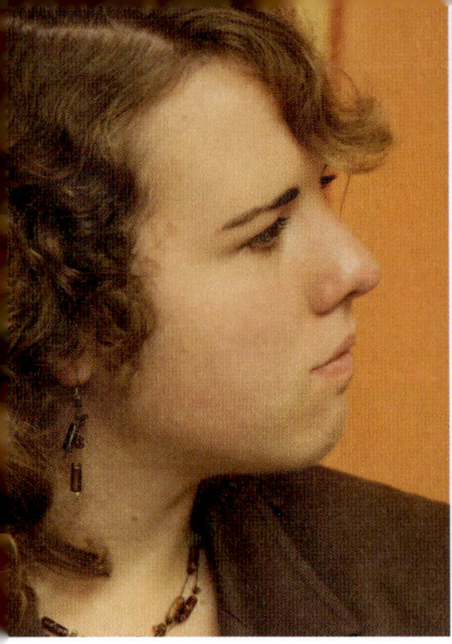

Mitteleuropa mit feinerer Auflösung in die grobmaschigeren Globalmodelle einbetten. So erhält man die Regionalmodelle.

- Zum vierten brauchen wir mehr Erkenntnisse über die Modellunsicherheit. Das kann nicht nur durch unterschiedliche Berücksichtigung und Handhabung der physikalischen Prozesse und ihrer Wechselwirkungen geschehen, sondern auch dadurch, dass man die Modelle mit leicht variierenden Anfangsbedingungen starten lässt.

Hitzerekorde, Starkregen mit Überschwemmungen und katastrophale Stürme häufen sich – zumindest in unserer Wahrnehmung. Sind das schon die Folgen des Klimawandels oder nur statistische Ausreißer?

Der Begriff „Ausreißer“ wird insbesondere in der Messtechnik benutzt, wenn es sich um wenig vertrauenswürdige Daten oder gar Messfehler handelt. Man fragt sich dann, ob man solche Daten überhaupt berücksichtigen oder besser völlig ignorieren soll. In der Klimatologie ist dieser Begriff unüblich und der Fachbegriff „Extremwerte“ sinnvoller. Dabei handelt es sich um relativ große Abweichungen von den mittleren Werten, die aber ganz sicher real sind. Daraus ergibt sich die wichtige Frage, ob sich solche Extremwerte schon in der Vergangenheit immer mehr gehäuft haben – als Folge oder in Verbindung mit dem Klimawandel – und ob ihre Eintrittswahrscheinlichkeit in Zukunft möglicherweise noch weiter zunimmt. Und tatsächlich gibt es in Verbindung mit den relativ langfristigen Trends des Klimas viele Indizien für häufigere bzw. intensivere Extremereignisse.

Dabei ist jedoch die Pauschalaussage „Das Klima wird extremer“ nicht angebracht. Wie so oft, muss sorgfältig differenziert werden. Offensichtlich ist beispielsweise, dass hierzulande milde Winter und Hitzesommer häufiger werden, Strengwinter und kühle Sommer dagegen seltener. Der Niederschlag neigt vielerorts, aber nicht überall und nicht in allen Jahreszeiten, dazu, dass sowohl mehr Dürre als auch mehr Starkniederschläge auftreten.

Beim Wind ist die Situation besonders unübersichtlich: Tropische Wirbelstürme scheinen intensiver zu werden, Winterstürme in Europa schlagen aber möglicherweise nur nördlichere Zugbahnen ein, und häufigere Tornados sind derzeit möglicherweise nur durch verbesserte Beobachtungstechniken vorgetäuscht.

Zur Zeit sind die sogenannten Kippelemente in aller Munde, also klimarelevante Prozesse, die nach Überschreiten einer für jeden einzelnen dieser Prozesse charakteristischen Temperaturschwelle selbstverstärkend und irreversibel fortschreiten. Was kippt als erstes, und steht danach das globale Klima als Ganzes auf der Kippe?

Die sommerliche Meereisbedeckung der Arktis hat wahrscheinlich ihren Kipppunkt schon erreicht. Tatsächlich könnte das Eis im Nordmeer schon in einigen Jahrzehnten während der Sommermonate völlig verschwunden sein. Allerdings wird der Meeresspiegel dadurch nicht beeinflusst, denn das Meereis steht im Schwimmgleichgewicht mit dem Ozean.

Als nächstes kommt möglicherweise das Grönland-Eis an die Reihe, dessen Abschmelzen dann aber den Meeresspiegel um 7 Meter ansteigen lassen würde und somit auch globale Bedeutung hätte. Allerdings liegen die Vermutungen über die Geschwindigkeit dieses Vorgangs zwischen 300 Jahren und etlichen Jahrtausenden.

Somit gibt es nicht nur Unsicherheiten bezüglich der charakteristischen Temperaturschwellen, sondern auch der Reaktionszeiten. Das Globalklima steht dabei nicht auf der Kippe, wenn man von globalen Auswirkungen wie dem Meeresspiegelanstieg oder Rückkopplungen wie der Verstärkung des Temperatureffektes durch Methan-Freisetzung bei auftauendem Dauerfrostboden absieht.

Und was ist mit den Alpen? Warum schrumpfen dort die Gletscher so rapide?

Es gibt viele Reaktionen auf den Klimawandel, die nicht alle als Kippelemente aufgefasst werden. Bei den Alpengletschern könnte man das aber durchaus tun, denn sie haben im Mittel seit 1850 ungefähr die Hälfte ihres Volumens verloren. Und dieser Schwund setzt sich offenbar dramatisch fort. Die Ursache ist zweifellos der seit dieser Zeit beobachtete langfristige Temperaturanstieg. Das ist jedoch nicht überall so, da Gletscher auch von der Niederschlagstätigkeit gesteuert werden. Dort, wo der Effekt zunehmender Winterniederschläge überwiegt, findet man teilweise Gletscher, die vorstoßen, zum Beispiel in Skandinavien.

Wie vertrauenswürdig sind heute regionale Klimavorhersagen, beispielsweise solche für Deutschland?

Wie gesagt, „Klimavorhersagen" gibt es nicht, sondern nur bedingte, auf alternativen Szenarien beruhende Projektionen. Das gilt global genauso wie regional. Noch schlimmer: Kleinräumig-regionale Aussagen – insbesondere wenn sie über die Temperatur hinausgehen – sind quantitativ noch viel unsicherer als großräumige. Wir betrachten deshalb in diesem Buch vor allem die globale Mitteltemperatur.

Dennoch ist für Deutschland, trotz der zum Teil widersprüchlichen Ergebnisse der regionalen Klimamodellrechnungen, in den nächsten Jahrzehnten vermutlich Folgendes zu erwarten: Weiterer Temperaturanstieg in allen Jahreszeiten, somit auch häufiger milde Winter und Hitzesommer, Niederschlagszunahme im Winter und vermutlich auch in den Übergangsjahreszeiten Frühling und Herbst;

Niederschlagsabnahme dagegen im Sommer, keine wesentlichen Veränderungen beim Wind. Vor noch genaueren, quantitativen Aussagen sollte man sich jedoch angesichts der Unsicherheiten hüten.

Kommen wir zu den Gegenmaßnahmen. Derzeit macht die Formel „Mitigation and Adaptation" Karriere, also Vermeidung all dessen, was den Klimawandel beschleunigt, und Anpassung an die Folgen des bereits Unvermeidlichen. Eine knappe Formel für ein Jahrhundertprogramm für die gesamte Menschheit. Welche Anpassungsmaßnahme erscheint Ihnen am dringlichsten?

Weder bei „Mitigation" noch bei „Adaptation" gibt es einen dringlichsten oder gar einzigen Weg, sondern immer ein ganzes Bündel von Maßnahmen.

Da wir uns hierzulande an häufigere und wohl auch intensivere Hitzewellen im Sommer anpassen müssen, gehört zu den notwendigen Anpassungsmaßnahmen die konsequente Klimatisierung insbesondere von Kliniken, Kinder- und Altersheimen. Weiterhin ist verstärkter Hochwasserschutz wichtig, nicht nur durch Dämme, sondern auch durch Erhaltung und Renaturierung von Poldern und Auenwäldern.

Besonders schwierig wird es sein, sich auf die Ausbreitung von Erkrankungen einzustellen, die bisher mehr oder weniger auf südlichere Regionen beschränkt waren und immer weiter nach Norden vordringen. Beispiele dafür sind Tropenkrankheiten wie die Malaria und einige von Zecken übertragene Krankheiten.

Was halten Sie vom sogenannten Geoengineering, den „Geo-Techniken", also beispielsweise davon, Dächer und Straßen weiß zu streichen, künstliche Wolken über den Ozeanen zu erzeugen oder Schwefel in die Stratosphäre einzubringen?

Wenig. Zum einen muss man sehen, mit welchem Aufwand wie viel tatsächlich erreicht werden kann. Da sind sicherlich Warmwasserbereiter oder Solarzellen zur Stromerzeugung auf den Dächern viel sinnvoller als ein weißer Dachanstrich. Der wichtigste Punkt aber ist, dass mit jeder Geoengineering-Maßnahme auch Nebenwirkungen verbunden sind. So wird zum Beispiel der Schwefel leider nicht in der Stratosphäre verbleiben und könnte schon nach wenigen Jahren zu ökologischen, eventuell auch gesundheitlichen Schäden führen. An der klimasensitiven Wolkenschraube zu drehen ist besonders gefährlich, zumal Wolken nicht dort bleiben, wo sie erzeugt oder beeinflusst wurden. Viel besser ist es, das Übel an der Wurzel zu packen – also die Emissionsminderung der Treibhausgase energisch voranzutreiben.

Noch immer gibt es so genannte Klimaskeptiker, die der Klimaforschung die Seriosität absprechen. Wer sind diese Zweifler und wie ernst muss man sie nehmen?

Dazu eine Vorbemerkung: Skepsis ist an sich nicht negativ. Deshalb nennt sie einer meiner Kollegen ganz drastisch „Klimaleugner", aber auch über diese Wortschöpfung kann man sich streiten. Jedenfalls sind fast alle „Klimaskeptiker" fachfremd und argumentieren daher auch fachfremd. Häufig machen sie dabei so gravierende grundsätzliche Fehler, dass man sie zwar auf ihre Fehler hinweisen sollte, ansonsten aber nicht ernst nehmen muss.

Dort, wo ein gewisses Maß an Kenntnissen erkennbar ist, muss sorgfältig differenziert werden. So ist es beispielsweise unsinnig, Klimamodell-Rechnungen generell zu misstrauen. Dagegen ist es sehr sinnvoll, ihre Stärken und Schwächen im Detail zu diskutieren. Man muss einfach anerkennen, dass sie der einzige Weg zu einem besseren Verständnis der so überaus komplizierten Klimaprozesse sind. Und schließlich sollte niemand versuchen, sich angesichts der Brisanz des Klimaproblems aus der Verantwortung zu stehlen.

Erwähnenswert ist dabei eine interessante Erkenntnis von Naomi Oreskes, einer amerikanischen Professorin für Wissenschaftsgeschichte, die sie im Jahr 2004 in der angesehenen Zeitschrift „Science" veröffentlicht hat. Sie hat aus der riesigen Anzahl von Fachveröffentlichungen zum Thema Klimawandel, die alle in begutachteten Fachzeitschriften erschienen waren, nach dem Zufallsprinzip 928 ausgewählt und wollte wissen, wie viele der Fachwissenschaftler den anthropogenen Klimawandel bezweifeln. Ergebnis: Kein einziger. Die gesamte Fachwelt steht damit in krassem Gegensatz zu den „Klimaskeptikern".

Ganz im Gegensatz zu den „Klimaskeptikern" fordern einige Ihrer Kollegen in zum Teil dramatischer Rhetorik energische Maßnahmen, um ein Desaster zu vermeiden. Halten Sie das eher für angebracht?

Meines Erachtens ist Panikmache genauso wenig angebracht wie Verharmlosung, wobei ich behaupte, dass überzogene Vokabeln wie „Klimakatastrophe" bei den Wissenschaftlern eher selten sind. Doch auch bei nüchtern-sachlicher Betrachtung ist die Situation zweifellos so ernst, dass gehandelt werden muss.

Konkret: Die bisherigen politischen Zielsetzungen wie das Kyoto-Protokoll greifen viel zu kurz und müssen baldmöglichst wesentlich verschärft werdenund dies nicht nur wegen des Ausmaßes der menschlichen Eingriffe in das Klimageschehen, sondern auch der erheblichen Zeitverzögerung, mit der das Klimasystem reagiert.

Quintessenz: Wir müssen uns nicht nur mit effektiven Maßnahmen der Klima-Herausforderung stellen, wir haben auch nicht mehr viel Zeit dazu.

INNOVATIONEN UND CHANCEN

7

PETER LEMKE, KLAUS GROSFELD

REGIONALE KLIMAÄNDERUNG – PERSPEKTIVEN EINER GLOBALEN HERAUSFORDERUNG

Das Jahr 2015 hat im Rahmen der Klimaaufzeichnungen eine herausragende Position eingenommen: es war das wärmste Jahr seit Beginn der weltweiten Temperaturmessungen im Jahr 1880. Seit dem hat sich die Erde um etwa 1 °C erwärmt. In Deutschland gab es 2015 eine gestiegene Zahl an Hitzetagen (Temperaturen größer als 30 °C) mit ausgedehnten Dürreperioden und Trockenstress, die die Landwirtschaft vor große Herausforderungen stellte, lokalen Extremereignissen mit Starkniederschlägen sowie ungewöhnliche Sturmereignisse im Frühjahr und Sommer. Die Auswirkungen des Klimawandels werden zunehmend sicht- und spürbarer, die hierdurch hervorgerufenen Kosten steigen!

Um die damit verbundenen großen Herausforderungen und die sehr unterschiedlichen Aufgaben optimal bearbeiten und die Auswirkungen des Klimawandels auf der regionalen Skala besser beurteilen zu können, haben sich schon im Jahr 2009 neun der in der Helmholtz-Gemeinschaft organisierten Großforschungszentren zu dem Forschungsverbund „Regionale Klimaänderungen (REKLIM)“ zusammengeschlossen. Ziel des Verbundes ist die Auswertung und Kombination der mit vielfältigen Methoden gewonnen Daten. Mit ihrer Hilfe und mit optimierten Klimamodellen sollen so zu erwartende Entwicklungen erkannt und darauf aufbauend wichtige Entscheidungshilfen für gesellschaftliche Akteure erarbeitet werden. Dabei geht es um die Anpassung (adaptation) an die Konsequenzen eines in gewissem Umfang unvermeidlichen Temperaturanstiegs, aber natürlich auch um Maßnahmen zur Milderung (mitigation) des zu erwartenden Klimawandels.

Dabei bedienen sich die Forschungszentren unterschiedlicher Beobachtungssysteme zu Lande, zu Wasser und in der Luft. Auf diese Weise kann man die Wechselwirkungen zwischen Atmosphäre, Eis, Ozean und Landoberflächen sorgfältig erforschen und

REKLIM bearbeitet folgende Themenfelder:

REKLIM
Helmholtz-Verbund Regionale Klimaänderungen

- *Gekoppelte Modellierung regionaler Erdsysteme*
- *Meeresspiegeländerungen von globaler zu regionaler und lokaler Skala*
- *Regionale Klimaänderungen in der Arktis: Steuerung und Langzeiteffekte am Übergang Land-Ozean*
- *Die Landoberflächen im Klimasystem*
- *Atmosphärische Zusammensetzung und Klima: Wechselwirkungen von globalen zu regionalen Skalen*
- *Modellierung und Verständnis extremer meteorologischer Ereignisse*
- *Risikoabschätzungen und Risikomanagement für integrierte Klimastrategien*
- *Schnelle Klimaänderungen aus Proxy-Daten*

zunehmend besser verstehen. Sie sind entscheidend, denn sie bestimmen die Details des Klimageschehens.

Insbesondere hinsichtlich der Aussagen über regionale Folgen von Klimaveränderungen eröffnen sich durch den Forschungsverbund REKLIM neue Möglichkeiten. Der Austausch zwischen REKLIM und Entscheidungsträgern wird über die Regionalen Klimabüros der Helmholtz-Gemeinschaft und das Climate Service Center (GERICS) sichergestellt – von der Beurteilung von Risiken und Chancen bis hin zur Entwicklung von Vermeidungs- und Anpassungsstrategien auf der Basis der im Forschungsverbund erarbeiteten Ergebnisse.

Beispiele für Forschungsthemen, Infrastrukturen und verwendete Methoden im Forschungsverbund Regionale Klimaänderungen REKLIM. Aus der Luft, zu Lande und zu Wasser werden Daten genommen, um Klimaänderungen zu beobachten und die Zeitreihen zur Validierungen von neu entwickelten Modellen zur Verfügung zu stellen (Grafik: REKLIM).

THEMA 1: GEKOPPELTE MODELLIERUNG REGIONALER ERDSYSTEME

Das Klima beeinflusst die Lebensverhältnisse auf der Erde in vielfältiger Weise. Daher ist es von besonderer Wichtigkeit zu wissen, wie sich das Klima zukünftig ändert, um hierauf möglichst früh reagieren und ggf. Vorsorge- und Anpassungsmaßnahmen einleiten zu können. Wichtige Instrumente dafür sind sogenannte Klimamodelle, die auf mathematisch-physikalischen Grundlagen beruhen und im Wesentlichen die Gesetze der Erhaltung von Energie, Masse und Impuls beschreiben. So können die Änderungen beispielsweise der Luft- oder Ozeantemperatur, der Windgeschwindigkeit oder Ozeanströmung und viele weitere, das Klima beschreibende Größen an diskreten Punkten auf einem die Atmosphäre oder den Ozean repräsentierenden dreidimensionalen Gitter berechnet werden. Dies ist bei einer die Erde umspannenden Berechnung jedoch nicht vollständig und in hoher lokaler Genauigkeit möglich, dennoch sind die heutigen Klimamodelle schon sehr gut in der Lage, wichtige Prozesse in unserem Klimasystem zu verstehen, die natürlichen Veränderungen zu beschreiben und auch den vom Menschen verursachten Eingriff durch die Emission von Treibhausgasen in sogenannten Klimaszenarien für die Zukunft zu projizieren. Dieses Wissen wird im Klimabericht des Zwischenstaatlichen Ausschusses für Klimaveränderungen (IPCC) alle 5-6 Jahre zusammengefasst und bildet die Grundlage für politische Entscheidungen und Handlungsmaßnahmen (www.ipcc.ch).

Das gekoppelte Klimasystem und seine Antriebskräfte für die Modellregion Arktis (Grafik: K. Dethloff, AWI).

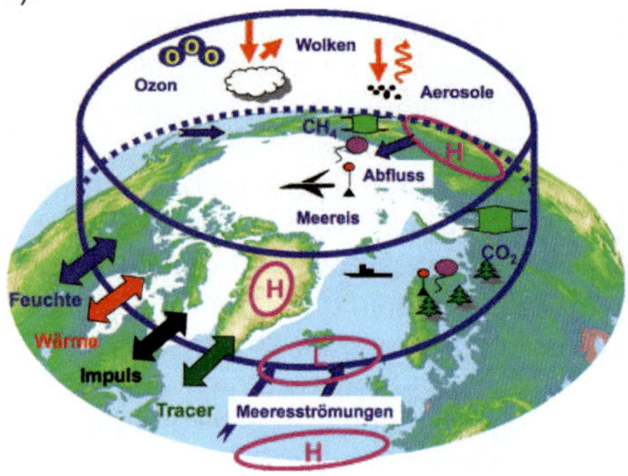

Globale Klimamodelle sagen jedoch nur wenig über die Klimaänderungen in einzelnen Regionen aus, da ihre Auflösung hierfür oft nicht ausreicht. Für eine Abschätzung von Klimaveränderungen, wie etwa die Abnahme der Meereisbedeckung in der Arktis oder Änderungen des Niederschlags im Harz, sind daher realistische regionale und lokale Klimaprognosen unerlässlich. Diese betrachten einen Ausschnitt des Klimasystems und können das Klima dadurch in wesentlich höherer räumlicher Auflösung und erhöhter physikalischer Komplexität simulieren.

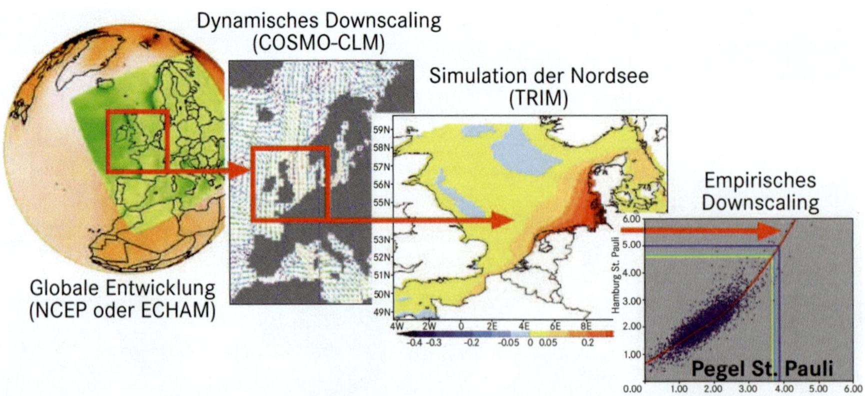

Beispiel einer Modellkaskade, die ausgehend von einer globalen Modellierung die Nordseeregion bis hin zum lokalen Pegel zum Meeresspiegelanstieg bei St. Pauli, Hamburg wie ein Vergrößerungsglas darstellt (Grafik: H. v. Storch, HZG).

THEMA 2: MEERESSPIEGELÄNDERUNGEN VON GLOBALER ZU REGIONALER UND LOKALER SKALA

In den vergangenen 3000 Jahren, in denen sich die menschliche Zivilisation überwiegend an den Küsten ansiedelte, hat sich der Meeresspiegel nur unwesentlich verändert. Hafen- und Städtebauer brauchten nur auf die Sturmfluten, nicht aber auf den Anstieg des Meeresspiegels Rücksicht zu nehmen. Das hat sich in den vergangenen Jahrzehnten geändert, denn der Meeresspiegel erhöht sich zurzeit um 3.2 mm/Jahr und ist damit fast doppelt so hoch, wie der mittlere Meeresspiegelanstieg im 20. Jahrhundert (1.7 mm/Jahr). Ursache dafür ist das zunehmende Abschmelzen von Gebirgsgletschern, das Schmelzen der großen Eisschilde auf Grönland und in der Antarktis sowie die thermische Ausdehnung der Ozeane aufgrund der durch den Klimawandel verursachten höheren Atmosphärentemperaturen. Um den Beitrag der Gebirgsgletscher und der Eisschilde zu erfassen, werden seit 2002 Messungen der Satellitenmission GRACE eingesetzt. Dazu messen zwei Satelliten im Tandemflug kleinste Veränderungen der Anziehungskraft der Erde, die beispielsweise durch den Abfluss von Eis in den Ozean entstehen. Innerhalb von REKLIM konnte gezeigt werden, dass vor allem im Südosten und Nordwesten Grönlands starke Massenverluste zu verzeichnen sind. Dieses Muster wird durch Satellitenmessungen der Eishöhen (ICESat) bestätigt. Dabei spielen sowohl erhöhte Fließgeschwindigkeiten der Gletscher und Eisströme, als auch höhere Schmelzraten eine Rolle, was durch einen Vergleich mit Daten der Satelliten-Interferometrie (InSAR) bzw. einem regionalen Klimamodell (RCM) gezeigt werden konnte. Bezogen auf das Mittel der Jahre 1961 bis 1990 hat die Schmelzrate für den grönländischen Eisschild um etwa 62 % und die Kalbungsrate um etwa 23 % zugenommen. Beide Prozesse sind also entscheidend für den mit GRACE beobachteten Massenverlust von 238 ± 22 Gigatonnen (10^9 t)/Jahr zwischen 2003 und 2009. Die Zunahme der Atmosphärentemperaturen erhöht die Schmelzrate weiter und der Massenverlust beschleunigt sich. So hat GRACE für 2003 bis 2013 einen Massenverlust von 269 ± 17 Gigatonnen /Jahr gemessen.

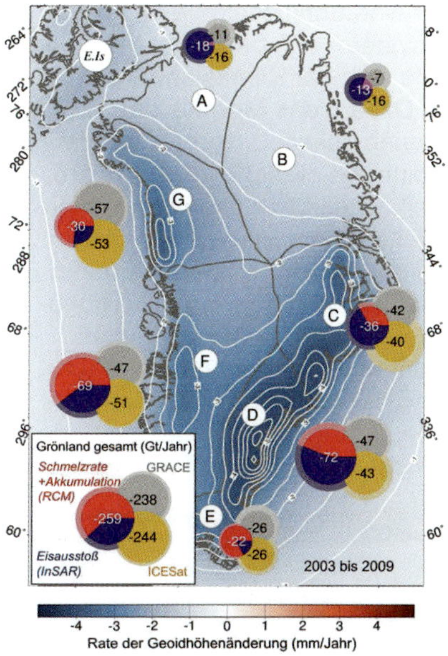

Rate der regionalen Eismassenänderung in Grönland in Gigatonnen/Jahr zwischen 2003 und 2009. GRACE-Schwerefelddaten (grau) und ICESat-Eishöhenänderungen (orange); Summe der Abweichungen in der Oberflächenmassenbilanz (Schmelzrate + Akkumulation) von einem regionalen Klimamodell (rot) und im Ausfluss der Gletscher und Eisströme aus Daten der Radar-Interferometrie (blau). (Grafik: I. Sasgen, AWI).

Das Forschungsflugzeug Polar 5 des AWI auf der Landebahn von Longyearbyen, Spitzbergen, beim Start zu einem Messflug (Foto: J. Käßbohrer).

THEMA 3: REGIONALE KLIMAÄNDERUNGEN IN DER ARKTIS

Die Arktis spielt eine Schlüsselrolle im globalen Klimasystem. Von besonderem Interesse ist, wie sich der Klimawandel auf den Arktischen Ozean, das Meereis und die Permafrostregionen auswirkt. Hierfür werden die Wechselwirkungen zwischen Kryosphäre, Landoberflächen, Ozean und Atmosphäre mit Hilfe von Langzeitbeobachtungen und Messkampagnen auf den Landoberflächen und im arktischen Ozean sowie durch Modellierungsanwendungen untersucht. Ein wesentliches Merkmal der Klimaänderungen in der Arktis ist der Rückgang der sommerlichen Meereisausdehnung, die aufgrund des damit verbundenen veränderten Rückstreuvermögens

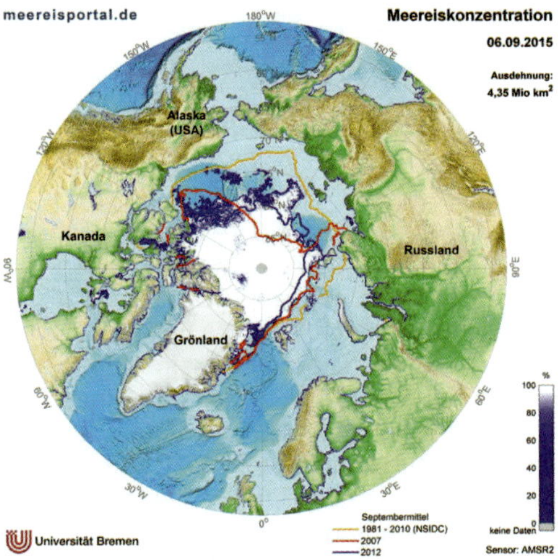

Meereisminimum 2015 in der Arktis im Vergleich zu 2007, 2012 und dem langjährigen Mittelwert.

der solaren Einstrahlung (Eis-Albedo-Rückkopplung) zu einer polaren Verstärkung des Klimawandels beiträgt. Diese Ausdehnung hat in der Arktis in den letzten 35 Jahren bereits um mehr als 44 % abgenommen.

Permafrost (Dauerfrostboden) bedeckt etwa

Beobachtungssystem für zeitlich hochauflösende Messungen der Spurengasflüsse zwischen sibirischer Tundra und der Atmosphäre im Lenadelta, Sibirien (Foto: T. Sachs, GFZ).

ein Viertel der nördlichen Hemisphäre und erreicht dort eine Mächtigkeit von bis zu 1000 Metern. In den letzten Jahrzehnten ist die Temperatur im Permafrost der Nordhalbkugel jedoch bereits um 2-3 °C gestiegen, was zu einer Vertiefung des sogenannten jährlichen Auftaubodens führt. Hierbei nimmt die bakterielle Zersetzung von organischem Material zu. Unter Sauerstoffabschluss führt dies zur Bildung von Methan, das neben Kohlendioxid das zweitwichtigste Treibhausgas ist. Um die zugrundeliegenden Prozesse zu verstehen, werden auf der russisch-deutschen Forschungsstation Samoylov im zentralen Lenadelta (Laptewsee-Region, Sibirien) Messfelder zur Beobachtung der Energie-, Wasser- und Treibhausgasflüsse betrieben. Mit Hilfe von geschlossenen Messkammern sowie mit mikrometeorologischen Methoden werden Emissionen aus geologischen und biologischen Prozessen gemessen, durch organisch-biogeochemische Analysemethoden untersucht sowie mit numerischen Simulationen quantifiziert.

THEMA 4: LANDOBERFLÄCHEN IM KLIMASYSTEM

Das Klima übt einen großen Einfluss auf die Landoberflächen aus, insbesondere auf Ökosysteme, Wasserressourcen, Land- und Forstwirtschaft; aber auch umgekehrt haben Landoberflächen einen bedeutenden Einfluss auf das Klima. Derzeit fehlen jedoch Umweltdaten, die über einen längeren Zeitraum in kleineren Regionen gesammelt werden. Nur mit solchen Daten können langfristige regionale Veränderungen erkannt, erklärt und daraus notwendige Vermeidungs- und Anpassungsstrategien ableitet werden. Das große, auf Langfristigkeit angelegte Beobachtungsprogramm TERENO schließt diese Lücke. Innerhalb von TERENO sind derzeit vier Observatorien in Deutschland in Betrieb. Die Eifel-Niederrheinische Bucht im Westen, die eiszeitlich geprägte Landschaft im nordostdeutschen Tiefland, der Großraum Leipzig-Halle in Mitteldeutschland und die Alpen- und Alpenvorlandregion im Süden bieten einen repräsentativen Querschnitt der deutschen Landschaftstypen. Mit modernsten Methoden aus der Umwelttechnik, der Geophysik und der Fernerkundung werden Umweltdaten von boden-, flugzeug- und weltraumgestützten Sensoren aufgezeichnet, insbesondere Beobachtungen zur Wasser- und Bodenqualität, zur Vegetation und zur biologischen Vielfalt. TERENO liefert einzigartige Daten über die Wechselwirkungen von Vegetation und Klima, die aber auch zum Testen von Modellen der Landoberfläche genutzt werden.

Automatisches Treibhausgas-Messsystem am Voralpen-Standort Rottenbuch (Foto: R. Kiese, KIT IMK-IFU).

Einbau des funkbasierten Bodenfeuchtenetzwerks und einer Neutronensonde am TERENO Standort Peißenberg-Fendt des KIT (Foto: B. Fersch, I. Völksch, KIT).

Die Bodenfeuchte ist hierbei von besonderem Interesse. Sie ist eine wichtige Zustandsgröße für den Austausch von Wasser und Energie zwischen Atmosphäre und Landoberfläche. Sie hängt unter anderem von der Versickerung von Niederschlag, der Verdunstung sowie der Umwandlung von kurzwelliger Strahlung in fühlbare Wärme ab. Aufgrund der starken räumlichen Variabilität ist eine aussagekräftige Bestimmung der Bodenfeuchte aus Punktmessungen speziell für größere räumliche Skalen schwierig. Diese Information ist aber gerade für die Überprüfung und Verbesserung von hydrologischen und regionalen Klimamodellen von großer Bedeutung. Hochaufgelöste Radarmessungen von Satelliten und Flugzeugen, aber auch die Nutzung der kosmischen Hintergrundstrahlung (Neutronen), stellen hier neue Ansätze für die großflächige Bestimmung der Bodenfeuchte dar. Aktuelle Informationen zur Bodenfeuchte in Deutschland werden über den „Dürremonitor“ zur Verfügung gestellt (siehe Seite 205).

THEMA 5: ATMOSPHÄRISCHE ZUSAMMENSETZUNG UND KLIMA

Die Atmosphäre ist die Klimakomponente, mit der der Mensch in direktem Kontakt steht. Es ist unbestritten, dass der Kohlendioxidgehalt der Luft den größten Anteil am globalen Klimawandel hat. Allerdings gibt es eine Vielzahl anderer Spurengase und Schwebteilchen in der Atmosphäre, die für das Klima und klimarelevante Prozesse wichtig sind. Diese Luftbestandteile können zu Änderungen der Strahlungsbilanz führen und damit das regionale Klima beeinflussen. Die atmosphärische Konzentration von Luftschadstoffen und klimawirksamen Luftbestandteilen werden durch ein komplexes Zusammenspiel von Emissionen, chemischen Umwandlungen, Transport und Ablagerung bzw. Auswaschen bestimmt. Diese Prozesse werden durch Wetter und Klima gesteuert. Sie beeinflussen gleichzeitig aber auch Wetter und Klima und sind hoch komplex.

Dies erfordert bessere Beobachtungen und detailliertere Modelle. Nur so lässt sich der Einfluss der Luftzusammensetzung auf das Klima, die menschliche Gesundheit und auf die Ökosysteme verstehen.

Pollenmessstation in Augsburg zur Untersuchung des Einflusses anthropogener Luftschadstoffe auf die Allergenität von Birkenpollen (Foto: C. Traidl-Hoffmann, UNIKA-T).

Zur Untersuchung der vollständigen Wirkungskette, die von globalen zu regionalen Skalen führt, werden Modelle und atmosphärenchemische sowie meteorologische Beobachtungen verwendet. Auf der globalen Skala werden zum Beispiel Spurenstoffkreisläufe, der Austausch zwischen Stratosphäre und Troposphäre sowie die Struktur der Tropopause und Aerosoleffekte untersucht. Auf kleineren Skalen sind Wechselwirkungen zwischen Wolken, Niederschlag und Luftzusammensetzung Bestandteil der Forschungen. Ein weiterer Schwerpunkt liegt auf der bebauten Umwelt und ihrem Einfluss auf Luftzusammensetzung und Klima. Dabei interessieren auch städtische Wärmeinseln, Luftqualität und deren Einfluss auf den Menschen und Ökosysteme.

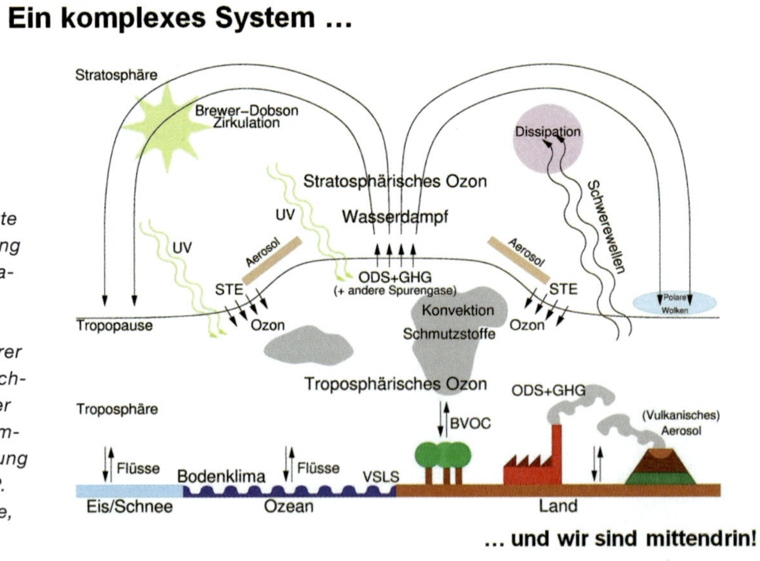

Idealisierte Darstellung des Klimasystems unter besonderer Berücksichtigung der Luftzusammensetzung (Grafik: P. Braesicke, KIT).

THEMA 6: MODELLIERUNG UND VERSTÄNDNIS EXTREMER METEOROLOGISCHER EREIGNISSE

Wie sich der Klimawandel auf meteorologische Extremereignisse auf der regionalen Ebene auswirkt, ist noch immer nicht vollständig verstanden. Der Frühsommer 2016 war in Süddeutschland beispielsweise durch häufige Starkregenereignisse und Überflutungen gekennzeichnet. Unklarheit besteht jedoch insbesondere noch darüber, in welcher Weise die verschiedenen Austauschprozesse in der Atmosphäre durch den Klimawandel modifiziert werden und welche Auswirkungen dies auf die Häufigkeit und Intensität der verschiedenen Wettersysteme hat. Um dies genauer verstehen zu können und um Extremereignisse wie außertropische und tropische Stürme, Starkniederschläge, Dürren, Gewitter oder Hagelereignisse zuverlässig nachzubilden und statistisch analysieren zu können, werden Ergebnisse hochaufgelöster globaler und regionaler Klimamodelle mit Daten verschiedener Beobachtungssysteme kombiniert. Zukünftig zu erwartende Änderungen der Extremereignisse werden auf der Grundlage eines Ensembles regionaler Klimamodelle quantifiziert. Die Auswirkungen von Extremereignissen sind vielfältig. Durch Verringerung von Ernteerträgen können Dürren zu humanitären Krisen und hohen wirtschaftlichen Schäden führen. Beispielsweise herrschte im Jahr 2003 über weiten Teilen Europas eine schwere Dürre,

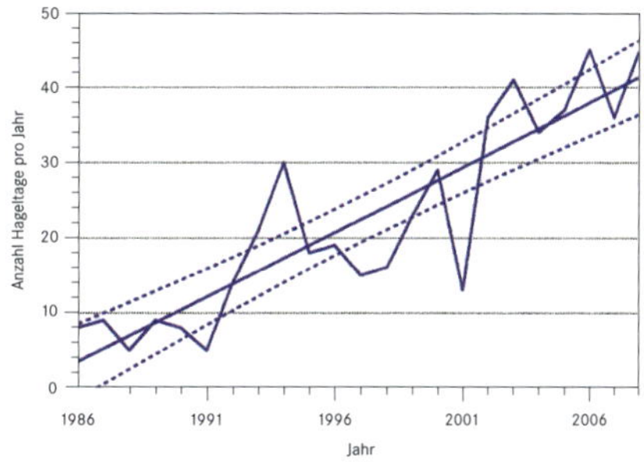

Aus Versicherungsdaten abgeleitete Änderung der Anzahl von Hageltagen mit linearem Trend und Konfidenzintervallen (95 % Signifikanz) in den letzten Jahrzehnten in Baden-Württemberg. Die Änderung ist konsistent mit Befunden über die Gewitterbereitschaft (Grafik: M. Kunz, KIT).

deren saisonale Entwicklung in der Abbildung unten auf der Seite dargestellt ist. Dürren sind definiert in Regionen mit einem Bodenfeuchteindex niedriger als 0,2. Während im Februar 2003 in nahezu keiner Region Europas eine Dürre existierte, entwickelte sich im Frühjahr eine schwere Dürre. Der Höhepunkt zeigte sich im August, als ein Bodenfeuchteindex von weniger als 0,05 in weiten Teilen Mitteleuropas vorlag. Um bessere Anpassungsmöglichkeiten an diese Extreme zu ermöglichen, wurde ein saisonales Dürrevorhersagesystem für Europa entwickelt. Dieses beruht auf meteorologischen Prognosen von Klimamodellen, die mittels eines mesoskaligen hydrologischen Modells in Bodenfeuchtevorhersagen übersetzt werden. Es konnte gezeigt werden, dass diese Vorhersagen eine höhere Vorhersagegüte von Dürren liefern, als ein bisher oft verwendeter statistischer Ansatz.

Entwicklung des Bodenfeuchteindexes während der Hitzewelle 2003 in Europa. Dürren sind in Regionen mit einem Bodenfeuchteindex niedriger als 0,2 definiert (Grafik: S. Thober, UFZ).

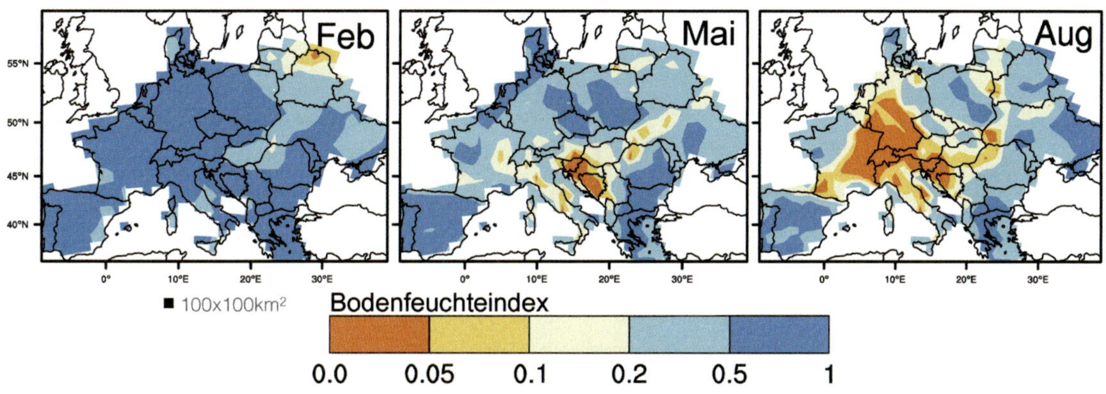

THEMA 7: RISIKOABSCHÄTZUNGEN UND RISIKOMANAGEMENT FÜR INTEGRIERTE KLIMAANPASSUNGSSTRATEGIEN

Basis für eine erfolgreiche Anpassung an den Klimawandel ist die Abschätzung und Bewertung zukünftiger Risiken. Die integrierte Analyse der Dynamiken des Klimawandels und des sozioökonomischen Wandels in regionalen Kontexten stellt daher eine große Herausforderung dar. Hier gilt es, neue Ansätze zu finden. Die Verbindung von natur- und sozialwissenschaftlichen Ansätzen ermöglicht solche integrierten regionalen Risikoanalysen. Bei der Betrachtung meteorologischer Extremereignisse, wie Sturmfluten, Hochwasser, Starkwinde, Hagel und Dürren kommt es folglich auf die gemeinsame Bewertung kommunaler oder regionaler Planungskonzepte und Anpassungsstrategien an. Hierfür werden Methoden und Verfahren entwickelt, um politische Entscheidungsträger und weitere Stakeholder im Management von Risiken unter hohen Unsicherheiten zu unterstützen. So werden beispielsweise in Deutschland und Europa zunehmend integrative Konzepte des Hochwassermanagements umgesetzt, wobei hierzu auch private Haushalte einen Beitrag leisten sollen (z.B. durch Einsatz mobiler Wassersperren, Sichern von wassergefährdenden Stoffen). Es zeigt sich jedoch, dass

Hochwasser August 2002, Ölfilm in einer bäuerlichen Siedlung bei Segrehna (Foto. André Künzelmann, UFZ).

vor allem erst direkte Hochwassererfahrungen zur Umsetzung von Vorsorgemaßnahmen führen. Werden aber durch den Klimawandel zunehmend auch Gebiete mit weniger oder keiner Hochwassererfahrung beeinflusst, stellt sich die Frage, wie in diesen Regionen ein ausreichendes Bewusstsein sowie eine hinreichende Vorbereitung zur Vorsorge erreicht werden kann. Dies kann nur durch ein frühzeitiges Risikomanagement verbunden mit einer Anpassung unter Berücksichtigung der Unsicherheiten in der Vorhersage erreicht werden.

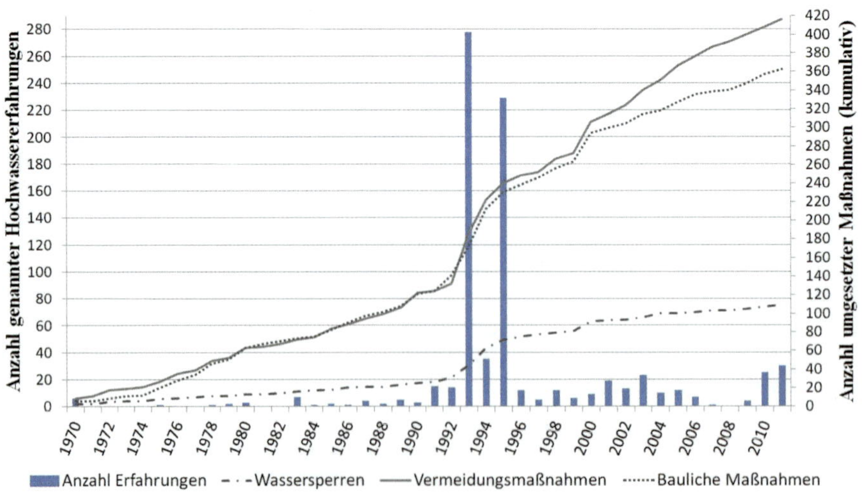

Hochwassererfahrung und Umsetzung von Vorsorgemaßnahmen hochwassergefährdeter Haushalte (Anzahl der befragten Haushalte n=752) entlang des Rheins (1970-2011) (Grafik: GFZ).

THEMA 8: SCHNELLE KLIMAÄNDERUNGEN AUS PROXY-DATEN

Die gegenwärtige und zukünftige Klimaentwicklung unterliegt aufgrund des zunehmenden menschlichen Einflusses auf das Klimasystem einem deutlichen Wandel. Umstritten ist allerdings, in welchem Umfang und mit welcher Geschwindigkeit dies geschieht. Für eine verbesserte Abschätzung fehlt es bislang an Informationen über Dauer, Geschwindigkeit, Frequenz und regionalen Mustern von lang- und kurzfristigen Klimaschwankungen aus Zeiträumen, in denen der Einfluss durch den Menschen noch keine Rolle spielte. Solche Informationen sind in natürlichen Klimaarchiven gespeichert, wie z.B. in den Sedimentablagerungen am Grund von Seen und dem Ozean, den großen polaren Eisschilden, aber auch in fossilen Sanddünen an Land. Die Erstellung erdgeschichtlicher

Expedition mit dem Forschungsschiff „Polarstern" in den Südpazifik. Einsatz des Kolbenlotes zur Gewinnung von Sedimentkernen (Foto: R. Gersonde, AWI).

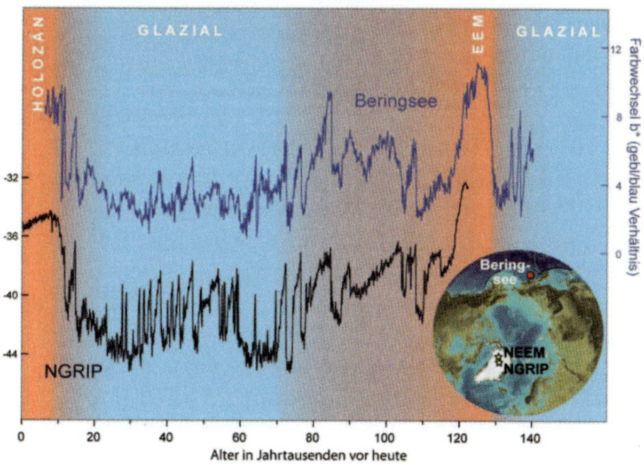

Die Muster der raschen Klimawechsel auf Grönland (NGRIP $\partial^{18}O$) spiegeln sich in der Beringsee (auch Beringmeer) mit Farbwechseln in der Sedimentzusammensetzung (Kern SO-212-1-85KL) während der letzten 140.000 Jahre wider. Die Farbwechsel kennzeichnen eine erhöhte Produktivität von Diatomeen (Kieselalgen) während warmzeitlicher Ereignisse. Diese Wechsel sind auf enge atmosphärische Fernwirkungsprozesse zwischen Grönland und der Beringsee zurückzuführen (Grafik: R. Tiedemann, AWI; North Greenland Ice Core Project Members, 2004)

Zeitreihen und deren Interpretation mithilfe der Paläoklimamodellierung bildet eine wesentliche Basis zum Verständnis über die Reaktion und Dynamik des Klimas gegenüber Veränderungen in den Anfachungsmechanismen und internen Rückkopplungsprozessen im Klimasystem. Aus diesem Rückblick in die Klimavergangenheit wissen wir, dass schnelle Klimaänderungen mit ausgeprägten Wechseln in Temperatur und Niederschlag auf Zeitskalen von Jahren, Dekaden und Jahrhunderten nicht ungewöhnlich sind. So registrierten beispielsweise Eiskerndaten für den Zeitraum der letzten Eiszeit (~70.000 - 15.000 Jahre vor heute) und den darauf folgenden Übergang in unsere heutige Warmzeit (~15.000 - 11.000 Jahre vor heute) sprunghafte Änderungen in Temperatur, Niederschlag und atmosphärischer Zirkulation. Diese Änderungen gingen mit Temperatursprüngen von teilweise bis zu 10 °C einher und vollzogen sich innerhalb weniger Dekaden oder sogar weniger Jahre. Die raumzeitlichen Klimamuster von Warmzeiten sind allerdings nur sehr lückenhaft dokumentiert und auch in ihren Ursachen nur wenig verstanden. Ihre Rekonstruktion und modellgestützte Interpretation bilden daher einen wichtigen Schlüssel, um die natürliche Klimadynamik in ihrer Gesamtheit zu verstehen.

PRODUKTE: DIGITALE PRODUKTE FÜR DEN WISSENSTRANSFER

Die vier regionalen Klimabüros der Helmholtz-Gemeinschaft gestalten seit vielen Jahren erfolgreich die Schnittstelle zwischen Praxispartnern und der Wissenschaft. Dabei kommt eine Vielzahl von Wissenstransferaktivitäten zum Einsatz, die auf die jeweiligen Adressaten zugeschnitten sind. Hierzu zählen zum Beispiel Vorträge, Medienarbeit, Politikberatung, Aus- und Weiterbildung oder Projektarbeit. Eine besondere Form der einfachen Bereitstellung von Wissen mit großem gesellschaftlichem Nutzen ist die Nutzung digitaler Medien, wie dem Internet oder Apps. Die Regionalen Klimabüros haben in diesem Bereich in den letzten Jahren einige kostenfreie, bedarfsorientierte Produkte entwickelt.

WISSENSPLATTFORM „MEEREISPORTAL.DE“

Der Klimawandel wirkt sich besonders stark in den Polargebieten aus und verursacht dort große Veränderungen des Meereises, das Heimat für ein ganz spezielles Ökosystem ist. Auf der in REKLIM entwickelten Internet-Plattform meereisportal.de werden wissenschaftliche Erkenntnisse rund um das Thema Meereis der Arktis und Antarktis erstmalig zentral für alle gesellschaftlichen Ebenen in unterschiedlichen Vertiefungs- und Detaillierungsgraden für den deutschsprachigen Raum bereitgestellt. Hintergrundinformationen zu Veränderungen des Meereisvorkommens und deren Ursachen, Expertenwissen und ein Karten- und Datenarchiv bilden die drei Säulen der Wissensplattform.

NORDDEUTSCHER KLIMAMONITOR

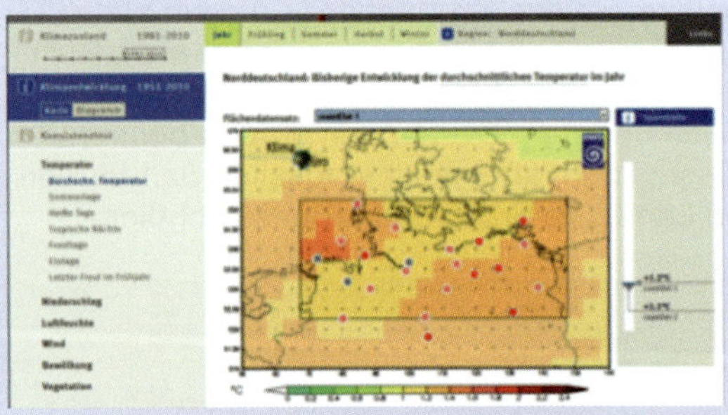

Wie sich das Klima in Norddeutschland seit 1951 verändert hat, zeigt die Internetplattform Norddeutscher Klimamonitor (http://www.norddeutscher-klimamonitor.de), die das Norddeutsche Klimabüro am HZG und das Regionale Klimabüro Hamburg des Deutschen Wetterdienstes (DWD) entwickelt haben. Mit dem Norddeutschen Klimamonitor wird das Klima der letzten 60 Jahre (1951-2010) für Norddeutschland erstmals umfangreich ausgewertet und interaktiv vorgestellt. So wurden neben den Klimaelementen wie Lufttemperatur, Niederschlag und Wind auch abgeleitete Größen wie Sommertage, Starkniederschlagstage und Sturmtage ausgewertet. Die Klimaentwicklungen der Vergangenheit können mit regionalen Klimaszenarien verglichen werden. Auf diese Weise können Nutzer erkennen, ob es sich bei den bereits eingetretenen Änderungen um natürliche Schwankungen handelt oder ob sie möglicherweise bereits eine Folge anthropogener Treibhausgasemissionen sind.

DÜRREMONITOR

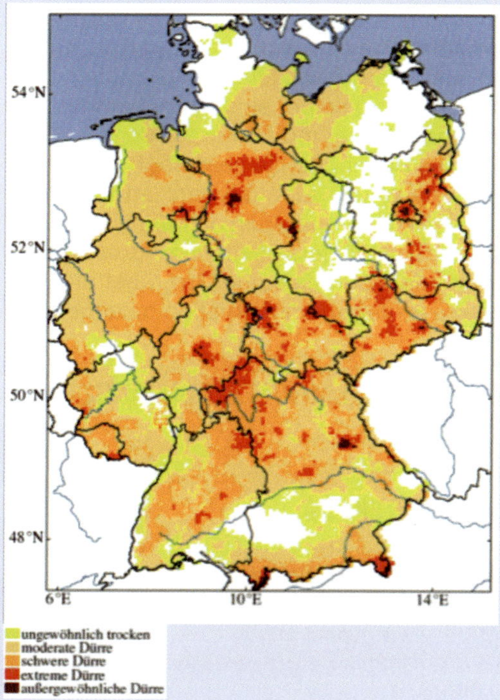

Trockenheit ist in Deutschland nicht erst seit der Hitzewelle 2003 ein bekanntes Phänomen. Betroffene sind z.B. Land- und Forstwirte oder Wassermanager. In den vergangenen Jahren wurde zunehmend über negative Folgen in Teilen Deutschlands, beispielsweise in der Forstwirtschaft durch kostenintensive Brandüberwachungsflüge, oder über Ertragsrückgänge bei Wintergetreide in Bayern und Mitteldeutschland berichtet. Flächendeckende Informationen zu Bodenfeuchte waren lange Zeit nicht verfügbar. Daher wurde am Mitteldeutschen Klimabüro der Dürremonitor (http://www.ufz.de/duerremonitor) entwickelt, der täglich aktuelle Informationen zum Trockenheitszustand in Deutschland liefert. Dazu wird auf Basis von Wetterdaten der Bodenfeuchtezustand hochaufgelöst berechnet und dann statistisch mit langjährigen Simulationen seit 1950 verglichen. Damit kann eine Dürreklassifizierung vorgenommen werden, die die Wahrscheinlichkeit von Trockenschäden an Pflanzen abbildet.

SMARTPHONE APP „DEIN KLIMA“

Der Klimawandel ist besonders in Städten spürbar. Gerade dort gibt es jedoch eine Vielzahl an Möglichkeiten, sowohl Klimaschutz zu betreiben als auch sich an den Klimawandel anzupassen. Das gilt auch für Karlsruhe mit knapp 300.000 Einwohnern und der Lage im warmen Oberrheingraben. Es lohnt sich daher, einen genaueren Blick auf Umsetzungsbeispiele zu werfen, wie mit den Folgen des Klimawandels umgegangen wird. Mit der Broschüre „Dein Standpunkt zum Klima“ und der dazugehörigen App “Dein Klima“ stellt das Süddeutsche Klimabüro am Karlsruher Institut für Technologie bedeutende Orte in Karlsruhe vor, die eine Rolle für das Klima in der Stadt spielen. Dazu gehören ein stadtnaher Wald, ein Nullenergiehaus oder eine Straßenbahn, die die Luftqualität misst. So bekommen auf dem Weg zur Arbeit oder beim Sonntagsspaziergang Orte in Karlsruhe eine besondere, erfahrbare klimatologische Bedeutung.

INDEX: PERSPEKTIVEN UND KONTAKTE

Die Klimaforschung ist ein breites und interdisziplinäres Feld, in dem naturwissenschaftlich und technisch interessierte junge Menschen ein spannendes und interessantes Berufsfeld finden können. Dies reicht von der Ausbildung in handwerklichen oder auch verwaltungstechnischen Berufen, im technischen und ingenieurwissenschaftlichen Bereich bis hin zum Studium der Natur- und Ingenieurwissenschaften (Bachelor, Master, Promotion). Denn sowohl die administrative Unterstützung von Forschung wie auch die Entwicklung von Geräten oder die Forschung selber sind alle zusammen Bestandteil einer modernen Wissenschaftswelt. Die Helmholtz-Gemeinschaft als größte deutsche Wissenschaftsorganisation bietet hier ein breites Spektrum an Möglichkeiten. Im Folgenden sind verschiedenen Adressen und Informationsportale aufgeführt, über die man an weitere Hintergrundinformation gelangen kann:

INFORMATIONEN ZUR NACHWUCHSFÖRDERUNG IN DER HELMHOLTZ-GEMEINSCHAFT:

www.helmholtz.de/karriere_talente/, http://www.awi.de/arbeiten-lernen.html

Foto: K. Rolfes, AWI

FORSCHUNGSZENTREN DES HELMHOLTZ-VERBUNDES REKLIM:

REKLIM-Verbund: www.reklim.de
Alfred-Wegener-Institut, Helmholtz-Zentrum für Polar- und Meeresforschung (AWI): www.awi.de
Helmholtz-Zentrum Geesthacht – Zentrum für Material- und Küstenforschung (HZG): www.hzg.de
GEOMAR Helmholtz-Zentrum für Ozeanforschung Kiel (GEOMAR): www.geomar.de
Helmholtz-Zentrum Potsdam – Deutsches GeoForschungsZentrum (GFZ): www.gfz-potsdam.de
Helmholtz-Zentrum für Umweltforschung Leipzig (UFZ): www.ufz.de
Helmholtz-Zentrum München – Deutsches Forschungszentrum für Gesundheit und Umwelt (HMGU): www.helmholtz-muenchen.de
Deutsches Zentrum für Luft- und Raumfahrt (DLR): www.dlr.de
Karlsruher Institut für Technologie (KIT): www.imk.kit.edu
Forschungszentrum Jülich (FZJ): www.fzj.de

Foto: K. Rolfes, AWI

HELMHOLTZ-KLIMABÜROS FÜR DEN BEREICH WISSENSTRANSFER:

www.klimabuero-polarmeer.de
www.mitteldeutsches-klimabuero.de
www.norddeutsches-klimabuero.de
www.sueddeutsches-klimabuero.de

INTERNETPORTALE FÜR KLIMAINFORMATIONEN:

meereisportal.de: www.meereisportal.de
Norddeutscher Klimamonitor: www.norddeutscher-klimamonitor.de
Norddeutscher Klimaatlas: www.norddeutscher-klimaatlas.de
Regionaler Klimaatlas Deutschland: www.regionaler-klimaatlas.de
Dürremonitor: www.ufz.de/index.php?de=37937
Klima APP "Dein Klima": (https://itunes.apple.com/de/app/id730876486?mt=8; Apple oder https://play.google.com/store/apps/details?id=com.kitkarlsruhe.klimastandpunkte&hl=en; Android)

Foto: K. Rolfes, AWI

ANSPRECHPARTNER UND LEITUNG DES HELMHOLTZ-VERBUNDES REKLIM:

Prof. Dr. Peter Lemke, Email: peter.lemke@awi.de
Dr. Klaus Grosfeld, Email: klaus.grosfeld@awi.de
Alfred-Wegener-Institut Helmholtz-Zentrum für Polar- und Meeresforschung

REKLIM
Helmholtz-Verbund
Regionale Klimaänderungen

Jan Eschke, BenFörtsch, Bundesumweltministerin Barbara Hendricks, Olaf Höhn

EXZELLENZINITIATIVE KLIMASCHUTZ-UNTERNEHMEN E.V.

KLIMASCHUTZ UNTERNEHMEN
DIE KLIMASCHUTZ- UND ENERGIE-EFFIZIENZGRUPPE DER DEUTSCHEN WIRTSCHAFT

80% weniger CO2 bis 2050 sind zwingend. Sind unser Ziel. Sind machbar - wenn man abitioniert ist und handelt. So wie die Mitglieder der Exzellenzinitiative Klimaschutz-Unternehmen e.V.: ein freiwilliger Zusammenschluss von Vorreitern der deutschen Wirtschaft aller Branchen und Größen mit ehrgeizigen Energieeffizienz- und Klimaschutzzielen.

Klimaschutzlösungen für die Wirtschaft:

Klimaschutzprojekte in Unternehmen werden oftmals noch ausschließlich als investive Großprojekte etwa beim Werksneubau oder als rein technische Optimierungsprojekte der Anlageneffizienz oder Prozesssteuerung verstanden. Dabei ist betrieblicher Klimaschutz weit mehr und sollte vor allem den Erfolgsfaktor der Belegschaft von Unternehmen in den Blick nehmen. Denn zahlreiche Mitarbeiterprojekte der Klimaschutz-Unternehmen zeigen, dass der „Faktor Mensch" entscheidend für den Erfolg der Projekte ist: Nur solche Projekte, die vom Firmenchef bis zum Azubi getragen werden, können erfolgreich im Betrieb ausgerollt werden und damit das Klima schützen. Damit kann die Klimaschutzstrategie des Unternehmens erfolgreich in die Tat umgesetzt werden. „Sensibilisieren, Informieren und Involvieren" – das ist die Erfolgsformel, wie Klimaschutz-Unternehmen ihre Mitarbeiter bei den Klimaschutzaktivitäten einbinden.

http://www.klimaschutz-unternehmen.de/best-practice/

Das Besondere:

- Die Initiative stand (und steht) allen Branchen offen. So entstehen eine außergewöhnliche Qualität und Ideenvielfalt.
- In ihr arbeiten Unternehmen aller Größenordnungen zusammen, von lokalen KMUs bis zu international agierenden Konzernen.

Das Ziel:

Besonders engagierte innovative Unternehmen in diesem Bereich mit ihren Ideen, Maßnahmen, ihrem Know-how zu vernetzen. So andere zur Nachahmung zu motivieren.

Das Wichtigste über die Klimaschutz-Unternehmen:

- Wir verpflichten uns freiwillig zu messbaren und ambitionierten Zielen bei Klimaschutz und Energieeffizienz und haben dazu herausragende Leistungen bei Produkten, Dienstleistungen und Produktion erbracht.
- Als branchenübergreifender Zusammenschluss von Unternehmen aller Größenklassen aus Deutschland zeigen wir modellhafte Beispiele zur Optimierung der Energienutzung und zum Klima schutz auf.
- Die Aufnahme in den Verein ist eine Auszeichnung für außergwöhnliche Leistungen, die von den Initiatoren BMUB, BMWi und DIHK mit der Überreichung einer Urkunde gewürdigt werden: als Vorbilder, die Klimaschutz und Energieeffizienz zur unternehmerischen Erfolgsgeschichte machen. Die Initiatoren begrüßen das vorbildliche Engagement der Unternehmen und begleiten die Arbeit des Vereins Klimaschutz-Unternehmen e.V..
- Die Auszeichnung ist zudem ganzheitlich: Sie beruht auf einem umfassenden Prüfkatalog, der alle Teile des Unternehmens ein bezieht, damit sie auf einer dauerhaften und gesamtunternehme rischen Leistung basiert.
- Heute sind in Deutschland 33 Unternehmen Mitglieder unserer Exzellenzinitiative.

Mehr über unser Selbstverständnis und unsere Aktivitäten finden Sie auf unserer Website:

WWW.KLIMASCHUTZ-UNTERNEHMEN.DE

KWS | BE A KW/SAVER

Energieeffizienz lässt sich mit dem Einsatz geeigneter Technik und einer Änderung des Nutzerverhaltens erreichen.

Der Saatguthersteller KWS SAAT SE mit Sitz in Einbeck hat im Jahre 2012 in einem Mitarbeiterprojekt das Nutzerverhalten im Umgang mit Energie analysiert. Daraus sollten weitere Ansätze zur Energieeinsparung generiert werden.

Das Hauptaugenmerk des Projektes lag in der Schärfung des Bewusstseins und des Verhaltens der Mitarbeiter im Umgang mit Energie an ihren jeweiligen Arbeitsplätzen. Dazu hat das Unternehmen mit den Auszubildenden des zweiten Lehrjahres das Projekt gestartet und ihnen damit Verantwortung und Vertrauen für ein Projekt übertragen. Sie erhalten Spielraum für kreative Ideen und Lust, neue Dinge zu entwickeln, was sich positiv auf die Motivation der jungen Mitarbeiter auswirkt.

EnergyScouts im Einsatz - Präsenz mit Logo

ERGEBNIS
In der ersten Projektphase wurde ein Einsparpotenzial von 346.534 kWh im Jahr an 1.000 Bildschirmarbeitsplätzen ermittelt.

GESAMTPROJEKTVERLAUF

PROJEKTIDEE Umweltbeauftragter/ Facility Manager	TREFFEN mit Ausbildungsleitungen	AUSZUBILDENDE einbinden	UMSETZUNG	KOMMUNIKATION
→	→	→	→	→
Einsparziel definieren · Projektbegründung und Projektende festlegen · Auftaktworkshop mit Ausbildungsleitern und Azubis · Vertrauen und Verantwortung übertragen	Projektvorstellung durch Auftraggeber · Zeitliche Kapazitäten für die Auszubildenden schaffen · Budgetrahmen festlegen · Nutzung Hard-/ Software bereitstellen · Workshop initiieren	Optimale Einteilung in Arbeitsgruppen herbeiführen/ AG-Leiter · Kreative Ideen entwickeln · Erstellung Projektplan · Ziele-/ Zwischenziele festlegen	Projektplan umsetzen · Regelmäßiger Austausch der AG-Leiter · Zwischenmeetings mit Auftraggebern · Einbindung Mitarbeiter durch interne Medien · Wiedererkennungswert schaffen	Ergebnisauswertung und –darstellung · Ergebnispräsentation und offizielle Würdigung · Interne und externe Kommunikation

EINZELSCHRITTE DER ENERGYSCOUTS

WIEDERERKENNUNGSWERT	EINBINDUNG der Mitarbeiter	KOMMUNIKATION Intern/extern	WÜRDIGUNG	WISSENSTRANSFER
→	→	→	→	→
Logo / Slogan · EnergyScout-Shirts · Werbemittel, z.B. Kugelschreiber · Sticker	Informationstage · Quiz · Umfrage · Gewinnspiel	Intranet · Mitarbeiterzeitschrift · Flyer · Pressemitteilungen	Abschlussveranstaltung · Präsentation vor Entscheidungsträgern · Urkundenüberreichung	Erfahrungen an den nächsten Jahrgang weitergeben · Neuer Projektstart

KWS SAAT SE, Grimsehlstr. 31, 37555 Einbeck, Mail: info@kws.com

NaSch Community – Ein Netzwerk für Nachhaltige Schülerfirmen

Was zeichnet eine Nachhaltige Schülerfirma aus? Wann ist eine Geschäftsidee nachhaltig? Was ist bei der Gründung einer Schülerfirma zu beachten, die ökonomisch, ökologisch und sozial verantwortungsvoll wirtschaften möchte? Zu diesen und weiteren Fragen können sich Schüler und Lehrer in der NaSch-Community informieren, austauschen und sich gegenseitig unterstützen sowie Tipps von Experten und Unternehmern einholen.

Das ist die Startseite der NaSch-Community, dem bundesweiten Netzwerk für Nachhaltige Schülerfirmen.

Nachhaltige Schülerfirmen oder solche, die sich auf dem Weg zur Nachhaltigen Schülerfirma befinden, können sich unter www.nasch-community.de kostenfrei registrieren, eine eigene Homepage erstellen und diese über den Schaukasten der NaSch-Community anderen Usern zugänglich machen.

Mithilfe von Foren, einem Wiki und einer Materialbörse tauschen sie sich dort mit anderen Schülerfirmen, aber auch mit nachhaltig wirtschaftenden Unternehmen, Experten und Multiplikatoren aus. Diese geben unter anderem in Expertenchats Einblicke in ihre Arbeit, beantworten Fragen rund um die Themen Nachhaltigkeit, Firmengründung sowie Unternehmensführung oder bieten Praktika und Lehrstellen an. Zusätzlich bietet die NaSch-Community Informationen, Hilfestellungen, Veranstaltungstipps und Materialien wie Checklisten, Leitfäden, Handreichungen oder Praxisbeispiele rund um Nachhaltige Schülerfirmen. Der YouTube-Kanal der NaSch-Community bietet Videoclips zu den Themen CSR, Nachhaltigkeit und Umweltschutz oder Wirtschaften in Schülerfirmen.

Das sagen User über die NaSch-Community:

„Man erfährt viel über andere Schülerfirmen und kann Anregungen für die eigene Schülerfirma erhalten."

Seit 2015 gibt es unter dem Namen „NaSch" für Smartphones und Tablet-PCs eine kostenlose App, um sich auszutauschen und in der Schülerfirmenarbeit zu organisieren.

Die NaSch-Community ist ein Angebot der Freien Universität Berlin, das in Zusammenarbeit mit der Eduversum GmbH erstellt wurde und durch die Deutsche Bundesstiftung Umwelt (DBU) finanziell unterstützt wird.

gefördert durch DBU Deutsche Bundesstiftung Umwelt www.dbu.de

Freie Universität Berlin

eduversum VERLAG UND BILDUNGSAGENTUR

www.nasch-community.de

ecomove international

Neue Medien für die BNE

Zwei Projekbeispiele wie neue mediale Ansätze in der Bildung für Nachhaltige Entwicklung eingesetzt werden können. ECOMOVE International führt diese Projekte – mit Partnern – durch.

KLIMA TRAX

KLIMA°Trax ist ein Projekt aus der Umweltbildung, mit dem das Thema „Klimaschutz" spielerisch vor Ort an Jugendliche vermittelt wird. ECOMOVE International entwickelte in Zusammenarbeit mit Geobound Hamburg eine Spiele-App für Tablet und Smartphone, mit deren Hilfe in sechs verschiedenen Städten Deutschlands eigens erstellte Klima-Bildungsrouten, die sogenannten KLIMA°Trax, durchlaufen werden können. Wichtige Fakten und Zusammenhänge zum Thema Klimaschutz werden so im Rahmen eines „Mobile Games" erlebbar gemacht und vermittelt. Das Spiel selbst ist ein Wettlauf gegen die Zeit: Bis 2050 soll so viel CO2 wie möglich eingespart werden. KLIMA°Trax soll motivieren, zum Nachdenken anregen, junge Menschen in ihrer Lebenswelt abholen und sie für das Thema „Klimawandel" sensibilisieren.

www.klima-trax.de

» BILDUNGSMANUAL

GREEN ECONOMY

VISIONEN | TECHNOLOGIEN | CHANCEN

ECOMOVE bietet für die Sekundarstufe II das Bildungsmanual »Green Economy – Visionen, Technologien, Chancen« an. Das umfangreiche Filmpaket inklusive pädagogischem Begleitmaterial und Arbeitshilfen ist speziell für den Einsatz in der Umweltbildung konzipiert. Eine Zusammenstellung an hochwertigen Filmen vermittelt einen anschaulichen Einstieg in verschiedene Themenbereiche, wie beispielsweise „Grüne Berufe", „Postwachstum" und „Grünes Wirtschaften". Davon ausgehend lassen sich Berufschancen für Jugendliche im Bereich der „Green Economy" aufzeigen und diskutieren. Dies bietet Lehrkräften Anregungen, wie das Thema im Unterricht sinnvoll und berufsbezogen umgesetzt werden kann.

ECOMOVE ist eine deutschlandweit und international agierende Non-Profit-Organisation, die sich zum Ziel gesetzt hat, eine Bildung für nachhaltige Entwicklung über die Nutzung von (neuen) Medien zu unterstützen. ECOMOVE organisiert Filmveranstaltungen, kuratiert Filmreihen, führt Bildungsprojekte durch und bietet unterstützende Dienstleistungen an.

www.ecomove.de

Gefördert durch:

Bundesministerium für Umwelt, Naturschutz, Bau und Reaktorsicherheit

aufgrund eines Beschlusses des Deutschen Bundestages

NATIONALE KLIMASCHUTZ INITIATIVE

Umwelt Bundesamt

Das Klima schützen – und die eigene Zukunft gestalten

Zahlreiche Ausbildungen und Studiengänge bieten gute Voraussetzungen sich beruflich für ein besseres Klima zu engagieren.

Einen Job auszuüben, der Spaß macht und die Zukunft sichert, ist der Wunsch der meisten Schüler, die sich Gedanken über die Berufs- und Studienwahl machen. Viele träumen auch davon, sich für Klima und Umwelt einzusetzen. Mit technisch-naturwissenschaftlichen Ausbildungsberufen und Studiengängen kann man diese Ziele alle unter einen Hut bringen.

Energiearm laufende Produktionsanlagen in der Industrie, Gewinnung von Energie durch Wind-, Wasser- und Sonnenkraft, optimierte Nutzung von herkömmlichen Energieträgern wie Braunkohle, Entwicklung von Elektroautos – nur einige Beispiele für die Arbeit am Klimaschutz. Hinter diesen Maßnahmen stecken kluge Köpfe, die neue Technologien entwickeln, optimieren und umsetzen. Fachkräfte, Ingenieure und Naturwissenschaftler finden in der Metall- und Elektroindustrie sehr viele Chancen, sich für ein sauberes Klima einzusetzen.

Unterstützung für deine Studien- und Berufswahl

Durch die große Auswahl an technisch-naturwissenschaftlichen Ausbildungsberufen und Ingenieurstudiengängen kannst du einen beruflichen Weg einschlagen, der genau deinen eigenen Interessen entspricht.
Informier dich jetzt!

ME-Berufe und think ING., die Nachwuchs-Initiativen des Arbeitgeberverbandes Gesamtmetall

Unter ausbildung-me.de findest du viele Infos, Tests und Erfahrungsberichte rund um die Ausbildungsberufe in der Metall- und Elektroindustrie.
think-ing.de nimmt dich mit in die Welt der Ingenieurwissenschaften durch Ingenieurporträts, Berichte, Videos und Magazine. Im think ING. Netzwerk triffst du Ansprechpartner aus Unternehmen und Hochschulen, erhältst passende Praktikumsplätze oder siehst direkt, wo der nächste Studieninfotag in deiner Nähe ist.

www.ausbildung-me.de www.think-ing.de

© Eyewave I Dreamstime.com

© Mablelo I Dreamstime.com

© Pavel Losevsky I Dreamstime.com

STUDIENGÄNGE

Energie- & Umwelttechnik

Das Energie- und Umwelttechnikstudium befasst sich mit der Entwicklung technischer Innovationen, um Umwelt und Ressourcen zu schonen. So werden beispielsweise Wind- und Wasserturbinen konstruiert oder bestehende Maschinen effizienter gestaltet. Es werden Verfahren zum Schutz der Umwelt konzipiert und realisiert oder Technologien zur Vernetzung zukünftiger Energieversorgungssysteme erarbeitet. Die Inhalte des Studiums sind daher vielfältig und interdisziplinär. Da Energie- und Umwelttechnik in den Fachbereichen Bauingenieurwesen, Maschinenbau, Verfahrenstechnik und Elektrotechnik eingebettet ist, ist für jeden etwas dabei.

EINSATZGEBIETE:
in Behörden, Industrieunternehmen, Instituten, Wasserverbänden oder bei Umweltorganisationen

WEITERE INFOS:
s.think-ing.de/energie-und-umwelt

Gebäude- & Versorgungstechnik

Welche Verfahren und Techniken gewährleisten eine wirtschaftlich effiziente und gleichzeitig umweltfreundliche Versorgung mit Energie, Gas und Wasser? Welche schonende Entsorgung von Abfall und Abwasser gibt es? Dies sind nur zwei Beispiele aus dem Gebiet der Gebäude- und Versorgungstechnik. Ingenieure dieses Fachbereichs beschäftigten sich vor allem mit Planung, Konstruktion, Bau und Betrieb von Gebäuden und gebäudetechnischen Anlagen. Heutzutage gilt es dabei, vermehrt auch ökologische Aspekte wie Nachhaltigkeit und Energieeffizienz zu berücksichtigen.

EINSATZGEBIETE:
in Planungs- oder Ingenieurbüros oder auch in Industrie- und öffentlichen Versorgungsunternehmen

WEITERE INFOS:
s.think-ing.de/gebaeude- und-versorgungstechnik

Mechatronik

Mechatronik widmet sich der Entwicklung, Inbetriebnahme und Wartung von mechatronischen Systemen. Die Aufgabe mechatronischer Systeme ist es, mit Sensorik, Prozessorik, Elementen der Mechanik, Elektronik und Informatik Energie, Stoffe bzw. Information umzuwandeln, zu transportieren und zu speichern. Dieser Fachbereich bildet die Schnittstelle zwischen den Disziplinen Maschinenbau, Elektronik und Informatik und vereint die Grundlagen dieser Fachbereiche. Im täglichen Leben spielt Mechatronik eine immer größere Rolle, beispielsweise in energieeffizienten Fahrzeugsystemen, im Bereich E-Mobility oder in Windkraftanlagen.

EINSATZGEBIETE:
in Unternehmen der Energietechnik, der Luft- und Raumfahrttechnik, Fahrzeugtechnik oder der Automatisierungstechnik

WEITERE INFOS:
s.think-ing.de/mechatronik

© Nightman1965 I Dreamstime.com

© maho I Fotolia

© Florea Paul Daniel I Dreamstime.com

AUSBILDUNGSBERUFE

Elektroniker Gebäude- & Infra-strukturstrukturen

Elektroniker Gebäude- & Infrastruktursysteme

Fällt die Klimaanlage aus, ist das Know-how der Elektroniker für Gebäude- und Infrastruktur gefragt. Sie planen, installieren und warten elektrotechnische Anlagen von Gebäuden sowie deren Energieversorgung und Infrastruktur. Dazu gehören auch Klima- und Sonnenschutzsysteme, Anlagen oder die steuerungstechnische Einbindung von Solarsystemen in die Heizungsanlage. Unternehmen aus den Branchen Gebäudesystemtechnik, Energieversorgung, Solar-, Fotovoltaik- oder Windenergieanlagen suchen Elektroniker dieser Fachrichtung. Auch Firmen der Immobilienwirtschaft stellen diese Fachkräfte zum Beispiel im Facility Management ein.

AUSBILDUNGSDAUER:
3,5 Jahre

WEITERE INFOS:
www.ausbildung-me.de/elektroniker-in-gebaeude-und-infrastruktursysteme

Anlagenmechaniker Sanitär-, Heizungs- & Klimatechnik

Anlagenmechaniker für Sanitär-, Heizungs- und Klimatechnik planen versorgungstechnische Systeme und Anlagen, installieren und warten sie. Dazu zählen zum Beispiel Heizanlagen, Sanitärinstallationen, Klimageräte oder auch Solaranlagen. Mess-, Steuerungs- und Regelungstechnik, Heizungsanlagen, nachhaltige Energie- und Wassernutzungssysteme oder Lüftungsanlagen mit Wärmerückgewinnung sind die Einsatzbereiche, die für Fachkräfte dieser Branche in Frage kommen. Die entsprechenden Jobs finden sie in versorgungstechnischen Betrieben oder bei Heizungs- und Klimaanlagenbauern.

AUSBILDUNGSDAUER:
3,5 Jahre

WEITERE INFOS:
www.ausbildung-me.de/elektroniker-in-gebaeude-und-infrastruktursysteme

Industrieelektriker

Als Elektrofachkräfte konfigurieren Industrieelektriker IT-Systeme und sorgen für den reibungslosen Ablauf elektrischer Betriebsmittel und Anlagen. Zu ihren Aufgaben zählen zudem die Prüfung sowie die Installation und der Betrieb elektrischer Systeme oder Anlagen. Die Ausbildung bietet zwei Spezialisierungen an: Der Fachbereich Betriebstechnik zielt auf die Montage von Systemen zur Stromgewinnung und -verteilung ab. Außerdem sind die Fachkräfte zuständig für die Betriebssicherheit der Produktionsanlagen. Im Fachbereich Geräte und Systeme hingegen steht die Fertigung elektronischer Geräte wie Entlüftungssysteme oder Alarmanlagen im Vordergrund. Die Aspekte des Umweltschutzes beachten Fachleute beider Bereiche.

AUSBILDUNGSDAUER:
2 Jahre

WEITERE INFOS:
www.ausbildung-me.de/industrieelektriker-in

NOTIZEN

NOTIZEN

WISSENSCHAFTLER BEZIEHEN STELLUNG ZU KERNTHEMEN UNSERER ZEIT

Prof. Dr. Christoph Buchal
„Die Versorgung mit Lebensmitteln und Brennstoffen, Treibstoffen und Strom, sowie die Schonung der Umwelt bilden globale Herausforderungen. Die Energiewende muss als ein Teil der weltweiten Entwicklungen gesehen werden. Wir wollen die Leser verständlich und korrekt informieren."

Prof. Dr. Christoph Buchal

ROBERT-WICHARD-POHL-PREIS 2016

für Beiträge zur Physik von interdisziplinärer Bedeutung. In Würdigung seiner Leistungen bei der Vermittlung von physikalischen Inhalten in Öffentlichkeit, Schule, Universität und bei zahlreichen Lehrerfortbildungen.

Dr.-Ing. Patrick Wittenberg
„Die Energiewende stellt eine Herausforderung für das gesamte Energieversorgungsystem dar. Neben der Erzeugungsstruktur müssen die Netze, insbesondere die Versorgungsnetze, ausgebaut werden."

Prof. Dr. Christian Schönwiese
„Es ist eine klimatologische Grundtatsache, dass je nach zeitlicher und räumlicher Größenordnung die Ursachen von Klimaänderungen unterschiedlich und vielfältig sind. Der menschliche Einfluss auf das Klima sollte jedoch nicht unterschätzt werden."

Prof. Dr. Dieter Oesterwind
„Die Welt der Stromerzeugung ist bunt. Überall gründen die Bürger Genossenschaften, um als Stromproduzenten aktiv zu werden. In naher Zukunft werden vor allem die Entwicklungen in den aufstrebenden Schwellenländern die global entscheidenden Maßstäbe setzen."

Prof. Dr. Ingo Froböse
„Wir Menschen leben im Zusammenspiel mit unseren Körpersystemen. Je besser wir uns selbst kennen, desto einfacher ist es für unsere Gesundheit zu sorgen."

MOBILITÄT TECHNIK, VERNETZUNG, ENERGIESYSTEME

Autoren: *Prof. Dr. Christoph Buchal, Physiker am Forschungszentrum Jülich. Co-Autoren: Dr. Angelika Gabor und Sebastian Schiebahn.*
Kernthemen: Technik, Vernetzung, Energiesysteme, Elektromobilität, Kraftstoffe, Ballungsräume, Internet.

INHALT

ENERGIE NATUR, MENSCH, TECHNIK, UMWELT, KLIMA, ZUKUNFT

Autoren: *Prof. Dr. Christoph Buchal, Physiker am Forschungszentrum Jülich. Unterstützung durch die Wilhelm und Else Heraeus-Stiftung.*
Kernthemen: Energie, Umwelt, Klima, Energiesparen, Wirtschafts- und Weltpolitik.

INHALT

MINTSHOP

BESTELLUNGEN AUF WWW.MINT-SHOP24.DE

MINTShop

Die MIC GmbH Design & Verlag hat sich seit 1995 auf Corporate Communications spezialisiert.
Seit 2012 erscheinen die ersten eigenen Verlagsobjekte mit dem Schwerpunkt Naturwissenschaft.
FASZINIERENDE FAKTEN – INFORMATIV, SPANNEND, AKTUELL. Autoren aus Wissenschaft und Forschung konzipieren und realisieren die MINT-Publikationen mit dem MIC-Team in ihrem jeweiligen Fachgebiet. Alle Fakten sind bestens recherchiert, verständlich aufbereitet und zeichnen sich durch eine aufwändige und übersichtliche Gestaltung mit vielen Bildern, Grafiken und Tabellen aus.

KLIMA – DIE ERDE UND IHRE ATMOSPHÄRE IM WANDEL DER ZEITEN

Autoren: *Prof. Dr. Christoph Buchal und Prof. Dr. Christian-Dietrich Schönwiese, Goethe-Universität Frankfurt am Main. Unterstützung durch die Wilhelm und Else Heraeus-Stiftung.*
Kernthemen: Klima, Vergangenheit, Gegenwart und zukünftige Entwicklungen.

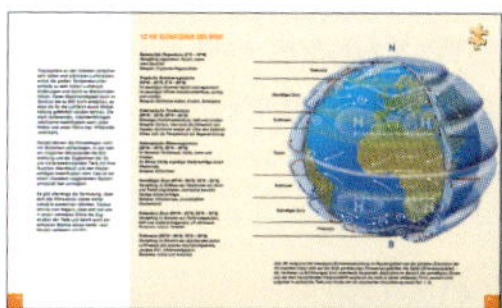

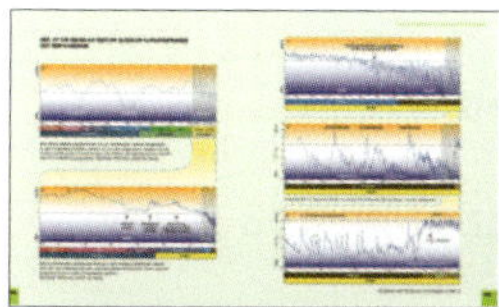

INHALT

- Vom Wetter zum Klima
- Die Physik der Atmosphäre
- Die Energiebilanz in der Atmosphäre – der Treibhauseffekt
- Das Klima der Erde im Rückblick
- Der Weg in die Gegenwart
- Gegenwart und Zukunft
- Innovationen und Chancen

STROM – DIE GIGAWATT-REVOLUTION

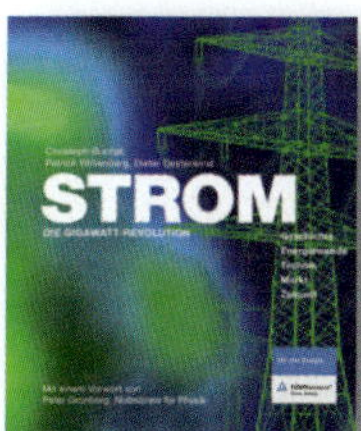

Autoren: *Prof. Dr. Christoph Buchal, Physiker am Forschungszentrum Jülich, Dr.-Ing. Patrick Wittenberg, Westnetz GmbH, und Prof. Dr. Dieter Oesterwind, Zentrum für Innovative Energiesysteme, Fachhochschule Düsseldorf.*

Kernthemen: Physik, Technik, Wirtschaft und Geschichte der elektrischen Energie, Energiespeicherung, Energieumwandlungen, erneuerbare Energien, Energiewende.

INHALT

- Einleitung
- Eine Reise in die Vergangenheit
- Grundlagen der Technik
- Die Welt des Stroms heute
- Entwicklungen
- Pläne und ferne Ziele
- Auf dem Weg in die Zukunft

MENSCH – RUNDUM FIT! BIOLOGIE, ERNÄHRUNG, BEWEGUNG

Autoren: *Prof. Dr. Ingo Froböse, Universitätsprofessor für Prävention und Rehabilitation, Deutsche Sporthochschule Köln.*

Kernthemen: Aufbau und Funktionsweise des menschlichen Organismus, Gesundheit, Ernährung, Bewegung, Regeneration.

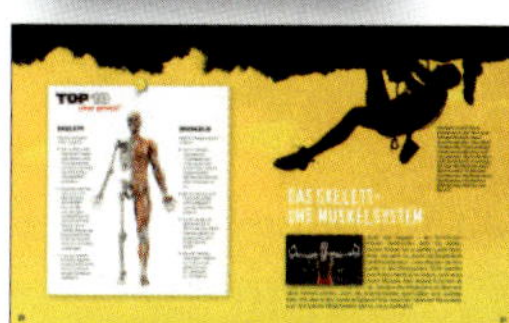

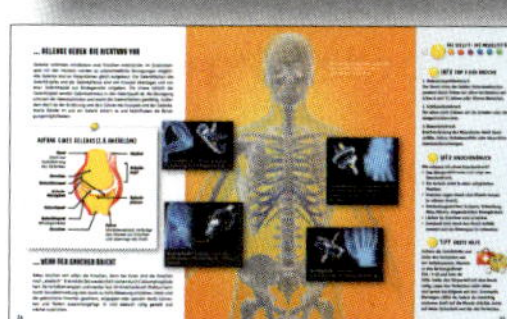

INHALT

- Von der Zelle zum Organsystem
- Das Skelett- und Muskelsystem
- Das Nervensystem
- Das Herz-Kreislauf-System
- Das Atmungssystem
- Das Verdauungssystem und unsere Ernährung
- Das Sinnessystem
- Das Immunsystem
- Rundum fit leben

MIC GmbH, Maastrichter Straße 38a, 50672 Köln, Tel.: 0221 925950-0, Fax: 0221 925950-50, info@mic-net.de, www.mic-net.de, www.mint-shop24.de

LITERATURVERZEICHNIS

1. Ch.-D. Schönwiese
   Klimatologie
   Ulmer 2013, Uni-Lehrbuch (UTB), 489 Seiten

2. Ch. Buchal
   ENERGIE
   Sachbuch: Natur, Mensch, Technik, Umwelt, Klima, Zukunft
   WE Heraeus-Stiftung u.a. 2011, 164 Seiten
   (Bestellungen über www.mint-shop24.de)

3. W. Roedel
   Physik unserer Umwelt – Die Atmosphäre
   Springer 2000, Uni-Lehrbuch, 498 Seiten

4. W. Endlicher, F.-W. Gerstengarbe (Hrsg.)
   Der Klimawandel
   Deutsche Gesellschaft für Geographie u.a., 2007
   13 Beiträge, 134 Seiten, im internet verfügbar unter http://edoc.hu-berlin.de/miscellanies/klimawandel/

5. U. Cubasch, D. Kasang
   Anthropogener Klimawandel
   Klett-Perthes 2000, (Schul-) Lehrbuch, 128 Seiten

6. S. Rahmstorf, H.J. Schellnhuber
   Der Klimawandel
   Beck 2007, Taschenbuch, sehr verständlich, 144 Seiten

7. G. Walker, D. King
   Ganz Heiss – Herausforderungen des Klimawandels
   Berlin Verlag 2008, sehr verständlich, 320 Seiten

8. S. Joussaume
   Klima
   Springer 1996, sehr anschauliche Einführung, 142 Seiten

9. K.- H. Ludwig
   Eine kurze Geschichte des Klimas
   Beck 2006, Taschenbuch, sehr verständlich, 216 Seiten

10. T.H. van Andel
    New Views on an Old Planet
    Cambridge 2007, engl. Uni-Lehrbuch, 439 Seiten

11. D. Archer
    Global Warming – Understanding the Forecast
    Blackwell 2007, engl. Uni- Lehrbuch, 194 Seiten

12. **Atmosphäre, Klima, Umwelt**
    Spektrum der Wissenschaft – Verständliche Forschung
    22 Beiträge, Spektrum d. Wiss. Verlag 1990, 230 Seiten

13. H.Lesch, H. Zaun
    Die kürzeste Geschichte allen Lebens
    Piper 2008, sehr verständliche „Reportage“, 224 Seiten

14. G. Walker
    Schneeball Erde
    Berlin Verlag 2003, Taschenbuch, verständlich, breit erzählende wissenschaftliche „Reportage“, 318 Seiten

15. M. Boetzkes, I. Schweitzer, J. Vespermann (Hrsg.)
EisZeit – Das Abenteuer der Naturbeherrschung
15 Beiträge, Thorbecke 1999, sehr verständlich, 283 Seiten

16. W. Behringer
Kulturgeschichte des Klimas von der Eiszeit bis zur globalen Erwärmung
Beck 2008, sehr verständlich, 352 Seiten

17. H.-W. Sinn
Das grüne Paradoxon
Econ 2008, Umweltpolitik, verständlich, 478 Seiten

18. M. Latif
Klimawandel und Klimadynamik
Ulmer 2009, Uni-Lehrbuch, 219 Seiten

19. IPCC (Intergovernmental Panel on Climate Change, T.F. Stocker et al., eds.):
Climate Change 2013. The Physical Science Basis.
Cambridge University Press 2014, sehr umfangreich und detailliert, 1535 Seiten

20. Ch. Buchal, P. Wittenberg, D. Oesterwind
STROM
Sachbuch: Geschichte, Energiewende, Technik, Markt, Zukunft
TÜV Rheinland AG 2013, 228 Seiten
(Bestellungen über www.mint-shop24.de)

21. Ch. Buchal, A. Gabor, S. Schiebahn
MOBILITÄT
Sachbuch: Technik, Vernetzung, Energiesysteme
TOTAL Deutschland GmbH 2015, 164 Seiten
(Bestellungen über www.mint-shop24.de)

Prof. Ch.-D. Schönwiese bietet auf seiner Homepage zahlreiche Vorträge und Artikel an: http://www.geo.uni-frankfurt.de/iau/klima

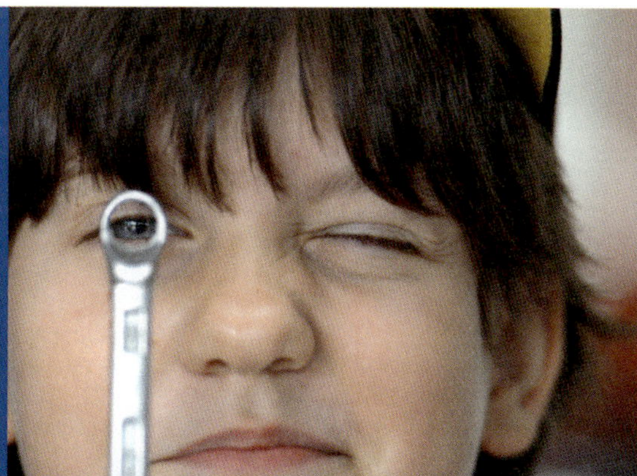

STICHWORTVERZEICHNIS